新型职业农民培育工程规划教材

蔬菜生产经营与管理

◎ 胡江川　曹睿亮　主编

中国农业科学技术出版社

图书在版编目（CIP）数据

蔬菜生产经营与管理 / 胡江川，曹睿亮主编 . —北京：中国农业科学技术出版社，2015. 7

（新型职业农民培育工程规划教材）

ISBN 978 – 7 – 5116 – 2129 – 0

Ⅰ. ①蔬… Ⅱ. ①胡…②曹… Ⅲ. ①蔬菜园艺 Ⅳ. ①S63

中国版本图书馆 CIP 数据核字（2015）第 120527 号

责任编辑 徐 毅 张国锋
责任校对 贾海霞

出 版 者 中国农业科学技术出版社
北京市中关村南大街 12 号 邮编：100081
电　　话 （010）82106631（编辑室） （010）82109702（发行部）
（010）82109709（读者服务部）
传　　真 （010）82106631
网　　址 http://www. castp. cn
经 销 者 各地新华书店
印 刷 者 北京富泰印刷有限责任公司
开　　本 850mm ×1168mm 1/32
印　　张 11. 875
字　　数 318 千字
版　　次 2015 年 7 月第 1 版 2015 年 7 月第 1 次印刷
定　　价 30. 00 元

新型职业农民培育工程规划教材

《蔬菜生产经营与管理》

编 委 会

序

随着城镇化的迅速发展，农户兼业化、村庄空心化、人口老龄化趋势日益明显，“关键农时缺人手、现代农业缺人才、农业生产缺人力”问题非常突出。因此，只有加快培育一大批爱农、懂农、务农的新型职业农民，才能从根本上保证农业后继有人，从而为推动农业稳步发展、实现农民持续增收打下坚实的基础。大力培育新型职业农民具有重要的现实意义，不仅能确保国家粮食安全和重要农产品有效供给，确保中国人的饭碗要牢牢端在自己手里，同时有利于通过发展专业大户、家庭农场、农民合作社组织，努力构建新型农业经营体系，确保农业发展“后继有人”，推进现代农业可持续发展。培养一批具有较强市场意识，有文化、懂技术、会经营、能创业的新型职业农民，现代农业发展将呈现另一番天地。

中央站在推进“四化同步”，深化农村改革，进一步解放和发展农村生产力的全局高度，提出大力培育新型职业农民，是加快和推动我国农村发展，农业增效，农民增收重大战略决策。2014 年农业部、财政部启动新型职业农民培育工程，主动适应经济发展新常态，按照稳粮增收转方式、提质增效调结构的总要求，坚持立足产业、政府主导、多方参与、注重实效的原则，强化项目实施管理，创新培育模式、提升培育质量，加快建立“三位一体、三类协同、三级贯通”的新型职业农民培育制度体系。这充分调动了广大农民求知求学的积极性，一批新型职业农民脱颖而出，成为当地农业发展，农民致富的领头人、主力军，这标志着我国新型职业农民培育工作得以有序发展。

我们组织编写的这套《新型职业农民培育工程规划教材》丛书，其作者均是活跃在农业生产一线的技术骨干、农业科研院所的专家和农业大专院校的教师，真心期待这套丛书中的科学管理方法和先进实用技术得到最大范围的推广和应用，为新型职业农民的素质提升起到积极地促进作用。

闫栋军

2015 年 5 月

前　言

近年来我国蔬菜产业得到了快速发展，蔬菜生产经营专业化、规模化、标准化、集约化和信息化水平不断提高。为引导蔬菜经营者合理安排，增强政府调整的主动性和前瞻性，防止盲目生产，使蔬菜产业朝着稳定发展、产销衔接顺畅、产品质量安全可靠、市场波动可控的现代蔬菜产业体系的方向发展。本书编者根据蔬菜产业经营管理现状，参考全国蔬菜产业发展规划（2011—2020）编写了《蔬菜生产经营与管理》。

本书全面介绍了蔬菜生产经营现状、趋势，蔬菜生产经营管理的组织形式、经营形式和现代管理特征，蔬菜生产经营管理的生产技术环节、市场分析和管理的方法和思路，经营管理人才的选择和培养、资金的引进和运行、生产的综合管理、销售策划与管理，蔬菜栽培基础知识，主栽蔬菜品种栽培技术，蔬菜安全生产管理，蔬菜生产安排，蔬菜病虫害防治等方面的理论知识和实用技术，具有系统、全面、科学、实用的特点，为乡镇干部、农业技术推广工作人员和菜农等从事蔬菜产业人员的培训教材与实用技术参考书。

本书由廊坊职业技术学院胡江川和内蒙古大学曹睿亮主编，廊坊职业技术学院王宏宇、廊坊市农广校陈立娟、娄底市农广校毛建平为副主编。具体编写分工如下：内蒙古农业大学曹睿亮编写绪论、第一章、第二章、第三章；廊坊职业技术学院王宏宇编写第四章、第七章，廊坊农林科学院蔬菜研究所王明耀、张桂海、王学颖、田庆武、田迎春、黄志辉、王长浩、张钊、田晓菲，廊坊职业技术学院胡江川、王宏宇、孙爱芹编写第五章内容，廊坊职业技术学院孙爱芹、廊坊市安次区农业局胡志焕编写第六章，廊坊职业技术学院孙爱芹、赵风平、尹立红编写第八章。本书由胡江川、陈立娟、曹秀利、毛建平负责全书统稿和校对工作。

由于编者水平有限，时间仓促，书中难免有不当和错误之处，敬请广大读者提出宝贵意见。本书在编写过程中还参阅了相关的出版物，在此特向有关作者和单位表示衷心的感谢！

编　者

2015 年 5 月

目　　录

绪　　论

一、蔬菜生产的意义

我国是世界最大的蔬菜生产国和消费国。20 世纪 80 年代中期以来，随着蔬菜产销体制改革的深入推进和种植结构调整步伐的加快，蔬菜生产持续稳定发展。面积由 1990 年的 9 500万亩（1 亩≈666.7m^2；15 亩 = 1hm^2。）增加到 2011 年的 2.95 亿亩，产量由 1.95 亿 t 增加到 6.79 亿 t。与此同时，蔬菜生产布局不断优化，基本形成华南与西南热区冬春蔬菜、长江流域冬春蔬菜、黄土高原夏秋蔬菜、云贵高原夏秋蔬菜、北部高纬度夏秋蔬菜、黄淮海与环渤海设施蔬菜等六大优势区域。蔬菜生产已从昔日的“家庭菜园”逐步成为农村经济发展的支柱产业，已从昔日的副食品逐步成为城乡居民生活必不可少的重要农产品，已从昔日的“一碟小菜”逐步成为关系社会稳定的重大民生问题。

随着经济发展和人民生活水平的提高，蔬菜消费需求呈刚性增长的趋势。全国每年新增人口近 1 000万人，新增城镇人口 1 000多万人，增大了蔬菜生产的需求。从资源的保障条件和社会的期望来看，蔬菜生产应该具有三方面的意义。

（一）提高产量满足国民生活需求

在资源约束越来越大的情况下提高蔬菜的产量。在 18.26 亿亩的耕地上，既要发展粮食生产解决 13 亿人口的吃饭问题，又要发展棉油糖等经济作物保障市场供给，继续扩大蔬菜种植面积的空间有限，必须在有限的土地上尽最大努力满足人民的生活需求。

（二）确保蔬菜产品质量安全的要求

居民温饱问题解决以后，要求吃得好、吃得安全，吃得放心。社会对农产品质量的反响日益强烈，严格控制生产过程确保人民的生命安全。

（三）稳定市场价格，确保人民生活需要

受成本推动和气候影响，价格呈上涨趋势。加之市场炒作及游资进入等因素影响，经常引起价格的剧烈波动。蔬菜产业发展的过程中还存在标准化生产滞后、基础设施建设薄弱、科技创新能力不强等问题，努力克服这些制约因素，推动和促进蔬菜产业的持续稳定发展。

二、蔬菜生产经营现状

改革开放以来，随着我国农村产业结构的调整和菜篮子工程的实施，蔬菜生产在新品种选育、育种技术、设施栽培技术、无公害生产新技术、应用现代生物技术对蔬菜品种改良及其产业化方面都得到迅猛发展，并取得了长足进步。截至 1999 年年底，我国蔬菜人均占有量已达到 311kg。另一方面，蔬菜生产面临的生态问题，如三废污染、化肥污染、农药污染和有机肥污染等而导致蔬菜质量下降，安全性受到威胁等，给绿色蔬菜的生产带来良好的市场空间。绿色蔬菜，是绿色食品中的一种，是无污染的安全、优质、营养类蔬菜的统称。2001 年 4 月，一项以提高农产品质量安全为核心的“无公害食品行动计划”在全国范围内实施，以“菜篮子”为突破口，对农产品实行从农田到餐桌的全过程质量控制。自此，绿色蔬菜革命已在我国悄然兴起，正在影响着每个人的生活，将会造福于整个社会。

2011 年初，国家发展改革委、农业部联合发布了《全国蔬菜产业发展规划（2011—2020 年）》，明确了蔬菜生产发展的目标、重点区域和政策措施。各地也出台了很多政策，支持温室大棚、机械化育苗和田头预冷库等基础设施建设，促进蔬菜生产稳定发展，保证蔬菜均衡供应和价格稳定。

目前，我国绿色蔬菜生产现状：蔬菜是绿色食品产品中发展速度较快、整体水平相对较高的一类产品。从 1990—1998 年，我国共有 95 家企业的 144 个蔬菜产品注册绿色食品标志，占全国绿色食品产品总量的 14.2%，绿色食品蔬菜实物产量达 328.8 亿 kg，种植面积 19 万 hm^2。但从总体上，绿色蔬菜的种植面积仅占全国蔬菜种植面积的 1%，年绿色蔬菜产量仅占全国蔬菜总产量的 1%，且地区发展极不平衡。北京、山东开发的绿色蔬菜产品量分别占全国总量的 27.8% 和 25.7%，而在四川、甘肃、新疆维吾尔自治区（以下简称新疆）、海南、宁夏回族自治区（以下简称宁夏）等省（区）还没有开发。在我国蔬菜总量呈结构性、区域性和季节性明显过剩的情况下，发展绿色食品蔬菜潜力巨大。蔬菜产品是较为特殊的商品，多以鲜食为主，许多产品无包装而直接进行零售，消费者难以区分哪一种是绿色蔬菜。并且有些绿色食品蔬菜企业不能完全按照绿色食品生产技术规程操作。在病虫害防治方面仍然是“重治轻防”，农药和亚硝酸盐残留量超标仍是我国蔬菜产品的瓶颈。

成立蔬菜协会，对促进蔬菜产业发展具有重要的意义。中国蔬菜协会要抓住机遇，开拓创新，加强联系，促进发展需要发挥四方面的作用。

一是桥梁纽带。协会是一座桥梁，联系着政府和企业，联系着国内和国外，联系着科研和生产。要充分发挥协会的行业领导作用，促进农科教、政事企联合，加快科技创新和成果转化，不断提升蔬菜生产的科技水平和产业化水平。

二是组织管理。要根据协会章程，完善各项规章制度，规范办事程序，建立岗位责任，确保各项工作有章可依。同时，要积极探索建立行业自律的机制，规范会员的行为，维护会员的权益，促进公平竞争、诚信经营，推动蔬菜行业健康发展。

三是参谋咨询。发挥协会联系广泛、信息来源多的优势，加强蔬菜产业发展的调研，提出促进蔬菜产业发展的政策建议，当好政府的参谋。特别是要对税收、金融支持等带有普遍性、涉及全局性、具有紧迫性的问题，认真研究分析，积极建言献策。

四是交流服务。协会要切实发挥交流服务功能。对内要深入开展调查研究，了解行业发展和会员单位的服务需求；加强信息资源的收集整理，为会员提供全方位的信息服务；积极组织各类型活动，引导会员单位之间开展交流合作。对外要加强沟通协助和新闻宣传，为协会和蔬菜行业发展创造良好的环境。

三、蔬菜生产经营管理发展趋势

目前，我国蔬菜生产经营管理发展趋势是以市场为导向，以消费者的需求为导向，指导生产经营。

（一）产品发展方向

1. 向营养保健型转化

在市场开放、货源扩大、品种增多的情况下，挑好选优，讲质量，重营养，讲合理搭配，已成为大多数消费者的基本要求。一些营养价值高、风味好的豆类、瓜类、食用菌类、茄果类蔬菜，由数量型向质量型发展，花菜、生菜、绿菜花、紫甘蓝等营养价值高且风味好的菜销势看好。同时，一些具有明显保健作用和较高营养价值的野菜，如蘑菇、蕨菜、马齿苋等，已引起人们的重视。

2. 向加工方便型转化

净菜上市适应了城市的快节奏、高效率，如今正向净菜小包装阶段发展，即在生产地整理、消毒灭菌、分级和薄膜包装密封，然后上市出售。

3. 向“绿色食品”型转化

使用生物农药和高效低毒残留化学农药，禁止使用剧毒农药，尽量少施化肥，多施有机肥，以避免和减少对蔬菜的污染，已成为目前蔬菜生产的趋势。这种无公害蔬菜正逐渐向高阶段发展，即采用温室和无土栽培方法培养出的清洁蔬菜，完全与化学农药、化学肥料“绝交”，是典型的卫生清洁蔬菜。

4. 向新鲜多样型转化

现在市场上“大路货”销售较慢，人们趋向购买时令菜和反季节菜，如花椰菜、番茄、韭菜等，在淡季更加畅销，在北方的冬季，南方生产的黄瓜、花菜、西洋芹等也受欢迎。

（二）发展趋势及应对措施

据农业部统计，2012 年，全国蔬菜面积超过 3 亿亩，总产突破 7 亿 t，人均占有量达 500kg。然而，随着蔬菜从副食变为城乡居民天天要吃的重要农产品，蔬菜生产从“家庭菜园”发展成农业农村经济的重要支柱，我国蔬菜生产稳定发展呈现出一些新趋势。

1. 蔬菜需求将继续刚性增长

对策：在稳定面积的基础上，提高单产，降低损耗。

“每年新增人口近 1 000万人，这是硬需求；每年新增城镇人口 1 000万人，人均蔬菜消费量大约增长 15%。按城镇化率每年提高 0.9% 计算，则到 2020 年至少需要增加 9 740万 t 蔬菜供应。”叶贞琴分析说，由于资源约束日益强化、科技创新水平不高、劳动力素质下降等因素，今后蔬菜稳定供给的难度将不断加大，应对蔬菜需求刚性增长，必须“把工作的着力点放在转变发展方式上，提高单产、降低损耗，而不是扩大面积上”。

目前，我国日光温室黄瓜的最高亩产超过 2.5 万 kg，而大面积亩产只有 5 000kg 左右；蔬菜腐损率 20% ~30%，与发达国家 5% 的水平相比差距较大。据专家测算，如果全国蔬菜单产年均提高 1 个百分点、损耗率年均降低 1 个百分点，在 2.85 亿亩蔬菜播种面积不变的情况下，10 年可增加净菜 11 700万 t，完全可满足需求的增加。

2. 对质量安全的要求越来越高

对策：在加强市场监管的同时，推进标准化生产。

在满足数量安全之后，消费者对质量安全的要求日益凸显。据农业部农产品质量安全例行监测结果，蔬菜农残监测合格率连续 5 年稳定在 96% 以上，但消费者仍然对剩下的 4% 耿耿于怀，“遇上就是 100%”。

由于我国蔬菜生产中生态栽培技术普及率、标准化生产水平和质量监管到位率仍然较低，今后稳定提高质量安全的难度将不断加大。提高蔬菜质量安全水平，必须在加强市场监管的同时，着力推进标准化生产。从 2009 年开始，农业部在园艺作物优势产区开展标准园创建活动，推进规模化种植、标准化生产、商品化处理、品牌化销售、产业化经营。截至 2012 年年底，中央财政安排 9 亿元补助资金，创建 1 800个标准园，其中蔬菜标准园 1 300个。“今后，农业部将进一步加大扶持力度，推进标准菜园由园到区、由产到销拓展，带动更大范围提质增效、增产增效。”

3. 市场价格呈现波动性上涨趋势

对策：在抓好生产发展的同时，加强生产信息引导。

近年来，蔬菜年均价格不断上涨，品种间价差加大，个别品种年际间价格波动加大。据全国农产品批发市场信息网监测，蔬菜价格已连续 8 年上涨，2012 年蔬菜市场平均价格比 2004 年上涨 1.25 倍。

蔬菜生产已进入高成本、高风险时代，农业部门更要加强蔬菜生产信息引导、加快北方设施蔬菜开发，建立和完善冬春蔬菜储备制度。2011 年，农业部启动了蔬菜生产信息监测预警，如今监测点已扩大到 580 个，实现了全国蔬菜产业重点县全覆盖。

中国的蔬菜问题，重点在北方，难点在冬春季，关键在大中城市。“今年，农业部将在东北、华北、西北地区，重点选择冬春蔬菜自给率低、人口较多、远距离运输风险较大的大中城市，率先开展冬季蔬菜开发试点，提升北方大中城市冬春淡季蔬菜自给能力，确保市场均衡供应和价格稳定。”

4. 由城市郊区转向优势区域

对策：在稳定城市蔬菜面积的同时，加强优势区域基地建设。

近 5 年，北京、天津、上海三大城市蔬菜播种面积减少近 100 万亩，减幅高达 20%。与此同时，六大优势区域重点县蔬菜播种面积增加 2 000多万亩，增长 15%。此消彼长之下，大城市可否把保障蔬菜供给寄望于大市场、大流通呢？近年来几次极端天气引发的菜价上涨证明，这样做不仅流通费用较高，蔬菜损失较大，而且一旦调运出现困难，蔬菜供应出现问题，就会导致价格大幅上涨。

叶贞琴认为，我国应该按照“就近生产为主，优势区域调剂”的方针发展蔬菜生产，大中城市要切实落实菜地最低保有量制度，不断提高自给能力和应急供应能力；确因辖区内耕地资源制约等原因无法达到常年菜地最低保有量的，应在城市周边建立紧密型外埠生产基地来补足；而优势区域要充分发挥气候资源与生产成本优势，进一步推进规模化、专业化、标准化和集约化生产，不断提高调出能力和均衡供应能力。

5. 生产比较效益呈下降趋势

对策：在加强基础设施建设的同时，推进科技进步。

最近 10 年，蔬菜与粮食的比较效益大幅度下降。据国家发改委《全国农产品成本收益资料汇编》数据分析，大中城市蔬菜生产平均净利润与稻谷、小麦、玉米三大粮食平均利润相比，由 2001 年的 35 : 1 下降到 2011 年的 10 : 1。叶贞琴说，已经不能简单地说蔬菜是高效产业了。

土地成本和用工成本大幅增加是导致蔬菜比较效益大幅下滑的主要原因。随着工业化、城镇化的快速推进，在土地和人工成本刚性增加的情况下，要提高蔬菜生产效益，必须改革耕作制度，实现综合利用增效；推广良种及配套栽培新技术，实现高产增效；推广集约化育苗、膜下滴灌、科学施肥、科学用药，实现节本增效；推行机械化生产和轻简栽培技术，实现省工增效；推广生态栽培技术，实现优质增效；综合防治病害，实现减灾增效；防治土壤次生盐渍化，实现持续高产增效；推行采后商品化处理，实现增值增效。

6. 发展方式由粗放型向集约型转变

对策：在保障供应的同时，重视可持续发展。

当前，我国蔬菜生产供应充足，品种丰富，但不可否认，这种发展在一定程度上是以大量消耗资源、污染环境为代价的。据专家测算，下挖式土墙结构日光温室土地利用率只有40%左右，日光温室早春茬黄瓜水的利用率不到30%，设施蔬菜氮肥的利用率只有30%左右，蔬菜生产使用农药次数和剂量也较大。

在资源约束趋紧、生产成本高涨的背景下，粗放经营难以为继，迫切要求转变资源利用方式，走集约发展之路、绿色发展之路：要以优化设施结构、周年综合利用为重点，提高土地利用率和产出率；以膜下滴灌为重点，提高水资源利用率；以增有机施肥、测土配方施肥为重点，提高肥料利用率；以生态栽培为重点，减少农药用量、控制农残污染。

7. 由分散经营向适度规模经营发展

对策：在提供社会化服务的同时，培育新型主体。

目前，我国蔬菜生产农户多，品种多，产业环节多，小生产难以适应社会化大生产的发展，突出表现在：生产管理、技术推广、质量监管难度大，制约了蔬菜生产水平和产品质量安全水平的提高；小生产与大市场的矛盾越来越突出，极易出现滞销卖难；小农户抗御风险能力弱，难以自我积累、自我发展。将分散的农民组织起来，发展适度规模经营，构建集约化、专业化、组织化、社会化相结合的新型蔬菜经营体系，对建设现代蔬菜产业体系、实现提质增效至关重要。

构建新型蔬菜经营体系最有效的措施是培育专业大户、家庭农场、农民合作社、农业产业化龙头企业等新型经营主体。叶贞琴表示，培养新型经营主体，要加大扶持，加强生产基地、农残监测、采后商品化处理等基础设施建设，增强服务功能；要强化服务，加强对新型经营主体的技术培训和信息服务，提高服务能力；还要规范管理，帮助新型经营主体建立规章制度，规范运行机制，建立与农户风险共担、利益共享的紧密型利益联结机制。

8. 城乡两个市场蔬菜需求同步增长

对策：在保障城市供应的同时，统筹城乡两个市场。

随着经济、社会的发展和生活水平的不断提高，蔬菜消费群体与市场格局发生了巨大变化。一方面，城市居民更加注重健康保养，对蔬菜的需求大幅度增长；另一方面，1.5 亿农民工进城，由蔬菜生产者变成蔬菜消费者；此外，在家务农的农民，多数也由自给自足的蔬菜生产和消费者变成商品菜消费者，导致不少地方出现了“蔬菜倒流”和价格倒挂，即由城市批发市场流向农村。

目前农村蔬菜市场已经具有一定规模，全国蔬菜市场开始由城市向城乡一体发展。要求在生产安排、市场布局、产品质量监管等方面，统筹考虑城乡两个市场，保障两个市场供应和价格稳定。

第一章　蔬菜生产经营管理系统

第一节　蔬菜生产经营管理的组织形式

我们目前市场上蔬菜生产经营管理组织直接表现的形式大多是承包种植大户、专业合作社、农业企业和家庭农场。

一、承包种植大户

承包种植大户是拥有生产种植经验的农户或有思想认识和社会阅历的专业人才，通过承包租用农民的土地，根据国家扶持政策进行立项，并通过国家审定的规模化设施温室种植的蔬菜生产经营者。

现在，大部分有家庭副业的村民基本上都把农田承包给了种植大户来经营，以年租金每亩 100 ~ 200 元的价格流转，但是，有些年纪较大的农户，没有其他经济收入，就靠几亩自留地自足。

二、农民专业合作社

农民专业合作社是在农村家庭承包经营基础上，同类农产品的生产经营者或者同类农业生产经营服务的提供者、利用者，自愿联合、民主管理的互助性经济组织。农民专业合作社以其成员为主要服务对象，提供农业生产资料的购买，农产品的销售、加工、运输、贮藏以及与农业生产经营有关的技术、信息等服务。

农民专业合作社要具备下列条件。

（1）有5名以上符合规定的成员，即具有民事行为能力的公民，以及从事与农民专业合作社业务直接有关的生产经营活动的企业、事业单位或者社会团体，能够利用农民专业合作社提供的服务，承认并遵守农民专业合作社章程，履行章程规定的入社手续，可以成为农民专业合作社的成员。但是，具有管理公共事务职能的单位不得加入农民专业合作社。

农民专业合作社应当置备成员名册，并报登记机关。

农民专业合作社的成员中，农民至少应当占成员总数的80%。

成员总数20人以下的，可以有一个企业、事业单位或者社会团体成员；成员总数超过20人的，企业、事业单位和社会团体成员不得超过成员总数的5%。

（2）有符合本法规定的章程。

（3）有符合本法规定的组织机构。

（4）有符合法律、行政法规规定的名称和章程确定的住所。

（5）有符合章程规定的成员出资。

农民专业合作社应当遵循下列原则。

（1）成员以农民为主体。

（2）以服务成员为宗旨，谋求全体成员的共同利益。

（3）入社自愿、退社自由。

（4）成员地位平等，实行民主管理。

（5）盈余主要按照成员与农民专业合作社的交易量（额）比例返还。

“农民专业合作社依照本法登记，取得法人资格。农民专业合作社对由成员出资、公积金、国家财政直接补助、他人捐赠以及合法取得的其他资产所形成的财产，享有占有、使用和处分的权利，并以上述财产对债务承担责任。”

“农民专业合作社成员以其账户内记载的出资额和公积金份

额为限对农民专业合作社承担责任。”

“国家保护农民专业合作社及其成员的合法权益，任何单位和个人不得侵犯。”

“农民专业合作社从事生产经营活动，应当遵守法律、行政法规，遵守社会公德、商业道德，诚实守信。”

“国家通过财政支持、税收优惠和金融、科技、人才的扶持以及产业政策引导等措施，促进农民专业合作社的发展。国家鼓励和支持社会各方面力量为农民专业合作社提供服务。”

“县级以上各级人民政府应当组织农业行政主管部门和其他有关部门及有关组织，依照本法规定，依据各自职责，对农民专业合作社的建设和发展给予指导、扶持和服务。”

农民合作社章程应当载明下列事项。

（1）名称和住所。

（2）业务范围。

（3）成员资格及入社、退社和除名。

（4）成员的权利和义务。

（5）组织机构及其产生办法、职权、任期、议事规则。

（6）成员的出资方式、出资额。

（7）财务管理和盈余分配、亏损处理。

（8）章程修改程序。

（9）解散事由和清算办法。

（10）公告事项及发布方式。

（11）需要规定的其他事项。

设立农民专业合作社程序：

（1）登记申请书。

（2）全体设立人签名、盖章的设立大会纪要。

（3）全体设立人签名、盖章的章程。

（4）法定代表人、理事的任职文件及身份证明。

（5）出资成员签名、盖章的出资清单。

（6）住所使用证明。

（7）法律、行政法规规定的其他文件。

登记机关应当自受理登记申请之日起20日内办理完毕，向符合登记条件的申请者颁发营业执照。

农民专业合作社法定登记事项变更的，应当申请变更登记。

农民专业合作社登记办法由国务院规定。办理登记不得收取费用。

实际应用：蔬菜专业合作社蔬菜基地生产经营管理模式

1. 组织管理

为了保证各蔬菜基地的正常运作，蔬菜专业合作社在公司产研中心的领导下负责基地的全面管理工作。

合作社下设行政办公室、生产技术部、经营部、财务部、种植基地等机构。

行政办公室：负责行政事务性日常工作，协调处理在生产过程中、分配过程中出现的基地与政府各职能部门的各种关系。

生产技术部：负责基地蔬菜并负责生产工人的技术培训，生产的品种选择和种植技术的指导。并对生产过程中的技术问题进行跟踪与指导，负责农用物资的采购。

经营部：负责农用物资、种子、有机肥料的采购和及时掌握市场行情，负责有机蔬菜的销售及资金的及时回笼。

财务部：负责合作社资金的使用和管理、监督、审核资金的运用；参与公司的生产经营决策，协助作好公司的内部利润分配和日常财务核算工作。

2. 运作模式

合作社采取公司＋基地＋员工的运作模式，分块管理。每个基地设负责人1名，负责基地的日常生产经营管理工作。设生产技术员1名，负责生产技术的指导和实施。例如：某某基地按照区域和种植品种进行管理，即将菜地按4个机耕道分块，从北往南分成4个板块（即A、B、C、D）组织生产。共配置生产工人25人。每块安排1名组长（技术工人）具体负责组织生产，工资待遇1 500元/月（试用期），转正后为1 800元/月。根据面积、品种进行人员分配。具体人员分配为：A区主要种豆角，配备6名生产工人（含组长）。B区主要种上海青和菜心，配备10名生产工人（含组长）。C区主要种葱，配备5名生产工人（含组长）。D区主要种南瓜和甜糯米，配备4名生产工人（含组长）。生产工人工资900元/月，转正后为女员工1 000元/月、男员工1 100元/月。每天工作8小时；每月26个劳动工作日。遇到季节性大面积种植生产过程中，需要加班，待遇按加班工资标准计算，另外采取招用临时工。此办法考核标准为确保有机蔬菜95%的成活率，并达到规定的产量，如超过产量另外制订一套奖励办法（按技术标准、产品成活、工作流程），进行考核。

本经营模式是暂行办法，等到基地基本配套设施完备（指滴、喷灌系统，杀虫设备，钢架大棚或温室大棚，有机配肥系统，检测系统，洗菜及蓄水池，水泵房等）及人员管理配套后，基地管理将采取承包经营的模式。蔬菜专业合作社确定种植品种供给种子、补苗等，并包销售。销售采购价按市场采购价计算。

3. 审批执行

此蔬菜专业合作社蔬菜基地生产经营管理模式经公司产研中心班子研究后报公司营运总部审批后实施，此生产经营管理模式管理规定自2011年11月1日起执行。

合作社组建及发展问题、专业合作社管理培训、农超农商对接、农业项目投资、合作社融资、农业扶持项目解析、农业项目优惠政策、解析合作社扶持、补助、优惠补助政策。

三、农业企业

农业企业是指从事农、林、牧、副、渔业等生产经营活动，具有较高的商品率，实行自主经营、独立经济核算，具有法人资格的盈利性的经济组织。是农业生产力水平和商品经济有了较大发展、资本主义生产关系进入农村以后的产物。早在 14 世纪，英、法等国已出现了最早的资本主义性质的农业企业——租地农场。产业革命以后，各种形式的资本主义农业企业，如家庭农场、合作农场、公司农场、联合农业企业等大量发展，成为农业生产的基本经济单位。中国的农业企业在 1949 年以前为数很少。中华人民共和国成立以后才迅速发展起来。1979 年以后，随着改革开放和农村商品经济的发展，农业企业出现了多种形式。

（一）按所有制性质不同

①国有农业企业。

②集体所有制企业。

③股份制企业。

④联营企业。

⑤私营企业。

⑥中外合资企业。

⑦中外合作经营企业等。

（二）按经营内容不同

①农作物种植企业。

②林业企业。

③畜牧业企业。

④副业企业。

⑤渔业企业。

⑥生产、加工、销售紧密结合的联合企业等。

（三）特点

①土地是农业生产的重要生产资料，是农业生产的基础。

②农业生产具有明显的季节性和地域性，劳动时间与生产时间的不一致性，生产周期长。

③农业生产中部分劳动资料和劳动对象可以相互转化，部分产品可作为生产资料重新投入生产。

④种植业和养殖业之间存在相互依赖、相互促进的关系，从而要求在经营管理上必须与之相适应，一般都实行一业为主、多种经营、全面发展的经营方针。

⑤农业生产不仅在经营上实行一业为主、多种经营，而且在管理上实行联产承包、统分结合、双层经营的体制。

四、家庭农场

家庭农场是指以家庭成员为主要劳动力，从事农业规模化、集约化、商品化生产经营，并以农业收入为家庭主要收入来源的新型农业经营主体。在美国和西欧一些国家，农民通常在自有土地上经营，也有的以租入部分或全部土地经营。农场主本人及其家庭成员直接参加生产劳动。早期家庭农场是独立的个体生产，在农业中占有重要地位。我国农村实行家庭承包经营后，有的农户向集体承包较多土地，实行规模经营，也被称之为家庭农场。2013 年“家庭农场”的概念首次是在中央“一号文件”中出现，称鼓励和支持承包土地向专业大户、家庭农场、农民合作社流转。家庭农场的出现促进了农业经济的发展，推动了农业商品化的进程。它的形成，有助于提高农业的整体效益，有助于生产与市场的对接，克服小生产与大市场的矛盾，提高农业生产、流通、消费全过程的组织化程度。中国农业的整体生产力水平还比较落后，土地等基本资源紧缺，整体上看，家庭农场的规模不可能很大，发展进程也不可能很快。

特点

①家庭农场的出现促进了农业经济的发展，推动了农业商品化的进程。

②家庭农场以追求效益最大化为目标，使农业由保障功能向盈利功能转变，克服了自给自足的小农经济弊端，商品化程度高，能为社会提供更多、更丰富的农产品。

③家庭农场比一般的农户更注重农产品质量安全，更易于政府监管。

以北京周末农场的家庭农场为例，其规模大多在 20 ~ 200 亩，其生产的农产品有以其名字命名的生产者自有品牌，并且建立了完整的食品安全追溯体系，更有保障。21 世纪初以来，上海松江、湖北武汉、吉林柳河、吉林延边、浙江宁波、安徽郎溪等地积极培育家庭农场，在促进现代农业发展方面发挥了积极作用。据统计，农业部确定的 33 个农村土地流转规范化管理和服务试点地区，已有家庭农场 6 670多个。

第二节　蔬菜生产经营的现代管理特征与形式

一、蔬菜生产经营的现代管理基本特征

现代企业制度的基本特征概括为“产权清晰、权责明确、政企分开、管理科学”十六个字，从企业制度演变的过程看，现代企业制度是指适应现代社会化大生产和市场经济体制要求的一种企业制度，也是具有中国特色的一种企业制度。蔬菜生产经营管理的现代管理基本特征也可以概括为“产权清晰、权责明确、政企分开、管理科学”十六个字。有利于推动和促进蔬菜生产经营管理的发展。

（一）产权清晰

所谓“产权清晰”，主要有两层含义：一是有具体的投资人和机构代表所有的投资人对集体所有资产行使占有、使用、处置和收益等权利。二是投资人和经营者资产的边界要“清晰”，也就是通常所说的“摸清家底”“理清归属”。

家庭农场和专业合作社在产权方面的相关问题如下。

①家庭农场生产资料费用自付，付足作物投资款后可长期经营，土地权属集体，作物产权归家庭农场，其经营受法律保护，但不得转让给他人。专业合作社是土地是国有的，生产资料费用由合作社成员按比例给予保障。

②农户按每亩作价给家庭农场，家庭农场在交清投资款后，才确认其合法经营权。专业合作社是农户以承包土地的使用权作为股本参与合作经营，获取生产经营的红利。

③产权发生变化后，家庭农场经营利润自己支配。专业合作社的经营利润是根据合作经营制度进行分配，决定权由共同经营者集体讨论决定。

④产权发生变化后，家庭农场和专业合作社均自主经营、自负盈亏、自我发展、费用和产品自理，风险自担。

（二）权责明确

“权责明确”是指合理区分和确定机构所有者、经营者和劳动者各自的权利和责任。所有者、经营者、劳动者在机构中的地位和作用是不同的，因此他们的权利和责任也是不同的。权利所有者按其出资额，享有资产受益、重大决策和选择管理者的权利，机构破产时则对企业债务承担相应的有限责任。机构在其存续期间，对由各个投资者投资形成的机构法人财产拥有占有、使用、处置和收益的权利，并以机构全部法人财产对其债务承担责任。经营者受所有者的委托在一定时期和范围内拥有经营机构资产及其他生产要素并获取相应收益的权利。参与者按照与机构的

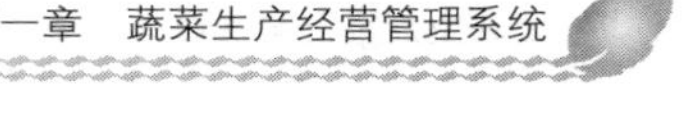

合约拥有就业和获取相应收益的权利和责任。与上述权利相对应的是责任。

家庭农场经营者是依法享有农村土地承包经营权的农户，以家庭承包和流转土地为主要经营载体，以家庭成员为主要劳动力，常年雇工数量不超过家庭务农人员数量。同时应接受过农业技能培训，其经营活动有比较完整的财务收支记录，并对其他农户开展农业生产有示范带动作用。当地政府制定专门的财政、用地、金融、税收、保险等优惠政策，通过项目倾斜、以奖代补等手段，对符合条件的规模以上种粮大户、家庭农场给予优先扶持，积极解决投入大、融资难的障碍。家庭农场须坚持五大原则：农民自愿有偿原则、经营者自耕原则、适度规模经营原则、土地流转费合理适度原则、经营者择优原则。

农民专业合作社应当以农民为主体，以服务成员为宗旨，以市场为导向，坚持入社自愿、退社自由，成员地位平等，利益共享，风险共担。农民专业合作社成员可以用货币出资，也可以用实物、土地承包经营权、知识产权以及其他能够用货币估价并可以依法转让的非货币财产作价出资。成员以非货币财产出资的，由全体成员评估作价或者决定评估作价方式。成员不得以劳务、信用、自然人姓名、商誉、特许经营权或者设定担保的财产等作价出资。农民专业合作社章程载明成员的出资方式、出资额。成员应当按照章程规定出资，出资额计入该成员账户。农民专业合作社对由成员出资、公积金、国家财政直接补助、他人捐赠以及合法取得的其他资产所形成的财产，享有占有、使用和处分的权利，并以上述财产对债务承担责任。农民专业合作社成员以其账户内记载的出资额和公积金份额为限对农民专业合作社承担责任。国家保护农民专业合作社及其成员的合法权益，任何单位和个人不得侵犯。

农民专业合作社从事生产经营活动，应当遵守法律、行政法规，遵守社会公德、商业道德，诚实守信。

国家通过财政支持、税收优惠和金融、科技、人才的扶持以及产业政策引导等措施，促进农民专业合作社的发展。国家鼓励和支持社会各方面力量为农民专业合作社提供服务。

（三）政企分开

“政企分开”的基本含义是政府行政管理职能、宏观和行业管理职能与企业经营职能分开。政企分开要求政府将原来与政府职能合一的企业经营职能分开后还给企业，放权让利、扩大企业自主权。企业将原来承担的社会职能交还给政府和社会，如住房、医疗、养老、社区服务等。

2013 年中央“一号文件”提出，坚持依法自愿有偿的原则，引导农村土地承包经营权有序流转，鼓励和支持承包土地向专业大户、家庭农场、农民合作社流转，发展多种形式的适度规模经营。应通过规范土地流转合同、引入事前准入审核、事中监督管理诸机制，规范土地流转过程，保护流转双方的权益。对符合规模经营主体，给予政策扶持，同时接受行政部门的管理与监督。

农民专业合作社从事生产经营活动，应当遵守法律、法规，遵守社会公德、商业道德，诚实守信，不得侵犯成员合法权益。县级以上人民政府应当将农民专业合作社作为完善农村基本经营制度的重要组织形式，纳入国民经济和社会发展规划，建立和完善工作协调机制，加强服务机构和队伍建设，制定扶持措施，鼓励社会各方面力量为农民专业合作社提供服务，促进农民专业合作社规范、有序、健康发展；依照有关法律法规的规定，依据各自职责，对农民专业合作社的建设和发展给予指导、扶持和服务。

（四）管理科学

“管理科学”是一个含义宽泛的概念。从较宽的意义上说，它包括了企业组织合理化的含义；从较窄的意义上说，“管理科

学”要求企业管理的各个方面，如质量管理、生产管理、供应管理、销售管理、研究开发管理、人事管理等方面的科学化。管理致力于调动人的积极性、创造性，其核心是激励、约束机制。要使“管理科学”，当然要学习、创造，引入先进的管理方式，对于管理是否科学，虽然可以从企业所采取的具体管理方式的“先进性”上来判断，但最终还要从管理的经济效益上做出评判。应当指导家庭农场和农民专业合作社开展农业标准化生产，依法建立农产品生产记录和质量安全台账，健全农产品质量安全管理制度、农产品质量安全控制体系、农产品质量安全追溯制度、自律性检测检验和农产品包装及标识制度，提高农产品质量安全水平。我们所采用的规模化经营，机械化的应用，水肥一体化的应用，主要目的就是要实现定量化的生产操作，降低成本实现经济效益最大化，来保障经营生产机构收益的提高，改善机构成员的收入水平。

管理科学所采取的措施和方法步骤如下。

①加强现代农业生产管理学习，提高所有家庭农场和专业合作社成员的基本理论素养。农民现在种植主要靠经验还没有一定的科学观，经验不一定就是真理，因此需要政府合理科学的引导和培训，引进科学技术和科学人才，使科学与农民的生产结合起来，让农民能够在现代化的生产中得到实惠。

②参观学习其他先进生产经营的国有农场，或者是去先进发达的国家和地区进行生产实践锻炼，拓宽农民的视野，改变思想认识，提高生产管理技术水平。

③与当地科研院校合作，建立规模化蔬菜生产基地，利用院校科研单位的先进管理理念、生产技术对家庭农场、专业合作社进行正确的引导，并逐步改进和提高，真正实现管理科学。

④广泛应用现代科学技术、现代工业提供的生产资料和管理方法。运用一整套建立在现代自然科学基础上的农业科学技术，

使农业生产技术由经验转向科学，大幅度提高了农业劳动生产率、土地生产率和农产品商品率，使农业生产、农村面貌和农户行为发生了重大变化。

二、蔬菜生产经营形式

（一）订单经营

MC（masscustomization）的中文翻译即为“大规模定制”，本是在制造业领域发展起来的一种新的生产经营模式。它将规模化生产和个性化定制两个长期竞争的生产方式通过生产流程创新、技术创新、经营模式创新等手段进行有效的整合，适应人们对产品和服务多样化、快捷化、柔性化、差异化，有利于满足市场的需求（图1－1）。

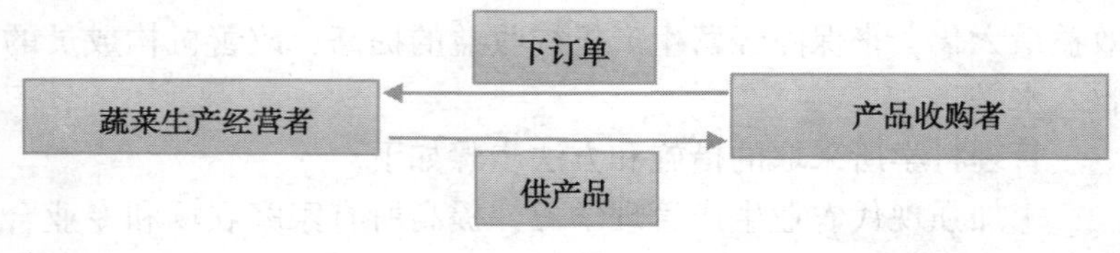

图1－1　订单经营模式

（二）协作经营

协作经营是以某一公司的名义签到订单，然后采用公司互助加农户的方式，以产品标准要求、统一技术指导来完成生产任务，统一运输至签约方进行销售，确保生产者利益的一种方式。它将市场信息不对称的生产经营有效的结合在一起，带动地区蔬菜生产产业的发展（图1－2）。

（三）拓展经营

拓展经营是以蔬菜合作社为中心，以蔬菜加工企业、蔬菜生产基地、批发市场、蔬菜生产资料公司和菜农为成员的蔬菜安全生产一条龙的经营组织模式，在经济实力足够强大的基础上引导

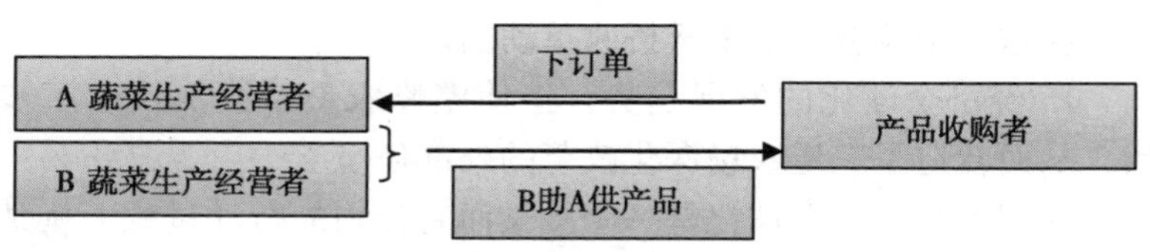

图 1－2　协作经营模式

和扶持、社会化监管、提升各主体安全生产能力和建立健全运行机制的一种蔬菜安全生产经营组织模式（图 1－3）。

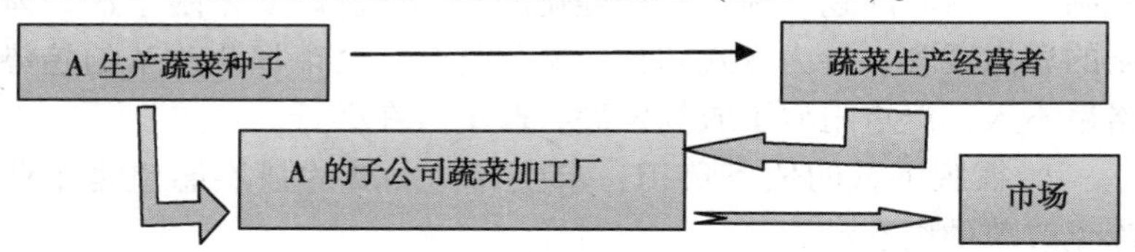

图 1－3　拓展经营模式图

阅读材料：由国有农场走向社区农业

——“三道模式”的调查、分析与评价

海南省国营三道农场是农垦系统产权改革和体制创新的示范单位。近几年，该农场的改革有声有色，被称为“三道模式”。

三道农场是海南省 92 家国有农场之一，创建于 1957 年 7 月，全场拥有土地面积 8.3 万亩，其中可垦地 4.03 万亩。农场职工总数 3 962人，其中在职职工 2 460人，离退休人员 1 502人。改革前企业有 43 个基层单位，包括 4 个生产作业区，26 个农业生产队，9 个二级企业（供销、商贸、农牧，物业、销售、水电厂、橡胶加工厂、木材加工厂、泡沫箱厂），中学、小学各 1 所，医院 1 家，外资合作旅游公司 1 家。截至 2001 年年底，全场固定资产总额 6 223万元，是海南农垦系统的一个中型企业，也可以说是工、农、兵、学、商等各业俱全的小社会。三道农场与其他国有农场为海南省的经济增长和社会发展做出了重大贡献。

在这一企业背景下来透析改革动因。

1. 经济全球化的发展趋势，迫使整修农垦系统加快改革步伐，从而营造了三道农场深化改革的外部环境

我国参与经济全球化是一个漫长而有计划的行动过程。从某种意义上说，这个过程其实就是由计划经济转向社会主义市场经济的过程。经过 20 多年的改革，我国经济取得了历史性的成就。三道农场过去也曾进行过多次改革，但没有抓住农场产权和经营机制这个核心问题。国有农场僵化的管理体制以及依附于这一体制的思想观念，行为方式和社区文化与全社会市场化改革的趋势格格不入，严重阻碍了农场发展，改革势在必行。

2. 摆脱沉重的债务负担，求生存，发展的强烈愿望是企业深化改革的内在动力

三道农场从 20 世纪 80 年代中期开始负债经营，且连年亏损，1991 年后竟沦为海南农垦系统 5 家特困企业之首，导致严重的经济、社会问题，企业内部管理失控，几十家客户反目纷纷上门讨债、索赔、终止合同。企业生产、职工生活难以为继，干部队伍涣散，对企业失去信心，外出谋生达 1 268人，占全场在职职工总数 51.5%。改变企业和职工命运的时机往往蕴藏在躁动之中。长期积怨的职工队伍，即是潜在的不安因素。但如引导得法，他们又可能成为企业改革图强的强大动力。

3. 频繁的自然灾害为三道农场的产权制度改革提供了历史契机

三道农场所在地是自然多发区，1970—2000 年强台风及水涝灾害达50 余次。2000 年9 月又遭受16 号强台风袭击。长期亏损又遭自然自然灾害袭击，农场经济雪上加霜。如何恢复生产，恢复三道农场诸多难题迫使三道农场走上了第二次改革和创业之路。

三道农场的改革是在海南省委、省政府以及海南农垦总局的高度关注和指示下进行的，具体措施如下。

（1）与职工身份紧密相连，按工龄长短划拨“责任田”，实行“四权到户”“五费自理”。

划拨转让土地使用权的对象是三道农场登记在册的劳动合同制职工；具体标准是：“工龄10年以内的，每人划拨十亩；工龄11～20年，每人4.5亩，21年以上的每人5亩”。职工取得责任田后，实行“四权到户”“五费自理”，即土地使用权、自主经营权、劳动用工权、收益分配权落实到户；职工的生产费、生活费、一般性医疗费、福利费、社会保障费由职工个人自理，职工不缴土地使用费，通过实行“四权到户”“五费自理”，用土地使用权置换职工工资、福利、社保等基本费用，三道农场每年节约生产和定理费支出1 100多万元。

（2）效率优先，由职工按照一定规则申请承包地，实行定额承包，职工家庭经营。

在规定承包土地数量上“已经营责任田”的职工、职工配偶、年满18周岁的待业子女，每人可申请承包5亩地。填补中分视超额内部承包。定额内和超定额承包的地按不同的地租标准。为了调节投资者和生产者的积极性，对于有建设投资农场，还规定了按投资比例分成交纳土地承包费方式。并赋予农场职工长期的土地使用权，极大调动了职工的生产积极性，减轻了企业的财政负担，农场经济和职工生活开始恢复和稳步上升。

（3）资产评估，将国有橡胶园长期承包或转让给职工及职工家庭经营。

在承包和转让之前，先对橡胶园进行资产评估。再通过公开招标长期承包或转让租赁胶园经营权。

（4）充分发挥农场规模经营和职工家庭分散经营两个优势，构建有国有农场特色的双层经营体制。

能否既保持农场集中经营和规模经营的优势，又充分调动农场职工的积极性，发挥家庭分散经营易管理、监督成本低而效率高的优势，这是新一轮改革成功与否关键。三道农场对此进行了大胆的探索。农场对土地实行用途管制；最大限度降低职工家庭分散经营的劣势，弘扬农场“统”的优势；培育规模经营的企业法人实体，形成场内、场外多元投资和共同经营的局面；在规划管理下形成区域化布局，专业化生产。

（5）适应农场土地使用权创新的配套改革。

精简机构，裁减冗员，全面实行人事用工制度的改革，以多种经营形成盘活二级企业，用土地收益补充企业发展资金；用经营土地的收益化解资金投入严重不足的矛盾，支撑农场事业发展，建立从业人员基本养老保险制度，实行社会统筹与个人账户相结合。

对这一有声有色的农垦系统产权改革和体制创新，分析评价认识如下。

①“三道模式”的核心内容是推行国有土地使用权制度改革，通过“划拨转让”和“申请承包”，建立起以“责任地”和“承包地”为基本内容的农场职工家庭经营制度，打造了农业企业长期稳定发展的制度基础。

②培育农场职工家庭承包经营和联户规模经营的企业法人实体，同时利用现有技术和生产力，弘扬农场集中统一经营的优势，把家庭经营的积极性和统一经营的优越性结合在一起，创造出独具国有农场特色的双层经营体制。

③通过社区股份合作，开辟国有农场融入县域经济的崭新道路，创立了有中国农垦特色的社区农业。三道模式打破了农场的界限，拆除了“围墙”，创造了土地国有、社会经营和人共同发展农业的新形势。

④以国有土地使用制度改革为基础的一系列创新，极大地挖掘了“国有民营”制度的潜能，带来了企业运行机制脱胎换骨的变化。“三道模式”盘活了国有土地使用权，极大调动了各方

面的投资积极性，并开始辐射带动周边农村，一个崭新的经济格局已具雏形。

4. 完善“三道模式”的建议

①完善发包人与承包人的法定权利和义务关系。

②根据自身的优势，在农产品加工、贮藏、运销等产后服务方面构造社会化服务体系，使国有农场内部的双层经营体制更加完善。

③加强土地利用规划，切实解决农场土地当前利用和未来持续发展的矛盾。

④虽然三道农场利用土地资源优势，在农场内形成了“全员皆农”的局面，但是从长远看，应该注意顺应社会分工不断深化、专业化的发展趋势。

第二章　蔬菜生产经营管理的基本要素

蔬菜生产经营管理的基本要素，一是要有市场，二是要有技术，三是要有科学的管理方式。

第一节　市场分析

一、市场

市场是组织和个人根据消费需求，创造出某种有价值的产品，在一定的空间环境下采取相互交换的方式，满足各自的需求，这种有着时间、空间和交换方式共同存在的总和。市场要素有 3 个：卖方、买方和交换方式。市场的构成要素也可以用一个等式来描述：

市场 = 人口 + 购买力 + 购买欲望

1. 人口

这是构成市场的最基本要素，消费者人口的多少，决定着市场的规模和容量的大小，而人口的构成及其变化则影响着市场需求的构成和变化。因此，人口是市场三要素中最基本的要素。

2. 购买力

购买力是指消费者支付货币以购买商品或服务的能力，是构成现实市场的物质基础。一定时期内，消费者的可支配收入水平决定了购买力水平的高低。购买力是市场三要素中最物质的

要素。

3. 购买欲望

购买欲望是指消费者购买商品或服务的动机、愿望和要求，是由消费者心理需求和生理需求引发的。产生购买欲望是消费者将潜在购买力转化为现实购买力的必要条件。

二、市场分析

市场分析是对市场规模、位置、性质、特点、市场容量及吸引范围等调查资料所进行的经济分析。市场分析的主要目的是研究商品的潜在销售量，开拓潜在市场，安排好商品地区之间的合理分配，以及企业经营商品的地区市场占有率。通过市场分析，可以更好地认识市场的商品供应和需求的比例关系，采取正确的经营战略，满足市场需要，提高企业经营活动的经济效益。

近年来，我国蔬菜产业发展迅速，蔬菜生产不仅满足了国内消费，而且扩大了出口，已成为农业和农村经济发展的支柱产业，在保障市场供应、增加农民收入、扩大劳动就业、拓展出口贸易等方面发挥了重要作用。

（一）我国蔬菜种植与生产概况

据中国农业统计资料显示，我国瓜菜播种面积从20世纪80年代开始发展迅速，播种面积和产量不断提高，到2007年达到2.94亿亩，总产量6.41亿t。其中，蔬菜2.6亿亩，5.65亿t，人均占有量427kg。另据联合国粮农组织（FAO）统计，2006年我国蔬菜播种面积和产量分别占世界的43%、49%，均居世界第一。2007年，全国蔬菜播种面积占农作物总播种面积的11.3%，总产值6 300多亿元，占种植业总产值比例高达25.5%。蔬菜生产对全国农民人均纯收入的贡献额为570多元，占农民人均收入的13.8%。设施蔬菜发展迅猛，1980年设施蔬菜不足10万亩，2008年全国设施蔬菜5 020万亩，其中大中棚2 120万亩，小棚1 840万亩，节能日光温室854万亩。比1980年增加502倍。设施蔬菜总产量1.68亿t，占整个蔬菜产量的25%，从20世纪90年代中期以来，我国设施蔬菜面积一直稳居世界第一，目前约占世界的90%。设施蔬菜尤其是节能日光温室的快速发展，反季节、超时令蔬菜数量充足、品种丰富，蔬菜周年均衡供应水平大大提高。不仅如此，目前淡季蔬菜价格比20世纪末大幅度下降，18种主要蔬菜淡旺季平均价差，由2000年的每千克1.69元下降到2007年的每千克0.86元，下降了近一半。

（二）蔬菜出口情况

加入世界贸易组织后，中国蔬菜出口增长势头强劲。据中国海关统计，2007年我国累计出口蔬菜817.59万t，与2000年相比增长1.55倍；出口额62.14亿美元，与2000年相比增长2倍；贸易顺差61.06亿美元，居农产品之首，与2000年相比增长2.04倍。我国蔬菜出口量占总产量的1.4%。蔬菜出口量已居世界第一位。

（三）蔬菜市场竞争力分析

1. 国内竞争力分析

蔬菜比较效益高，一般露地蔬菜亩纯收入1 000元左右，大棚蔬菜亩纯收入5 000元左右，日光温室蔬菜亩纯收入8 000元左右，分别是大田作物的2倍、10倍、16倍左右。蔬菜生育期短，既可以与粮食间套作，也可以轮作，互补发展。间套作有利于农业生态建设，轮作不仅可以增加粮食生产投入、培肥地力，还可以减轻病虫害发生，提高粮食综合生产能力，实现粮食增产农民增收。

2. 国际竞争力分析

（1）成本优势。我国劳动力资源丰富，成本相对较低，蔬菜生产成本显著低于发达国家。我国蔬菜价格一般为发达国家的1/10～1/5，成本优势明显。

（2）资源优势。我国地域广阔，包含了六大气候带，地形、土壤类型多样，几乎世界上所有蔬菜一年四季都能在中国找到其最适宜的生产区域。目前我国蔬菜主要出口东盟10国及日本、韩国等国家。这些国家夏季台风、高温、暴雨等灾害性天气频繁发生，蔬菜生产难度大、成本高，而我国黄土高原、云贵高原夏季凉爽，是得天独厚的天然凉棚，适宜种植蔬菜，成本低、质量好，优势明显。我国对独联体国家出口蔬菜增长较快。这些国家冬春寒冷，持续时间长，蔬菜生产难度大、成本高。而我国“三北”地区相对暖和、光照好，适宜发展日光温室蔬菜生产，华南以及长江上中游地区是天然的温室，适宜发展露地蔬菜，优势更加明显。

（3）区位优势。如前所述，目前我国蔬菜出口集中在日本、韩国、东盟10国等亚洲国家、俄罗斯等独联体国家以及我国香港。我国与这些国家毗邻，交通便捷，区位优势明显。以保鲜洋葱为例，集装箱从美国西海岸，通过海洋运输，到达日本横滨至少需要21天，从山东安丘到日本横滨仅需7天。

（四）蔬菜市场趋势分析

1. 国内市场

国内市场需求将继续增长，其主要原因是：一是我国人口将继续增长。预计到2015年我国将新增6 000多万人，按每天人均消费0.5kg蔬菜计算，将增加蔬菜消费1 096万t。二是消费呈现多元化格局。国民消费从温饱型转入营养健康型，中低收入家庭，特别是广大的农村随着收入水平的提高、城镇化步伐加快，蔬菜消费将不断增加。同时，高收入家庭对安全、营养、保健、无公害蔬菜的需求将大幅度增长。

2. 国际市场

据FAO统计，进入21世纪，世界蔬菜消费量年均增长5%以上。按照此增长幅度计算，年均增加蔬菜消费4 000多万t，到

2015 年总消费量将达到12. 8 亿 t。而由于劳动力成本的原因，发达国家蔬菜生产不断萎缩，今后还将减产，这为我国蔬菜发展提供了更广阔的发展空间。2007 年我国累计出口蔬菜 817. 59 万 t，与2000 年相比，增长 1. 55 倍，远远高于世界蔬菜出口增长约 1 倍的平均水平。随着我国蔬菜质量水平的提高，采后处理设施和技术的改进，我国蔬菜生产的气候资源和低成本的优势将得到进一步发挥，蔬菜出口还有很大的发展空间。

三、新鲜蔬菜行业市场分析报告

新鲜蔬菜行业市场分析报告是对新鲜蔬菜行业市场规模、市场竞争、区域市场、市场走势及吸引范围等调查资料所进行的分析。它是指通过新鲜蔬菜行业市场调查和供求预测，根据新鲜蔬菜行业产品的市场环境、竞争力和竞争者，分析、判断新鲜蔬菜行业的产品在限定时间内是否有市场，以及采取怎样的营销战略来实现销售目标或采用怎样的投资策略进入新鲜蔬菜市场。

主要内容：蔬菜生产行业的主要经济特性、行业生产分析(产能、产量、供需)、市场分析（市场规模、市场结构、市场特点等以及区域市场分析)、产品价格分析、竞争分析（行业集中度、竞争格局、竞争组群、竞争因素等)、工艺技术发展状况、进出口分析、渠道分析、产业链分析、替代品和互补品分析、行业的主导驱动因素、政策环境、重点企业分析（经营特色、财务分析、竞争力分析)、行业风险分析、市场前景预测及机会分析，以及相关的策略和建议。

新鲜蔬菜市场分析报告的主要分析要点包括以下几点。

①新鲜蔬菜行业市场供给分析及市场供给预测，包括现在新鲜蔬菜行业市场供给量估计量和预测未来新鲜蔬菜行业市场的供给能力。

②新鲜蔬菜行业市场需求分析及新鲜蔬菜行业市场需求预

测，包括现在新鲜蔬菜行业市场需求量估计和预测新鲜蔬菜行业未来市场容量及产品竞争能力。通常采用调查分析法、统计分析法和相关分析预测法。

③新鲜蔬菜行业市场需求层次和各类地区市场需求量分析，即根据各市场特点、人口分布、经济收入、消费习惯、行政区划、畅销牌号、生产性消费等，确定不同地区、不同消费者及用户的需要量以及运输和销售费用。

④新鲜蔬菜行业市场竞争格局，包括市场主要竞争主体分析，各竞争主体在市场上的地位，以及行业采取的主要竞争手段等。

⑤估计新鲜蔬菜行业产品生命周期及可销售时间，即预测市场需要的时间，使生产及分配等活动与市场需要量作最适当的配合。通过市场分析可确定产品的未来需求量、品种及持续时间，产品销路及竞争能力，产品规格品种变化及更新，产品需求量的地区分布等。

新鲜蔬菜行业市场分析报告可为客户正确制定营销策略或投资策略提供信息支持。企业的营销策略决策或投资策略决策只有建立在扎实的市场分析的基础上，只有在对影响需求的外部因素和影响购、产、销的内部因素充分了解和掌握以后，才能减少失误，提高决策的科学性和正确性，从而将经营风险降到最低限度。

第二节 蔬菜经营管理技术

从经营管理的层面上探讨生产技术环节应该包括规模化种植、标准化生产、商品化处理、品牌化销售、产业化经营五大方面。

一、规模化种植

农业规模化是我国继农村家庭联产承包责任制、乡镇企业大发展之后的又一次大规模的改革，是推动传统农业向现代农业过渡的必然选择，也是走新型工业化道路，实现全面小康水平的必由之路。农业规模化是当今农业发展的必然趋势，发达国家已经进入农业产业化发展的高级阶段，而中国农业正处在全面推进农业规模化产业化的进程之中，或者说初级阶段。农业产业化已经成为我国农业和农村经济发展的基本趋向和有效形式。

用机械力代替畜力和人力的劳动就是规模化种植的一项创举。传统的蔬菜种植产量小，劳动成本投入过大，而且也很累。用机械代替人力劳动可以改变传统的面朝黄土背朝天的现象。规模化种植蔬菜便于集中有限的财力、人力、技术、设备，形成规模优势，提高农村社区蔬菜生产经营综合竞争力。因此，打破田埂的束缚，让一家一户的小块土地通过有效流转连成一片，实施机械化耕作，进行规模化生产，既是必要的，也是可能的。规模是产生效益的必要条件。所以我们可以联合多家农民甚至一个村子、专业合作社来共同从事规模蔬菜生产种植，通过专业合作社的形式扩大生产、开辟市场。

规模化种植中还是要注意处理好相关的问题。在选择规模种植前要取得政府的支持，而且要和农民们沟通好，把其中利害关系讲清，提高农民积极性。而且规模化种植不要盲目跟风，要有便于规模化生产和机械化耕作的土地条件。

通过农民专业合作社组织发展蔬菜生产，降低生产成本，提高种植效益，增加了单产，保障了产品质量，增加了农民的收入，加快农民的致富步伐，为当地农业产业结构优化、农民增收创出一条切实可行的路子。构建合理的安全生产经营组织模式，是解决中国蔬菜质量安全问题的客观要求和有效途径。蔬菜安全

与蔬菜安全生产经营组织以蔬菜合作社为中心，以蔬菜加工企业、蔬菜生产基地、批发市场、蔬菜生产资料公司和菜农为成员的蔬菜安全生产经营组织模式，并从引导和扶持、社会化监管、提升各主体安全生产能力和建立健全运行机制等方面提出了蔬菜安全生产经营规模化种植的组织模式。

实行适度的规模化经营的好处主要表现在以下几点。

（一）采用先进的生产技术，能充分发挥土地和农用物资的生产潜力

例如，采用喷灌和微灌施肥技术，实现水肥一体化；进行机械化播种、耕作和施药等，可进一步提高劳动效率和作业质量；能更好地开展测土配方施肥，推广配方肥。

（二）有利于培肥土壤，保护环境，提高产品质量，保障食品安全，使农业得到可持续发展

例如，河南省温县一位农民说，他有一个山东亲戚生产有机草莓，一个大棚净赚几万元，问他可否这样做？我告诉他当然可以，但要生产有机食品和绿色食品，所涉及的生产资料、生产过程、生产环境都要达到有关标准并经过国家有关部门的认证。对此个体农民很难做到，必须组织起来。

（三）实行农产品生产、加工、销售一条龙，可以增加农民受益，促进城镇化的健康发展

我国有几亿农村人口，城镇化虽然是大势所趋，但并不是将多余的劳力都转移到城里，而应该通过发展乡镇企业来提高农民生活水平，就地消化剩余劳力和缩小城乡差异。

要发展壮大现代农业规模，主要是通过“公司＋基地＋农户”的模式，利用经营管理模式的辐射作用，带动地方农民主动调整生产结构致富，进一步加大推广农作物“三避”技术力度，增强农作物抗逆能力，提高农业生产效率，确保农民增收、增产。如何能让农民接受规模化，首先，要进行基础引导，调动农

户积极性（采用前面模式）；其次，要根据地域特点和市场需求，因地制宜；第三，就是要结合已有的技术品种、市场，合理布局，以农业科技为支撑调整产业结构。土地流转、集中土地、成片规模化种植、规模化种植一般会伴随有机械化、专业化、产业化、现代化。

二、标准化生产

（一）标准化

标准化是指在一定范围内获得最佳秩序，对实际的潜在的问题制订共同的和重复的规则的活动。农业标准化是以农业为对象的标准化活动，即运用“统一、简化、协调、选优”原则，通过制订和实施标准，把农业产前、产中、产后各个环节纳入标准生产和标准管理的轨道。农业标准化是农业现代化建设的一项重要内容，是“科技兴农”的载体和基础。它通过把先进的科学技术和成熟的经验组装成农业标准，推广应用到农业生产和经营活动中，把科技成果转化为现实的生产力，从而取得经济、社会和生态的最佳效益，达到高产、优质、高效的目的。它融先进的技术、经济、管理于一体，使农业发展科学化、系统化，是实现新阶段农业和农村经济结构战略性调整的一项十分重要的基础性工作。

（二）蔬菜生产标准化

蔬菜标准化生产就是在生产过程中贯彻执行标准和对贯彻执行情况实施监督。生产者依据标准规定组织生产，国家有关部门依据标准对生产过程实施监察和督导。

蔬菜生产标准化是一项系统工程，这项工程的基础是蔬菜生产标准体系、蔬菜质量监测体系和评价认证体系建设。三大体系中，标准体系是基础中的基础，只有建立健全涵盖蔬菜生产的产前、产中、产后等各个环节的标准体系，蔬菜生产经营才有章可

循、有标可依；质量监测体系是保障，它为有效监督农业投入品和农产品质量提供科学的依据；产品评价认证体系则是评价农产品状况、监督农业标准化进程、促进品牌、名牌战略实施的重要基础体系。蔬菜生产标准化工程的核心工作是标准的实施与推广，是标准化基地的建设与蔓延，由点及面，逐步推进，最终实现生产的基地化和基地的标准化。同时，这项工程的实施还必须有完善的蔬菜质量监督管理体系、健全的社会化服务体系、较高的产业化组织程度和高效的市场运作机制作保障。

推进蔬菜生产标准化生产，是由行业或专业生产的协会组织专家分品种制定先进、实用、操作性强的生产技术规程；将技术操作规程印发到园区每个农户，张挂到蔬菜园醒目位置及每个温室大棚；组织现场技术培训和观摩，集成推广优良品种、病虫害综合防治、绿色防控、测土配方施肥、土壤改良、保优栽培等关键技术，指导菜农按照标准进行田间管理。生产种植的关键时节，组织农技人员到蔬菜园现场指导，及时解决生产中出现的各种疑难问题；真正使操作规程直接到户、良种良法直接到园、技术要领直接到人。

实行规范化管理。实行统一提供优良种子种苗、统一技术标准、统一投入品供应和使用、统一产品检测、统一收购和包装销售；建立了“农业投入品管理、田间档案管理、产品检测、基地准出、质量追溯”五项制度，完善了蔬菜产品质量安全管理长效机制。蔬菜园区100%推行标准化生产、产品100%实行商品化处理、100%实行品牌化销售、100%推广应用优质良种、做到100%病虫害综合防治、100%测土配方施肥、100%实行订单化生产。

三、商品化处理

商品化处理是为保持和改进蔬菜产品质量并使其从产品转化

为商品所采取的一系列措施的总称。包括清洗、预冷、分组、防腐、包装等环节，以提高其商品价值。

建立蔬菜直销超市，超市销售的商品主要由合作社蔬菜生产基地提供，采取农超对接方式，解决了农户卖菜难、市民买菜贵问题。合作社建立产品安全质量追溯体系，从生产、加工、流通、消费等供应链环节进行质量控制。一旦买到问题蔬菜，消费者和合作社可以从商品编码查询到种植蔬菜的农户，从生产到包装到运输再到消费者手中实施全程监管，实行产品追溯制度。同时，推动蔬菜种植业的发展，增强抵抗市场风险的能力，减少了流通环节，确保了蔬菜质优价廉，确保农民增收，使消费者放心消费。缺点：蔬菜市场价格波动大，存在季节性价差风险；加之鲜菜的贮存和运输有一定难度，增大了市场风险。蔬菜种类较多，对栽培管理、肥料施用、病虫防治、土壤改良等种植技能要求较高；蔬菜种植及商品化处理是劳动密集型产业，如管理不善就会存在劳动用工成本过高而亏损的风险。

四、品牌化销售

品牌化销售是经营的战略思考，其本体是营销，也就是说，在蔬菜生产经营中，品牌体系不能脱离营销而独立存在。一方面，从营销组织、营销战略到营销战术组合的每一个环节都有品牌因素的考量。可以预见：产品组合如果不和品牌结构的设计同步，产品推广就会遭遇麻烦，甚至陷入混乱；产品的价格体系如果没有品牌分层的支持，产品的性价比就很难转化为优越的消费者感觉性价比；渠道的选择和终端的规划都受到品牌定位的制约。另一方面，品牌从设计、构建到提升必须和营销行为同步，否则，品牌的效能将大大减弱。

通过统一品牌化销售，制定园区蔬菜产品收购质量要求标准，统一采后保鲜、统一蔬菜收购标准、统一订单收购，建成了

净配菜加工包装场地和预冷储存库，并且在各地设立蔬菜直销配送中心，采用某一商标，统一印制蔬菜标识，在统一订单收购、统一分级包装后，贴上标识在市场上进行销售。

例如：三主粮是内蒙古自治区（以下简称内蒙古）的三主粮实业股份有限公司，是全球唯一一家生产经营全胚芽燕麦米公司。集燕麦种源繁育、推广种植、生产加工、销售于一体，专注于燕麦的深加工研究和市场运营。三主粮致力于解决粮食安全生产、应对西部生态危机、调整农牧业生产结构、助益城市人口饮食健康、带动农牧民脱贫增收、推动西部新农村和新牧区建设。开发生产了核心产品燕麦米和附属产品燕麦素，成为人们食疗养生的健康主粮。三主粮集团公司以莜麦（裸燕麦）综合开发推动西部荒漠化治理为发展方向，集莜麦种源繁育、推广种植、生产加工、销售服务、精深研发、教育培训、观光旅游于一体，经过多年探索研究，开发了燕麦粟、燕麦纤维等燕麦产品，并通过了有机食品认证，AA 级绿色食品认证，食品安全管理体系认证，通过全国性会议和展销会让产品在市场上拥有较高的知名度和美誉度，其中“三主粮紫金多肽燕麦粟”获得“内蒙古名牌产品”称号。

再如，山东寿光蔬菜，在市场推广中建立品牌管理体系，尽快在各个蔬菜制品销售国家和地区注册“山东省寿光蔬菜产业集团有限公司”商标和企业名称，避免被他人抢注，影响整个产业的发展。在新开发的市场，无论大包装小包装坚持采用“寿光蔬菜”品牌，避免多品牌的冲突。在成熟市场且“寿光蔬菜”品牌已建立一定的知名度，当产品质量低或低价倾销的情况下，使用另一低档品牌，以维持“寿光蔬菜”牌的品牌形象。

五、产业化经营

农业产业化，是以国内外市场为导向，以提高经济效益为中心，对当地农业的支柱产业和主导产品，实行区域化布局、专业化生产、一体化经营、社会化服务、企业化管理，把产供销、贸工农、经科教紧密结合起来，形成一条龙的经营体制。农业产业化已经成为我国农业和农村经济发展的基本趋向和有效形式。农业产业化发展是农村产业结构调整的必要手段，是农村经济实现结构性增长的必由之路。在农业规模化产业化过程中，农业产业的产出水平主要取决于投入农业的资本、劳动力、土地和农业技术（广义）四种生产要素。改造传统的自给半自给的农业和农村经济，使之与市场接轨，在家庭经营的基础上，逐步实现农业生产的专业化、商品化和社会化。

农业产业化可多种多样，但必须：面向国内外大市场，立足于当地优势，实行专业化分工，形成一定经济规模，组织贸工农、产供销一体化，实行企业化经营。只有这几方面的有机结合，才能把农业改造成能够与国内外大市场相衔接的产业。其核心是如何把“千家万户”和“广阔市场”两者结合起来。

在建立和发展社会主义市场经济过程中，农村经济工作的主要目标：一是保证农产品有效结合；二是增加农民收入。只有靠农业化这只大船，以家庭经营为基础的农民才能顺利进入市场。所以，农业产业化是农民进入市场的好方式。

农业产业化经营具有市场化、集约化、社会化的特征。农业产业化已成为推进农业发展的一项重要措施。当前农业产业化经营模式主要有：公司（企业）+农户；合作社；市场+加工企业+基地（农户）；公司+基地+农户；农村专业技术协会+农户；专业批发市场+农户；公司+中介组织+农户。

农业产业化作为一种新鲜事物在组织形式、经营机制和运行方式等方面呈现出如下基本内涵。一是在生产组织方面，把分散的农民组织起来，形成新的组织群体，在稳定农村家庭承包经营的基础上实现农业生产组织制度的创新。二是在生产经营方面，

以市场为导向，在充分发挥市场机制作用的前提下实现经营方式的变革，主要通过产业链的延伸，实现农产品的广度深度开发和多次转化增值，进而克服传统农业的弱质产业特征，有效地提高农业比较效益。三是在运行方式上，通过龙头企业，联结农户与市场，使农产品生产与市场有机衔接，引导农民进入市场，极大提高农业的自我发展能力。

产业化发展实例如下。

现在的山东省临沂市平邑县武台镇可以依托现在所具有的优势发展旅游、餐饮、农产品。结合自己的优势来发展休闲农业、特色农业、观光农业和订单农业。

（1）环境安全型畜禽舍休闲农业是一种综合性的休闲农业区　游客不仅可以观光、采果、体验农作、了解农民生活、享受乡间情趣，而且可以住宿、度假、游乐。休闲农业的基本概念是利用农村的设备与空间、农业生产场地、农业自然环境、农业人文资源等，经过规划设计，以发挥农业与农村休闲旅游功能，提升旅游品质，并提高农民收入、促进农村发展的一种新型农业。武台镇可以在阳春三月进行桃花赏花会、夏季采摘会等一系列的季节性的度假休闲活动。

（2）特色农业就是将区域内独特的农业资源（地理、气候、资源、产业基础）开发区域内特有的名优产品，转化为特色商品的现代农业　特色农业的“特色”在于其产品能够得到消费者的青睐和倾慕，在本地市场上具有不可替代的地位，在外地市场上具有绝对优势，在国际市场上具有相对优势甚至绝对优势。武台镇可以结合黄桃基地、葡萄基地、樱桃基地等发展特色农业。

（3）观光农业又称旅游农业或绿色旅游业，是一种以农业和农村为载体的新型生态旅游业　农民利用当地有利的自然条件开辟活动场所，提供设施，招揽游客，以增加收入。旅游活动内容除了游览风景外，还有林间狩猎、水面垂钓、采摘果实等农事活动。有的国家以此作为农业综合发展的一项措施。武台拥有多处旅游地点，如凤凰溶洞、白云寺、大王庄水库等景点，可以发展绿色旅游、休闲垂钓的旅游娱乐项目。

(4) 环境安全型订单农业又称合同农业、契约农业，是20世纪90年代后出现的一种新型农业生产经营模式 所谓订单农业，是指农户根据其本身或其所在的乡村组织同农产品的购买者之间所签订的订单，组织安排农产品生产的一种农业产销模式。订单农业很好地适应了市场需要，避免了盲目生产。武台镇具有多种水果基地，由于现在的经营模式还是一家一户形式，使得每年的价格浮动比较大，订单农业可以保证农民的利益，也会提高农民的种植积极性。

阅读材料：关于我国农业的地区专业化

我国农业发展进入新的阶段，农产品供求关系发生了重大变化。农业发展必须适应市场需求，调整产生结构，优化生产力布局，加入世界贸易组织给我国农业带来新的发展机遇，也使我国农业面临着前所未有的严峻挑战，进口农产品增加对我国农业冲击不可低估，同时我国农产品出口形势也不容乐观。如果不能抵御进口农产品的冲击，扩大农产品的出口，势必加剧我国农产品的“卖难”，影响农业乃至国民经济发展的大局。

我国农业的地区专业化的主要原则如下。

(1) 以市场需求为导向，遵循市场经济规律，发展优质安全，方便、营养的农产品加工制度巩固城市消费市场，开拓农村、小城镇和国际市场，不断适应和满足市场需求。

(2) 发挥区域化比较优势，依据因地制宜，充分发挥其资源、经济，市场技术优势，依托优势产品农业化生产区域，发展优势特色农产品加工业，逐步形成产品生产和加工产业带，实现农产品加工与原料基地有机结合。

(3) 适度规模经营，发展加工业要与原料基地的规模和市

场需求相适应，有特色、有潜力的小型企业。

（4）采用先进适用技术，保护和发展具有民族特色的传统工艺。选用先进适用的技术设备，鼓励有条件的农产品加工企业积极引进和开发高新技术。

（5）发展和保护相结合，坚持高标准严要求。采用先进工艺和技术，切实地推选清洁生产，保护生态环境有利于可持续发展。

（6）加强宏观指导。

根据这几个标准寻得一个实例进行如下论述。

大荔，古称“同州”。地处华山北麓，黄河西岸。国土面积1 776km^2，人口77万，耕地面积170万亩，是陕西省第一农业大县，全国秸秆养牛示范县和绿色产业示范县，被国家林业局命名为“中国枣乡”，沙苑“108”（黄菜、红枣、花生），誉满全国，同州大西瓜闻名遐迩，畜牧业久盛不衰，反季节果菜的规模和效益雄居西北之首，大荔矿泉水被誉为“世界罕见，中国之冠”。

近年来，大荔县委、县政府带领全国人民全力开发红枣产业、设施农业、畜牧业和水果四大产业，唱红特色经济富民强县大戏，初步形成了沙苑“108”、反季节果菜瓜、滩区渔笋杂、牧业牛当家的区域化农业结构新框架。目前，全县粮经面积比为5∶5，产值比为3∶7 。四大产业已成为农民增收的“新光亮”，因而在陕西农业中有“西看杨凌，东看大荔”之美称。

大荔红枣甲天下——大荔是我国红枣的主要发源地和少见的优生区，大力引进开发冬枣、梨枣等优质鲜食品种，目前红枣1 500万 kg，已成为西北最大的鲜食红枣基地和蜜枣加工基地。

设施农业冠西北——围绕西北设施农业第一县争做“西部寿光”宏伟目标，通过干部先示范，做给群众看，领着群众干，全力推进塑棚规模扩张，已形成“一乡一业，一林一品”的产业格局。目前，全县农业设施面积达到7万亩，其中日光温室1.7万棚，大中棚53万亩，总产15万t。大棚油桃、圣女果、礼品瓜、黄瓜、香椿等反季节瓜果菜直销海内外市场。

畜牧业牛气冲天——大荔县古为“皇家牧马之乡”，是秦川牛的传统产区，全县以秦川牛为龙头，采取“小规模，大群体”和专业化养殖两种模式，全面加快秦川牛基地建设。目前全县秦川养殖规模10万头，年出栏优质秦川肉牛3万头。

特色果品誉秦——大荔是久负盛名的“杂果之乡”。全县大力实施优果工程，突出发展其中熟菜果及特色杂果，引进推广了优系嘎拉、黄金梨、布朗李、红提葡萄等名优品种，特色果品基地初具规模。其中，中华寿桃等先后获全国银奖、陕西省优秀水果奖。产品远销海外。

通过上述实例可以了解到：优化农产品区域布局，有利于发挥各地的比较优势，提高农业化经营水平，有利于集中投入，改善农业生产条件，有利于推广和运用农业现代科学技术，加强农业生产的科学管理，促进农业的现代化。

农业的地区专业化从实例中可以反映为五个关键环节。

一是产业化。这是推进优势农产品区域布局的主要形式。二是科技进步。这是发展优势农产品的决定性因素。三是质量安全。这是检验优势农产品区域布局成效的重要标准。四是标准化建设。这是现代农业一个重要标志。五是市场信息服务。这是推进优势农产品区域布局的关键。

农业的地区专业化适合我国大部分地区。我国疆域辽阔，区域性差异显著，适合发展多种农作物和综合性特点的作物生长。

第三节　蔬菜经营管理方法和思路

为了确保蔬菜生产经营的快速发展，并取得实效，首先通过

与科研院校建立合作关系，利用资源组成专家团队，为蔬菜产业的发展保驾护航；其次根据市场情况，进行战略思考，合理经营定位；再则要严格规范生产流程，以生产操作标准进行生产，为消费者提供安全健康的蔬菜产品；并延续蔬菜生产经营的永续性，使用人才与培养人才兼顾，以信念带动发展。

一、合理经营定位

很多经营者认为，蔬菜对于超市来说，其存在的目的仅仅是增加超市经营品项和吸引人气，但10%的销售占比和17%的盘点毛利（曾经任职过的一家上市超市）是很多大品类、品项无法做到的。

可以说，蔬菜做得好，不仅可以拉动超市人气、提高客单量和其他区域商品的销售比率，同时也可以有客观的毛利。

但很多管理者在做蔬菜时也出现了问题，或者一味追求毛利率，或者一味追求销售额。笔者认为，对于需要抢占市场份额的超市来说，销售量最重要，通过销售带动人气，但也不能一味地负毛利或者低价销售，而对于市场稳定的超市来说，通过合理管理赢取利润是一个蔬菜部门管理者需要下工夫才能做到的。

二、做好市调采购

市调包括顾客市调和商品市调，顾客市调重点放在顾客的合理建议和顾客希望购买的商品品类。而商品市调不仅仅是针对竞争店相同单品价格的调查，它还包含了相同单品的品质、不同时段的价格、陈列等操作方法的市调，也包含对异地蔬菜、本地蔬菜在蔬菜批发市场的价格、品质以及价格波动的调查。

对采购单品的甄选和成本的降低直接体现在商品品质的提升、价格的下降、利润空间的增加上，从而门店蔬菜经营更具有竞争力，因此，必须加强对蔬菜采购的管理。

相比超市经营的其他单品而言，蔬菜经营条件和环境具有较大的不稳定性，因为它从种植、收获到运销的规范性较低，而且对蔬菜保鲜的要求也比较高，加上由于蔬菜单品的品质和价格季节性和出货量的影响较大，这就需要采购员对市场保持高度的敏感，随时掌握突发社会性事件的影响，趋利避害。

一般来说，蔬菜的采购渠道主要有两个：当地采购和跨地区产地采购。当地采购又分为农产品批发市场（农贸市场）和周围农产品生产基地（农户）。而短时期内跨地区蔬菜季节性和产货量的变动不大，加上保鲜、销量问题的影响，进而要求采购员尤其关注本地蔬菜的采购，需要对本地季节性蔬菜采购时间掌握得非常到位。

例如说本地农户每天早上 5 点到蔬菜批发市场进行蔬菜批发、售卖，那么就要求采购员必须在早上 5 点之前赶到菜市场，对所需要采购的单品品质、价格做一个确认，得出第一手的数据。同时，还需要对一些有送货协议的蔬菜单品的价格、品质进行核对，避免合作农户的乱涨价和所提供的性价比失调。

三、流程规范把关

一般来说，采购计划制定的前提是门店销售和商品库存情况，以及营运部门对未来一段时间内的商品销售量做出的准确预测。进货过少会产生销售断档，造成缺货损失，同时影响消费者对超市的印象；进货过多则会带来滞销，占用企业流动资金，占用陈列位或库位，后续的退换货会增加商品经营成本。

相对于超市其他经营单品，蔬菜（特别是叶菜）的属性对订货的要求更加严格，一般来说做到采购量刚好销售一天最好，否则，采购过少，不够卖；采购过多，短期内占用保鲜库位不说，还会因为库存时间的增加致使蔬菜品质降低。

如何做到合理订货？笔者认为，必须要把控好以下几个

要点。

（一）了解单品的生命周期及送货周期

根据《库存管理表》及《订货周表》提供的数据找出商品的库存与销售规律性，准确掌握销售及库存情况；关注日销售各时段的销量变化；关注日销量与日进货量；关注日盘点工作。

（二）严格控制质量

验收货是控制损耗的一个重要源头，对于蔬菜经营和整体超市经营都相当重要。一般验货要求收货员、理货员和防损员三方同时在场才能验货，其中收货员核对送货单品数和重量，理货员参照公司的蔬菜验货标准对蔬菜单品进行验收，防损员监督执行。

蔬菜验收标准如下：

叶菜类：色泽鲜亮，切口不变色，叶片挺而不干枯、不发黄；质地脆嫩、坚挺，球形叶菜，结实，无老包。

根茎类：茎部不老化，个体均匀，未发芽、变色。

花菇菌类：外形饱满，不发霉、变黑。

同时在称重时，要求对单品送货数量5件及以下的100%验货，其他不低于30%的称重。

一般蔬菜验收完毕以后，并不是直接上货，而是先进行分拣。通过分拣，将单品依据品质和卖相分为一般和精品两个级别，分别上货陈列。这样，不仅拉伸了商品的价格线，便于各消费层次的顾客购买，同时也降低了顾客挑选造成的损耗。

需要注意的是，由于每个单品的商品属性不同，分拣要求也不一样，比如韭黄的分拣要求包括：对压伤、擦伤、叶片泛黄或变黄进行清除，对根部进行剪齐；叶片焦黄、极度枯萎，叶片呈现啡色、褐斑，茎顶部有烂心现象报损。

而肉丝瓜的分拣要求却为：外皮破损，断裂需折价处理；指甲掐不进去，瓜肉少，丝瓜茎多、籽多需折价处理；瓜体失水变软，外皮破损严重需报损处理。

分拣以后，将蔬菜进行上货陈列，此时，必须轻拿轻放，尽量避免人为引起的蔬菜品质、卖相的降低，叶菜类切忌堆放陈列，其他的单品根据各自的商品属性进行陈列。同时，注意单品的品类归属，将同一品类的单品相邻陈列，方便顾客挑选。

第三章　蔬菜经营管理的策略与措施

策略，指计策，谋略。一般是指可以实现目标的方案集合，根据形势发展而制定的行动方针和斗争方法，有竞争艺术，能注意方式方法。运用在生产经营中主要表现在理念、用人、资金运用、经营模式和销售上，制定和秉承合理的经营理念，选择顺应时代潮流的经营战略，不断提升良好形象，以求达到所制定的目标。

第一节　调整确定经营理念

一、经营理念

经营理念，就是管理者追求企业绩效的根据，是顾客、竞争者以及职工价值观与正确经营行为的确认，然后在此基础上形成企业基本设想与科技优势、发展方向、共同信念和企业追求的经营目标。

蔬菜生产经营理念即是蔬菜生产经营系统的、根本的管理思想。所有经营管理活动都要有一个根本的原则就是要为广大消费者奉献自然与健康，一切的管理都需围绕这个根本的核心思想进行。经营理念决定企业的经营方向，和使命与愿景一样是企业发展的基石。一套经营理念包括 3 个部分。第一个部分是对该企业组织环境的基本认识，包括社会及其结构、市场、顾客及科技情况的预见。第二个部分是对组织特殊使命人类的生命安全健康的基本认识。第三部分是对完成组织使命的核心竞争力的基本认识。总之，对使命的基本认识是如何在新的经济与社会环境中脱颖而出的领导地位。蔬菜生产经营理念形成是经过日积月累的思考、努力及实践才能形成和做到的。

青岛恒润源通果蔬专业合作社以“小胜于智，大胜于德；以德信为人，靠品质创业”为宗旨；以增加全体社员的收入、服务社会和人民，促进社会和谐发展为基本目标。经营思路：通过本社成员的示范带头作用，引导广大农民科学种田，加大农业内部产业结构调整力度，促进绿色农业、环保农业的发展。以科技为先导种植高品质的产品，让本社成员在发展绿色农业和环保农业中得实惠，保证产品让人民吃得放心，用得放心，促进社会的和谐发展。

合作社本着成员入社自愿，退社自由，地位平等，民主管理，实行自主经营，自负盈亏，利益共享，风险共担的经营原则。100多户合作社有成员，分别经营草莓、甜瓜、苹果等农副产品。按照“生产标准化、产品品牌化、经营规模化、管理规范化”的要求，以无公害、绿色、有机产品和“马连庄”为地理标志的生产思路，引导社员和农民走“高端、高质、高效、生态”的路子，让合作社的品牌产品“富硒草莓”“马连庄甜瓜”和“马连庄苹果”真正成为引领人民生活的无公害、绿色、有机产品。

二、基本要求

有效的企业经营理念的基本要求

(一) 企业对大环境、使命与核心竞争力的基本认识要正确，绝不能与现实脱节

脱离实际的理念是没有生命力的。例如把生产出有机绿色无公害的产品定为实现的目标，而且要做到永续。

（二）要让全体员工理解经营理念

经营理念创建初期，企业员工们比较重视，也很理解。等到事业发展了，员工们把经营理念视为理所当然，而逐渐淡忘，组织松懈、停止思考。虽然经营理念本质上就是训练，但要切记经营理念不能取代训练，更应该注重良心这一概念的不断强化和宣传引导。

（三）经营理念必须经常在接受检验中修改丰富

经营理念不是永久不变的。事物是发展变化和运动的，企业经营理念一定要随着外部和内部环境的变化而变化。

事实证明，有些经营理念功效宏大而持久，可以维持数十年不动摇。在实践中，经营理念的实施既是最重要的，也是难度最大的。

内蒙古三主粮实业股份有限公司，致力于解决粮食安全生产、应对西部生态危机、调整农牧业生产结构、助益城市人口饮食健康、带动农牧民脱贫增收、推动西部新农村和新牧区建设。公司成立于 1997 年，经过四年的发展积累，八年的燕麦研究，取得了用市场经济的手段解决农业产业经济发展的成绩。开发生产了核心产品燕麦米和附属产品燕麦素，成为人们食疗养生的健康主粮。为沉淀企业精神更好地服务消费者，于 2006 年 12 月 26 日，兴建的三修书院弘扬国学文化精髓、形成深厚的落地的企业文化奠定了基础，以“为人民健康服务”为宗旨，以“助益同胞饮食健康、降低国家医疗开支”为已任，全面落实“文化养性、粟米养命”的经营理念，努力探索中国农牧业发展盈利模式，在践行中奉献、在奉献中传承，致力于推动“拓耕地、见牛羊、创财富、披绿装、送健康、兴三农、保稳定”的七大战略，完成“让西部荒漠披上绿装、让国人通过第三主粮得到健康、让国学文化精髓从三修书院广大传扬的光荣使命”，引导着企业的前行。

三、实施要点

经营理念的战略实施要点：对生产安全健康蔬菜的这种新理念要进行有效的宣传；确保经营理念反映在具体的规划和实施中；所有管理者要对新的理念身体力行，逐步落实；困难时刻严肃地执行理念的要求。

主粮企业为拓展市场，践行着自己的发展战略：

拓耕地——西部荒漠种植燕麦；

见牛羊——燕麦品质特性促进西部生态畜牧业的形成；

创财富——扩大燕麦种植增加财富收益；

披绿装——裸燕麦成为第三主粮推动荒漠化的治理；

送健康——膳食结构调整促进全民健康从而减少社会医疗费用；

兴三农——裸燕麦产业化综合开发拉动农业和农村发展，增加农民收入；

保稳定——增加社会就业人数。

四、基本内容

形成共同的宗旨、目标和使命。企业的宗旨就在于创造价值，形成顾客在某一特定时间范围里的需求。目标有两种，一种是企业目标，另一种是财务目标，归结于一起就是针对企业的利益。而使命却表现在对顾客的态度上，企业的使命就在于为他人服务，或者全心全意为人民服务。

不同的文化、思想、历史等种种不同的因素，会产生不同的表现与内容。不过不管背景怎样的不同，每一个企业的目的，都有一个概括性的共同目标，那就是利益的追求。这种利益的追求或许会因为国家的不同，法律的不同，社会文化、风俗、传统观念的不同，而有所差异。但是对于利益的追求，这一点在古今中

外的企业，除了程度上有多与少的差异以外，可以说都是一样的。譬如说18世纪的产业革命时代，对于劳工的保护情形和有劳基法保护的时代比较起来，内容就有很大的差异。也就是说虽然时代已有显著的不同，法律的规定也有很大的差别，但是企业追求利益的目的还是没有丝毫变更。因此把企业经营理念的精华放置在如何追求利益或者把经营理念跟利益连在一起，是放之四海而皆准的道理。问题就是说理念的内容千万不能够和时代的潮流、时代的社会意识观念脱节，不然就会变成唯利是图的经营理念，还是需要把架构重点放置在合情、合理、合法、合于时代社会、消费者需要的本质问题去设计架构，让社会和大众、顾客产生良好的形象，才能达到企业真正追求的目标，获取社会认同的利益。

例如：北京丰民同和的企业理念

企业精神：自加压力、自求发展、自主创新、自我超越；统一，团队，共和，制胜。

企业愿景：成为农业领域具有规模化的特色企业。

企业使命：开通田地连接市场之路。

核心理念：和谐务实，俱进创新。

管理观念：以规矩成方圆，以真诚换真诚。

经营观念：联动用户，共创双赢。

经营策略：宁走慢，必走好。

价值观：共同撑起一片蓝天，共同拥有一方沃土。

五、表示方法

经营理念的表示方法，措词用语，并没有一定的模式或式样。一般说来欧美国家，像美国等的企业，就比较直截了当的，以跟营业直接有关的文字去表现。也可以说规定的文字比较带有具体、容易抓住重点的特点。譬如说闻名全球的麦当劳，他们的经营理念是 Q、S、C&V，Q 是 Quality（品质），S 是 Service（服务），C 是 Clean（清洁），V 是 Value（价值）。

东方国家的经营理念和西方国家的经营理念比较起来，理念本身就有比较抽象和重视精神面的倾向。日本有很多企业也有这种情形，因此往往会把诚实、至诚、团结、忍耐、感谢等作为社训或者是经营理念。我国也有这种倾向。像永续经营、永续服务，心怀大志、放眼天下，与您携手共创将来，都是属于范围比较宏大而有气魄的理念。

具体的经营理念要看经营人士的价值观、人生观、文化思想观还有国情来确定。

①彻底去了解并分析既存的经营理念构成要素，如企业使命、经营目标、行为准则、企业文化、视觉系统、经营方针等的内容。

②清楚把握经营人士的意图。

③分析时代潮流的趋势与上述①②项的比较。分别归纳合于潮流与否。分为 A. 合于潮流，B. 不合潮流，C. 保留。分别加以讨论，决定取舍。

④了解社会，一般消费者、顾客、传播界、厂商对于自己公司的认识、评估、期待。

⑤了解企业内部对于企业的要求，前途的希望。

⑥彻底了解企业的长处、短处、弱点、需要加强的地方，并引进企业没有的技术。

⑦整理、归纳、决定。

⑧理念共有化。文化内涵致所有消费者形成一种共识，才能更好地接受企业的服务。

以上是确立企业经营理念的程序方法。至于推行的规模、具体方法等，有关人员不妨按照当时情形斟酌情况进行。

像北京丰民同和农业科技有限公司。其“丰民同和”的寓

意：丰泽厚土，民意齐天，同脉百姓，和享福祉。“丰民”所归，“同和”为道。和者：道、慧、贵、合也，以和待人，以和处事，和而博大，和而久长；同者，并肩、齐行、共处、互通也，同舟、同创、同赢、同和，平实而见锐利，居次而出新奇，动万物，起万象，联动联静，出神入化。

丰民同和内涵，以“和、诚、创”概之。

和，即指和谐，事物发展之根本在于认可和，追求和，和促万物生长，不求和则致破坏。

诚，即指坦诚，诚恳，诚信，诚志，为立志以诚。世人皆愿与坦诚人交往，远不诚之人。

创，是创造、创新、创意也，竭尽所能突破事物原有模式而做好要做的每一件事。

阅读材料：黄冈“一县一特色农业支柱产业”构建方略及经营绩效探究

湖北省黄冈市曾是一个贫困地区，直到20世纪80年代中期，全市仍有230万人未解决温饱。区域经济由于缺乏骨干产业的支撑而一直处于发展的慢车道。进入20世纪90年代后，该市一改常规发展思路，大力实践“一县一特色农业支柱产业”的发展战略，有效地带动了欠发达地区摆脱贫困，经济腾飞。

“一县一特色农业支柱产业”发展战略，概括地讲，就是通过对农业特色资源进行区域化布局，产业化经营，规模化类聚，现代化提升，迅速将由农业特色资源开发所形成的产业培育成区域主导产业，并通过主导产业的吸纳与扩散，带动区域其他产业发展，进而促进区域经济整体腾飞的一种经济增长方法。这一战略的具体构建框架和实施步骤如下。

1. 从农业特色资源入手，以县域为单位布局

1996年，黄冈市市委、市政府着眼市场经济规律，对区域农业资源进行重新筛选和整合，选择那些人无我有、人有我优的

特色农业资源作为重点开发和培育的对象，提倡将过去以村组、乡镇为单位的资源布局上升为以县域为单位布局，并硬性规定一个县（市）只抓一两种特色资源，做强一两个特色支柱产业。在这种战略思想的指导下，黄冈地区最终形成了“蕲春药材武页鸭，浠水生猪黄梅虾，麻城黄牛龙感湖花，团风马蹄黄州菜，红安花生英山茶，罗田栗桑甲天下”的一县一特色品业的格局。

2. 从专业化生产起步，以产业化方式推进

进入20世纪90年代后，黄冈政府积极引导和扶持他们向特色资源靠拢，向主导产业靠近，向规模经营推进。当某种特色资源在一定范围内成长为主导产业时，必须要求有相应的组织为其提供产品加工、市场流通和科技等服务。

3. 以多种经营形式展开，靠适度规模经营取胜

一种是“小群体、大规模”型经营；另一种是大户型经营；再一种是公司型经营。

4. 以先进要素为支持，靠现代科技和管理提升

在支柱产业成长过程中，各地注意把传统资源与现代要素进行嫁接，用现代技术、人才和管理推动支柱产业发展。并大力推进政府上网、企业上网、农民上网、特色产业上网工程。

该战略是在市场经济条件下欠发达地区摆脱资源瓶颈的制约，实现跨越式发展的有效途径。

第二节　人才的培养与使用

人才是家庭农场和专业合作社发展的保障，培养人才、选择人才与合理使用人才是蔬菜产业发展的基础，科学有效掌握和运用人才是管理者思考的首要事情。当前，农业农村经济发展中最为重要和紧迫的是加快农村实用人才的培养，着力提高农民的科技素质、文化素质，造就一批引领现代农业发展的新型农民，为

现代农业发展和新农村建设提供重要的智力支撑。

一、农民在自主经营中成才

（一）挖掘自身资源的潜力，填补地区人才缺乏的空白

农民不断提升自身的专业水平和管理能力，是保证农业各项工作顺利开展的保障。逐步打破城乡二元结构，推动城乡资源有效配置。长期以来，我国资源要素的配置在城市与农村、发达地区与不发达地区之间处于分割状态，不能发挥其对当地经济发展应有的促进作用。改变这种状态势在必行，农民可以在三个层面上进行资源要素重组，化解二元结构。一是市场资源，即利用本土资源、外地市场，以独资或合资、联营式、引进式等多种方式，发展农村经济。二是劳动力资源，利用当地丰富的劳动力替代稀缺的资本，不仅可以带来经济收入，也为当地创造了就业机会，以就业推动创业，以创业拉动就业，促进农民收入增加。三是人才资源，企业的创立和发展缺少不了具有开拓精神的企业家资源和人才资源，创业过程中必将吸引和培养一批专业人才，以加快地区人才资源的本土化进程。

（二）开阔眼界，快速提高，以便更好地适应产业发展

农民创业形成的农业产业化经营是推动农村城镇化成本最低的一种形式。目前，最主要的任务是借鉴发达国家和先进省份的做法，迅速培养农村科技和致富带头人，培植他们围绕主导农业产业开展创业，通过创业促就业，通过就业促发展，优化整合资源配置向三个集中发展，一是人才向农村社区集中，逐渐形成具有中国特色“小城镇”；二是土地向创业领头人物集中，形成农业生产规模化和标准化；三是产业向集群集中，逐步形成农业第一、第二、第三产业分工明晰的产业集群体系。通过“三个集中”，逐渐形成一条农村社区和小城镇带动下的农村城镇化发展道路，吸收农村剩余人口，稳定了从事农业生产经营的劳动

群体。

（三）创业者的示范效用，吸引更多的人介入行业

农民创业具有鲜明的单一性、地域性和兼营性等特点，创业者不但引进了农业生产技术和市场信息，在农业新技术、新模式的示范、推广等方面起到了重要的作用。他们在“农林牧副渔”初级产品生产的基础上，初步形成了以销定产、以产定销的“产供销”“农工贸”一体化发展格局，探索了以某个专项农产品生产和加工为“龙头”的产业化经营模式，而且在当地形成支柱产业、特色产业，吸引着更多的人介入行业，加速调整农业结构和推动包括蔬菜在内的农业产业化经营起到积极的作用。

二、高职院校加强专业人才的进修和培养

（一）人才的培养和培训

从事蔬菜产业生产经营的群体不断扩大，对这一类型人才的需求就会加速增长。高职院校和专职院校为一线生产培养的专业人才和对在岗的专业人才进行培训是现有的蔬菜生产经营人才缺口的一个重要补充途径。专业技能人才培训有效地与各地产业特点和农业生产实际紧密结合，扩大了生产规模，涌现了一大批具有典型示范带动作用的科技示范户、致富带头人。高职院校培养的人才大多来自于农村，对于行业的认识较深，对于稳定从事生产队伍起着积极的作用。在更多的蔬菜生产经营企业中，由于人才的缺乏使得产业发展缓慢，在现实生产过程中对人才的期待更加明显，而高职院校的补充作用就显得尤为突出。

院校培训对象主要是针对当地有一定知识、有经营头脑和创业愿望的中青年农民，对他们开展创业理念、创业技巧和创业能力培训，创业计划引导，以及生产技能培训同步进行，自 2010 年以来，有着明显效果。他们的介入和示范作用，在广大农民中引起很大的反响，促进了农业农村经济发展和农业发展方式的转

变，发挥着积极的推动作用。

（二）与科研院校结合，寻求快速培养人才的捷径

与科研院校结合，走“产学研、农工商、产供销”一体化的路子，既解决了人才问题，又给予了技术指导，同时也能听取经营管理上的建议和意见，直接应用于生产实践，引导蔬菜生产经营服务于社会经济发展，培养新型产业群，培养农业实用人才，推动农业发展方式转变。结合地域特点、产业特点、农民特点、资源要素几个方面，创建“产业园 + 院校”协同发展的道路，塑造一批典型，按农业产业化经营要求，组织专家指导他们进行产业规划，并从中选定一部分人进行产业扶植，实现快速培养人才的目的。

三、人才的利用

（一）用优惠政策吸引优秀人才

生产力发展到一定阶段必然引起生产关系的改变，这个时候，总会有人才出现，并形成人才流动。人才流动有两大特点：从生产力落后的国家和地区向生产力先进的国家和地区流动；从生产关系变化小的国家和地区向生产关系变化大的国家和地区流动。通过人才流动这种方式，促进和推动地区产业的发展，是引进人才的一种必然规律，顺应这种规律吸引人才应注重以下 3 个方面。

1. 创造良好的工作环境

建立科学用人机制，激励机制，完善人力资源系统，为吸引人才打造良好的环境。良好生产经营条件、经济收益有着巨大潜力的地区特性吸引大量优秀人才涌入该地区，来实现自己的价值。“人往高处走。水往低处流”，要吸引人才、留住人才就必须遵守这些客观规律。把握人才流动的趋势、特点及原因，营造爱惜人才、尊重人才的良好氛围，创造良好的用人环境，采用科学的用人机制和激励机制，调动人才的积极性和创造性。

2. 给予优惠的待遇

高额的薪酬制度能吸引优秀人才服务当地的产业发展，优惠的福利待遇、工作与生活的安置、子女的读书环境等都将是吸引人才流动的直接原因，这些都会促使技术人才加速流动。

3. 创建适宜生存的环境

目前由于环境污染导致适宜生存环境越来越少，有些人才除了经济动力外，还有生存动力的作用。人们对生活品质的要求，不断地寻找适应自己的生存环境，适时选择适宜的环境。这也是吸引人才需要努力的一个方向。

（二）用科学的方法使用人才

1. 知人选才，任人唯贤

管理者选拔人才并对其合理使用是企业发展的根本。人才选拔最重要的原则就是知人选才，任人唯贤。

2. 胸襟开阔，大度用人

管理者要从全局出发，需要用宽广的胸襟、包容的态度来对待人才。

3. 量才使用，用当其任

尺有所短，寸有所长。管理者应该仔细分析和观察每个下属的性格特点和能力，分析其强项和弱点并扬其长、避其短，对人才合理利用。

4. 坦诚相待，合理授权

管理者对下属要做到坦诚相待，就要做到用人不疑、疑人不用。人才选拔要严把人员的入口关，根据德行和能力的要求对候选人员进行严格筛选。再者，管理者要学会合理授权。管理者要对下属充分信任，并进行综合分析和考察，掌握其能力程度，以便把适宜的权力与责任授予最合适的人选。避免出现因管理者大权独揽、事必躬亲而导致的人才浪费、工作效率低

下的现象。

5. 奖惩结合，宽严相济

进行合理的奖惩，就是管理者要做到以下几点。第一，奖惩要公正。第二，奖惩要及时。第三，奖惩要适度。如果奖励过滥而惩罚的力度不够，下属就会采取冷漠视之的态度，从而失去奖惩的意义。首先，管理者要宽以待人。非原则性错误应给予其积极改正的机会，为人才的成长和作用的发挥创造宽松的环境。其次，管理者要严惩犯原则性错误的下属，给予相应的惩戒来强化组织纪律的权威。只有这样才能做到防微杜渐，树立组织运行的良好风气。

阅读材料：变废为宝，充分利用资源发展平菇生产

唐县的食用菌栽培，从 1980 年起步，经过两年的试验，在各级领导的支持和河北农业大学老师及河北省微生物所技术人员的指导下发展很快，特别是地面栽培，从 1982 年的 400m^2，发展到 1983 年 4 万 m^2。1983 年秋季开始推广塑料袋栽培技术，到 1984 年秋，全县普及了塑料袋栽培法。1985 年春季栽培数量达 140 多万袋，产鲜菇 50 多万 kg，产值 40 多万元，秋季 400 万袋，成功率 90% 以上。产品的销路打破了单靠外贸的局面，使平菇及其加工产品在国内由无销路变成了畅销。

1986 年全县栽培平菇数量猛增到 2 000万袋，约产鲜菇 800 万 kg，组织出口加工盐渍平菇 5 000t，创汇 35 万美元，成为我国最大的平菇生产基地。

1983 年唐县承担太行山开发研究食用菌课题后，遇到不少困难和挫折，但通过努力使食用菌生产迅速发展起来。他们采取的主要措施是：广泛进行技术培训；扶持和充分发挥蘑菇专业户、重点户的作用；多种渠道打开国内市场，解决平菇销路；提供原料信息，组织原料供应。

通过几年来的技术推广和生产实践，广大农民看到发展食

用菌生产，特别是平菇栽培周期短、见效快、收益大，因而栽培户越来越多，由 1982 年的 1 户，发展到 1983 年春的 400 多户，遍及全县 10 个乡，单户或联户规模越来越大。栽培万袋至 10 万袋的有十几户，收入万元以上的有 6 户，1986 年栽培数量增加了 15 倍，出现全村 80% 以上的户种植平菇的专业村 8 个。平菇栽培不但成为全县农村经济收入的重要组成部分，而且促进了农村加工业的发展。目前全县已有蘑菇罐头厂 3 个，年加工蘑菇达千吨以上。大规模的蘑菇生产致使栽培原料——棉籽皮供不应求。

唐县食用菌生产的迅速发展，因为它正确确定了科技兴农的战略目标，构筑农业技术创新体系，与农业大学、省研究机构实现了主体多元化，加强农业技术推广工作，坚持了试验示范，逐步推广的原则和发挥“科技户”的作用，在推广过程中，经过了典型示范、由点到面、由小面积到大面积，逐步扩大推广范围。

农业发展靠科技，科技进步靠人才，人才培养靠教育，这是现代农业发展的客观规律，大力加强农业教育，提高农业劳动者的科技水平，培养更多的专门人才，是实施科教兴农战略的重要内容和基本环节之一。

①大力普及农村文化教育。首先，要尽最大努力在农村普及九年制义务教育，特别加强贫困地区的教育事业。其次，要用各种形式，在农村广泛开展扫盲运动，逐步提高农民的平均文化水平。

②积极发展农村职业技术教育和农村职业技术教育，是向农民普及农业科学知识，提高农民文化科技的重要渠道。

③切实加强高等农业教育，主要是培养高级农业科技人才。

第三节　资金的引进与运用

一、资金的引进

（一）挖掘内部资金资源

在寻求外部资金之前，先充分利用内部的资金资源：企业应该有一个很好的现金流预测系统，向顾客提供足够的激励条件，鼓励他们及时付款，对客户要有严格的信用评估程序，做好给供应商付款的计划，尽全力保证销售收入，控制库存量，完善质量控制体系，降低废品率，变现闲置资产。

（二）积极寻求外部资金

如果内部资源都已经充分利用，那么再看有什么外部资源：股东的资金，企业的往来账户银行透支或贷款的可能，代理商应付款或票据的贴现，出售反租（出售给租赁公司再租用该项资产），商业银行贷款，政府或公共机构的无偿资助或贴息贷款，最后才是风险投资基金。

（三）银行融资

银行融资是现阶段中小企业资金的主要来源，除传统的流动资金贷款外，针对中小企业普遍缺少抵押品的特点，还有以下几种特殊贷款。

二、资金运用

（一）资金运用

资金运用是指公司将筹到的资金以各种手段投入到各种用途上。它关注的焦点是各类资产的合理配合，即资产结构问题。同样，由于投放的手段和用途不一样，这些投资给公司带来的投资回报率及其他权益也不一样。因此，公司理财中对资金运用管理的目标也就是寻找、比较和选择能够给公司带来最大投资回报率的资金用途。

（二）管理方法

为了在既定的筹资成本下达到投资回报的最大化，或在既定的投资回报下实现筹资成本的最小化，公司理财必须借助于一整套科学的管理方法和管理手段对公司资金来源和资金运用进行有效的管理，包括预测、计划、控制、分析和核算。

（三）资金流动

资金是企业运作的命脉，所以，对资金的周转能力也就决定了企业的生存能力。把握资金的流动主要看3点：一是积极寻找现金客户，可以加速企业的发展。二是客户资源管理，对于那些回款慢、信誉差的客户，在无法改变的情况下，尽可能的不做。三是库存管理。合理的库存，可以减少资金的占用。

阅读材料：张家口地区农村合作基金会的发展

1984年，河北省张家口地区部分乡镇试办了农村合作基金会，成为河北省率先建立这种组织的地方。康保县芦家营乡合作基金会又是张家口地区建立的第一个乡会。经实践探索，1989年7月，张家口地区制定并印发了“张家口地区农村合作基金会示范章程”，加强对全区合作基金会规范化指导，到1990年，全区12个县265个乡镇，已有259个建立了基金会。其中以乡镇建会的236个，占乡镇总数的89%，占已建会乡镇总数的91.1%，23个乡镇以村建会，共建221个村会，还有11个县建立了县联会。

三、筹建与组织

张家口地区筹建农村合作基金会的动因，就是为了管好用活集体积累资金，包括原集体经济组织的积累和新提留的积累。

张家口地区农村于1982年普遍实行了家庭承包制，集体的

牲畜、农具等作价归户，使这部分集体资产中实物形态变成了货币形态，由于人民公社的解体，原来由社会统一管理财务的体制不存在了，集体积累资金的管理和使用相当混乱，出现了“管不住、用不活、收不回、漏洞多”等问题。致使集体资金大量流失，集体家庭越来越空。

同时，随着农村商品经济日益发展，农户和集体企业对资金的需求量不断增加。如何摆脱上述困境，成为当时的一大难题。

张家口地区各县曾提出各种主张，做过各种探索：一种是将集体积累资金冻结存入银行。这样做虽然可以保住剩余的集体资金，但只作为“死钱”管理，降低了资金使用效益；一种是实行“队有村管”，即将原各生产队的集体积累资金交所在村委会统一管理。这样解决不了乱借乱用问题，还会出现村委会平调原各生产队积累资金的新问题；一种是拟将集体积累资金平均分给各生产队社员。这样做不仅削弱了集体的经济实力，而且还造成集体完全瓦解的印象。在否定了上述几种设想和做法后，张家口地区创办了可以管好又能用活集体资金的形式——合作基金会。

依据中央有关政策，张家口地区规定，农村合作基金会是乡村企业经济内部的管理和融通。集体资金的非营利性有偿服务组织，实行民主管理，自主经营，独立核算，自负盈亏，按股分红，不向社会搞存贷的原则。其借用信代手段管理、融通资金。

村合作基金由村党支部和村委会负责人及各入会生产队的代表组成领导班子，在乡镇指导下工作。由于村会资金有限，张家口地区拟将所有村会向乡会过渡，以使调剂各村资金余缺，扩大资金使用范围。

四、资金筹集

与建会的宗旨相一致，张家口地区农村合作基金会初建时，资金来源主要是两个部分，即农业合作化时社员投入农业生产合作社的公有化股份基金和生产费股份基金；合作社以来历年积累的集体积累资金，统称原集体积累资金。

上述资金转入合作基金会的基本做法是：首先清理原生产队的财务、分清债权、债务和财产物资，处理各项遗留问题。然后将各项积累资金净值折股到户，以户入会。

少数原生产队集体积累资金较少，不便折股到户，还有部分原生产队因各种原因，不采取折股到户的做法。这些单位则以原生产队集体名义入股，加入合作基金会，由基金会填发集体股金证。

五、资金运营

建立合作基金会不仅是为了管好集体积累资金，还要用活，使这部分资金在促进农村商品经济发展中充分发挥作用。

为了充分有效地管理、使用基金资金，张家口地区作了一系列规定，并制定相关制度保证其实施，其内容主要有：合作基金会的资金使用对象是会员，重点扶持种植业、养殖业、加工业；坚持“谁的钱，谁优先用”的原则。在资金自用有余时，也可贷给经营好、效益大的乡村企业，但只限于短期的流动资金。

借款一般坚持数额小、期限短、见效快、效益大的原则。对非生产性基本建设和其他非生产性项目不予支持。

实行有偿服务。对借用合作基金的单位或个人合作收取资金使用费，以保证资金保本保值。资金使用费根据不同用途定出不同档次，一般不高于信用社放款利率，对贫困户给予优惠。对逾期欠款，区别不同情况，采取提高资金使用费，以实物抵账等办法。

建立借款和资金管理制度。如贷款要主体人申请，有担保人经一定审批手续，实行贷款分管，健全财务管理和现金管理制度等。

由于各县乡经济发展水平、产业结构等存在差异，各基金会在实践中，在坚持基本原则的前提下，因地制宜，有些变通。

六、收益分配

合作基金会的收入主要来自放款获得的利息，还有少量存款利息和服务收入。

张家口地区基金会章程规定，基金会不以盈利为目的，但要讲究经济效益。基金会的收入除开支工作人员报酬和业务费用外，主要用于股金分红和集体积累，不得用于其他开支。代管金只付息不分红；新扩股金一年内只付息不分红，超过一年的既付息又分红；原生产队集体积累转化来的股金只分红不付息。章程还对基金会净收入分配作如下规定：股金分红一般要占 50% ~ 60%，集体积累一般占 40% ~ 50%，集体积累也可以采用配股的形式落在会员名下，股金分红要及时兑现。

在执行中，各地各年底实际情况又有变动。如怀来县沙城镇基金会，初建时股金分红占净收入的比重曾高达 80% 左右。近两年，随着自身经济实力的发展，不再按比例提留股金分红款，改为每年从净收入中固定提取 5 万元作为股金分红。1990 年股金分红占净收入的比重仅为 24.3%。

但是，有少数基金会因各种原因，未能兑现股金分红。据地区统计，1990 年区内有 24 个行政村、151 个村不能做到股金分红。

七、主要问题

1. 行政不适当干预严重

各级领导利用职权干预基金会业务的事屡见不鲜。如指令性批放贷款；动用基金会积累用于与基金会建设无关的事项；随着解聘和任命基金会工作人员等，使基金会难以自主经营，为解决这个问题，张家口地区有关部门多发出文件，明确指出："不准依仗取权批条子，随便动用基金会资金"，对"依仗职权违章动用合作基金者一律按违反财经纪律论"处。1990 年又专门发出《严格禁止行政不适当干预合作基金会的意见》。

2. 普遍存在逾期沉淀贷款

造成的原因很多，有的属于基金会管理疏漏，放款时未对贷款户做仔细调查；有的属于贷款户经营亏损；严重的是行政不适当干预，一些党、政领导人指令性贷款。

3. 可融资金数量有限

受现行政策制约，基金会资金来源路窄量少，加上新旧沉淀贷款，实际可活动资金不多，有的乡会内，各村的钱由村管，不让外借，乡会内不融资，更显资金不足。

第四节　销售策划与管理

一、蔬菜经营行业未来发展趋势

（一）市场现状

蔬菜是我们日常生活中不可或缺的重要产品，发展蔬菜行业对稳定食品价格、改善人民的膳食结构有着十分重要的意义。蔬菜产业是关系到国计民生的根本产业之一。发展蔬菜行业不仅可以给广大人民带来很多方便，同时也是实现农业增产、农业增效、农村富余的重要途径。

近年来，在农村的产业调整中，由于蔬菜种植投资少，见效快，收益明显，成了首选项目之一，但随着蔬菜产量的增加，蔬菜的销售成了一个很大的问题。很多地方在销售上，销售方式与城市化进程不对接，许多农业合作社在寻找市场时还是单一的等待批发商上门批发。城乡之间的信息不对接，大市场与产业基地

无法有效地对接，销售手段落后导致了菜农在实际的生产中增产不增收，严重地损害了广大菜农的利益。

在城市交易市场上，由于信息不对接，供应链无法有效地解决市场需求。同时由于传统市场的流通环节往往要经过四五个流通环节才能到达零售终端，环节过多也成了拉升蔬菜价格的重要因素之。如何降低菜价已成了通胀状态下政府和人民普遍关注的问题。

物流行业的快速发展，蔬菜的物流运输也受到社会各界的广泛关注，但目前国内市场的蔬菜配送体系尚未成形，网络分布不均匀，蔬菜价格相对较低，物流运输成本相对较高导致蔬菜只能在小范围内流通。且蔬菜含水较高，保鲜期短，易腐烂，会大大地限制运输交易的时间。因此对运输的效率和保险也提出了更高的要求。

随着社会的发展，人民生活水平的提高，广大老百姓对绿色蔬菜、有机蔬菜以及无公害蔬菜的认识越来越深刻，蔬菜的食用安全也得到大家的广泛关注。但是由于蔬菜特殊的存在形式使人们不能从外观上去判断质量的优劣（指化学药品的残留情况），在实际的市场交易时人们缺少判断的明确依据。虽然政府和有关部门也出台了相关的法规和措施，但由于现在普通的交易模式的制约致使这些法规和措施的效果达不到人们满意的要求。蔬菜食用安全也不能得到100%的保证。现有的蔬菜销售模式中一旦出现质量问题很难进行责任追究。

综上所述，我们不难看出现有的蔬菜销售模式已经不能很好地满足蔬菜生产、市场供应以及人们对绿色蔬菜、有机蔬菜等的需求。供应链中需要一个大的、扁平的中介组织出现。

（二）行业的微观分析

据有关专家预测，今后我国蔬菜产业将朝着环保、方便、外贸等方向发展，蔬菜消费将逐步走向多元化、国际化。

蔬菜消费市场向营养保健型转化。当解决了温饱问题后人们开始注重预防疾病、强健身体的食品。从营养学的角度看，蔬菜是重要的功能性食品，因为人类需要的六大营养中的维生素、矿物质和纤维素主要来源于蔬菜，而且某些营养素还是蔬菜所特有的。因此不少消费者选购营养价值高和具有保健功能的蔬菜，例如营养价值高、风味也不错的豆类、瓜类、食用菌类和茄果类蔬菜颇受消费者的青睐；一些有利于健康的原产地在国外的蔬菜也开始引起消费者的关注，如西兰花、生菜、紫甘蓝等；另一些具有保健和医疗功能的蔬菜和无污染的野生蔬菜更是身价倍增，成为菜中精品，如一些山野菜、蕨菜、马齿苋等。

向净菜方便型转化。由于城市生活和工作节奏的加快，净菜越来越受到人们的喜爱。所谓净菜就是把采收到的蔬菜通过以下加工程序：预冷、分选、清洗、干燥、切分、添加、包装、贮藏和质检等。人们购买后只要稍加处理便可入锅烹饪。

蔬菜食品加工业的兴起。蔬菜食品加工业包括原材料的贮藏、半成品加工和营养成分分离、提纯、重组等。发达国家工业食品的消费所占的比例很大，一般可达 800%，而我国只占 25%左右。目前我国蔬菜食品加工业除传统的腌渍、制干、制罐等加工产业外，已开发半成品加工、脱水蔬菜、速冻蔬菜、蔬菜脆片等，一些新开发的产品也陆续问世，主要有汁液蔬菜、粉末蔬菜、辣味蔬菜、美容蔬菜、方便蔬菜等。与此同时，蔬菜深加工迅速兴起并逐渐形成了三大种类：蔬菜面点、蔬菜蜜饯、蔬菜饮料。由于工业食品在品种、质量、营养、卫生、安全、方便、稳定供给等方面更适应人们对现代食品的高要求和快节奏生活的需要。蔬菜向“名”“特”“优”“稀”型转化，而出口对于国内蔬菜市场的扩充，为我国蔬菜市场增加了更多的发展空间。

由于我国各地生态条件不同，形成了不少具有地区特色的蔬菜产地。我国蔬菜出口贸易也在近年来得到快速增长。以上蔬菜

消费的变化特点标志着我国蔬菜供求格局已从数量型向质量型转变。而随着我国农村经济的发展，乡村居民的消费量必将进一步提高。

二、有效营销的模式应用

（一）绿色营销

1. 绿色营销

蔬菜绿色化营销策略是随着严重的环境问题而产生的。所谓绿色营销是指以促进可持续发展为目标，为实现经济利益、消费者需求和环境利益的统一，市场主体通过制造和发现市场机遇，采取相应的市场营销方式以满足市场需求的一种管理过程。绿色农产品有利于增强人民体质、改善生存环境。安全、环保、天然及无公害的绿色食品已成为人类的消费共识。我国已全面启动"开辟绿色通道，培育绿色市场，倡导绿色消费"的"三绿工程"。西部地区则要利用其无公害、无污染农畜产品优势，大力发展绿色产品，把握蔬菜的绿色营销时机。

2. 绿色营销策略

确立以可持续发展为目标的绿色营销观念，从蔬菜营销战略的制定到具体实施过程中都应始终贯彻"绿色"理念。及时收集蔬菜的绿色市场信息，发现和识别消费者"未满足的绿色需求"，结合企业的自身情况，制定和具体实施蔬菜绿色营销策略。

①绿色包装策略。即在产品包装装潢设计时，尽量降低包装及其残余物对环境的影响，符合"可再循环""可生物分解"的要求。其包装材料必须易分解、无毒、无污染，使其名实相符、内外一致，树立绿色蔬菜良好的信誉和形象。

②绿色商标策略。即在给绿色蔬菜命名和选择商标时要符合绿色标志的要求，使人们在接触产品及其商标时，就会联想到葱郁的植被、茂密的森林、诱人的花草、优美清洁的环境和蓬勃的

自然生机。

③绿色技术策略。在蔬菜营销活动中，以国内外市场需求为导向，以科研部门为依托，大力开发以农业资源永续利用和促进人类健康为核心的农产品开发、生产、加工及销售技术体系。

④绿色价格策略。建立起“环境有偿使用”的新观念，树立“污染者付费”的生产经营意识，将企业用于环保方面的支出计入成本，构成价格的一部分。同时蔬菜经营企业的营销策略研究绿色蔬菜的生产和流通有特殊的环境要求，其成本也较一般产品高。因此，绿色蔬菜价格应高于普通农产品。只有这样，才能增强农产品市场竞争能力，获得良好的经济效益和社会效益。绿色营销理念是顺应了时代和市场的需求，解决了人们对于蔬菜质量要求和自己所应承担的社会责任的有效途径。

（二）整合营销

1. 准确的目标市场

整合营销最重要的主题是关于目标市场是否更有针对性的争论。营销不是针对普通消费的大多数人，而是针对定制消费的较少部分的人。“量体裁衣”的做法使得满足消费者需求的目标最大化。但是“量体裁衣”很容易被认为是“给每一位个体消费者一份独特的产品”，从而忽略了产品品牌的其他诉求，影响品牌被其他人群认知和分享。可以说“量体裁衣”是不完整的，也不是最理想的营销手段。应该设定的目标是：对消费者的需求反应最优化，把精力浪费降至最低。在这个意义上才能得到理想的营销哲学：营销需要综合考虑更多的目标消费者的点滴需求。另外一个有价值的主题是整合营销应该和消费者本身有关，也就是需要全面地观察消费者。一名消费者不仅仅是在某个时间购买我们产品（如紫贝菜）的一个人，而且消费者的概念也将更为复杂。购买紫贝菜的同一位消费者很可能购买其他的蔬菜品种，这是经常发生的事情。因此，多角度地观察消费者将创造更多的

机会，使得消费者不是“一次性购买”或重复购买同一种蔬菜或者更多的蔬菜品种。第三个主题是整合营销必须考虑到如何与消费者沟通。消费者和品牌之间有更多的“联络点”或“接触点”，这不是单靠媒介宣传所能达到的。消费者在吃某种产品时对产品有更深的了解（它的味道、颜色、形状等），打开包装见到蔬菜时、拨打销售电话都是一种沟通，消费者之间相互交谈也产生了“病毒传播”般的销售机会。

2. 品牌的创建

针对蔬菜和老百姓生活的紧密性，整合营销仿如量身定做，品牌和消费者关系将成为企业营销的重点，那么生产和市场脱节及品牌意识的淡薄、信息引导不足、现代营销理念欠缺将随着整合营销在蔬菜经营企业的运用而迎刃而解。蔬菜品牌的创建，就是要让老百姓的日常生活里天天有它，它能让老百姓产生一种依赖感和信任感，这种直接的联系，将减少蔬菜经营企业在流通环节的成本和广告费用，而当蔬菜经营企业的日常经营活动与消费者直接相关时，它的一切活动又都受到消费者最直接的监督，从整体效益来说，减少了企业的运营成本也减少了社会的监督成本。

品牌在市场竞争中的作用并不仅仅表现在蔬菜的识别功能上，虽然蔬菜的质量性能和企业的市场信誉能够首先通过品牌传导给消费者，但品牌尤其是品牌的功能，更多的是它的市场影响力，是它带给消费者以信心，它在带给消费者物质享受的同时，还带给消费者一定的精神享受。品牌的这种特殊功能构成了品牌蔬菜所特有的市场竞争力。任何蔬菜经营企业都不能忽视品牌战略的重要性。创驰名品牌是解决蔬菜卖难和提高蔬菜经营企业收入的根本途径。品牌是高价格的基础，驰名品牌会给企业带来高额利润；品牌是产品竞争优势的基础，驰名品牌具有强大的竞争力；品牌是吸引新消费者，留住老消费者的有力武器；品牌能够提高企业营销计划的执行效率；品牌是促进产品扩张，促进贸易的有力杠杆。

(1) 以名创牌。对于一些特殊的产地和特殊的品种，为了保证人们对它的有效识别，对蔬菜市场竞争力强的优势产品实行商标注册。创品牌既是为了宣传，扩大影响，同时也是为了保护品牌。

(2) 以质创牌。现代的种植技术不光可以保证蔬菜产量同时也能保证蔬菜的品质，特别在西南地区由于其气候的多样性、地理环境的特殊性，生长在大山大谷的中的高品质蔬菜就将是以质量取胜。蔬菜的生产经营严格按照质量标准生产、提高产品品位，绿色产品将是蔬菜品牌发展的顶峰。

(3) 包装创牌。随着现代流通方式的发展，蔬菜包装将成为必然趋势。现在发达国家的蔬菜是一流的产品，一流的包装，一流的价格。而我们国家的蔬菜则是一流的产品，三流的包装，三流的价格。新加坡进口的中国果菜与美国果菜包装有明显的差距，他们是印制精美的标准包装箱，而我们的则是蛇皮袋、麻袋之类的原始包装，价格差距可想而知。

(三) 社会营销

1. 社会营销

社会营销是一种运用商业营销手段达到社会公益目的或者运用社会公益价值推广商业服务的解决方案。社会事件或公益主题一向是最吸引媒体和民众关注的目标，同时由于它具有广泛的社会性，很多企业把商业运营模式放到公共领域，以此来开展营销活动，从而获得了良好的效果，这种营销活动且称之为社会营销。这种营销方式的演变与进步并不取决于企业的觉悟，而是整个社会发展、技术进步之大势所迫。因此我们可以认为：传统营销淡出的标志就是信息技术的转换，而信息技术的转换使消费者有了更多获取信息和选择产品、服务、厂家的权力，市场行为的

权力倒置也就相应发生了。社会营销是营销领域扩大趋势中的产物，相对于经营营销学来说，社会营销学的产生意味着营销认识的飞跃和营销理念的升华。因此，将社会营销定义为：以特定社会理念为营销对象，运用市场营销的原理和技术有目的地促进目标人群自愿改变其社会行为，从而提高个人、集体和社会利益的理论、方法、策略和技术。

2. 社会营销观念的要求

社会营销观念要求营销者在营销活动中考虑社会与道德问题，他们必须平衡与评判公司利润消费者需要满足和公共利益三者的关系。社会市场营销观念产生于20世纪70年代，西方资本主义出现能源短缺、通货膨胀、失业增加、环境污染严重、消费者保护运动盛行的新形势下。因为市场营销观念回避了消费者需要、消费者利益和长期社会福利之间隐含着冲突的现实。由于市场营销的发展，一方面给社会及广大消费者带来巨大的利益，另一方面造成了环境污染，破坏了社会生态平衡，出现了假冒伪劣产品及欺骗性广告等，从而引起了广大消费者不满，并掀起了保护消费者权益运动及保护生态平衡运动，迫使蔬菜经营企业的营销策略研究活动必须考虑消费者及社会长远利益。1971年，杰拉尔德·蔡尔曼和菲利普．科特勒最早提出了“社会市场营销”的概念，促使人们将市场营销原理运用于环境保护、计划生育、改善营养等具有重大推广意义的社会目标方面。这一概念提出后，得到了世界各国和有关组织的广泛重视，斯堪的那维亚地区、加拿大、澳大利亚和若干发展中国家率先运用这一概念。一些国际组织，如美国的国际开发署、世界卫生组织和世界银行等也开始承认这一理论的运用是推广具有重大意义的社会目标的最佳途径。

当蔬菜经营企业的经济效益和社会效益联系在一起的时候，其产品品牌的创建成为可能，而品牌创建成本也会是最小的。社会营销理念在蔬菜经营企业的运用为解决蔬菜经营中产品从产地到餐桌上的质量控制提供了最有效的方法。

(四) 绿色网络营销

①利用网页、手机微信的信息交流平台，掌握市场与市场之间信息适时、互动交流，分析三地市场的物流信息与物流分配，完成经营者需求与蔬菜种植的信息交流，生产者与经营者的资金交流过程，把握消费者市场动态需求，最大限度降低市场风险。

②引进高科技管理工具和先进管理方式，为企业按时、按需找到优质高效的蔬菜产品找准道路，蔬菜的生产盲目性很大程度体现在生产者的盲目跟风，而种植信息的共享既降低了生产者的风险，也把蔬菜经营企业的品牌经营变成现实。

③利用国家信息资源，搭建本地蔬菜与外界市场、外地蔬菜与本地市场交流的平台，加强信息检验检测系统建设；利用和发挥蔬菜批发市场为全国重点抽查蔬菜市场的定位，开拓企业自己的蔬菜物流领域。

三、优化流通环节

目前在我国尚未形成高效畅通的蔬菜流通体系。蔬菜的流通主要依赖于农村和城市的集贸市场，在超市等现代零售渠道中的销售比例不足三成。而在发达国家，80%～95%的蔬菜是通过超市和大型食品商店流通的。为了解决这些问题，国家加大了蔬菜流通三级市场的建设：蔬菜产地批发市场、销地批发市场和零售农贸市场。在国家鼓励和市场调节之下，大规模的蔬菜常温物流或自然物流正在逐步形成之中，但面向零售终端（农贸市场和连锁蔬菜经营企业的营销策略研究超市）的区域内部蔬菜综合物流配送体系尚未成型，蔬菜大宗物流与连锁超市生鲜区之间未能形成有效衔接，或者是发展有限，特别是蔬菜的冷链物流还没有形成。这对于蔬菜经营企业来说却是致命伤。

（一）构建批发市场体系

充分利用大中城市销地批发市场、集中产地批发市场和地产地销的初级批发市场相结合的批发市场体系。批发市场是美国、日本、法国、韩国等国家组织蔬菜商品流通的主要形式。如日本的批发市场分为中央批发市场、地方批发市场和其他市场，1990年有63%的蔬菜是通过中央批发市场成交的。美国的批发市场分为产地市场、中央市场和次要批发市场，70%以上的蔬菜要经过批发商。近几年我国蔬菜的批发市场也取得了一定的发展，有的地方还取得较好的经验。比如，上海市目前已有蔬菜市场51个，初步形成了以国家级市场为龙头、区域性市场为骨干、农村初级市场为补充的批销网络。长春、沈阳等地也初步建成了市级批发市场、区级批发市场和郊区产地批发市场相结合的多层次批发体系。

蔬菜批发市场建设的一个关键问题是如何规范化的问题，为此国家出台了相应的管理措施。

①产地或销地的大型批发市场应逐步采取现代化的交易手段，如拍卖制、代理制、计算机结算等。

②参照国内贸易部1994年12月15日发布的《批发市场管理办法》，结合蔬菜商品的实际情况，制定出一系列与蔬菜批发市场有关的法规和管理办法。

③根据蔬菜属于鲜活商品，具有易于腐烂变质、消费者众多且每天都需要的特点，明文规定，蔬菜商品现阶段不准搞期货交易，硬菜类和大路菜可以适当引进期货交易的某些机制，如签订远期合同等。蔬菜经营企业作为现有蔬菜经营市场中的一个小分子，充分的利用现有的流通体系是开源节流的必需。

（二）丰富蔬菜经营企业的渠道模式

蔬菜本身的特点决定了它要求选择流通时间短、环节少的销售渠道，要说流通时间最短、环节最少的销售渠道当然首推直销。

从发达国家的情况看，蔬菜直销呈快速发展的趋势。比如美国在蔬菜流通渠道上目前就发生了如下变化。

(1) 自备货车的零售商经常不通过中央市场，甚至不通过地方集聚市场，直接向消费者销售。

(2) 加工厂就地向农民或产地市场采购。

(3) 大型农场或农民合作组织直接将蔬菜运往中央市场或次要批发市场出售。

(4) 超级市场或连锁食品商店，直接向大型农场或地方集聚市场采购。日本这种趋势也很明显，比如日本不通过批发市场的蔬菜流通渠道主要有：

①超级市场，它们直接与生产者或基层农民协商签订合同，进行交易。

②生鲜食品公司，负责把各地农协集中起来的蔬菜参照批发市场价格直接供应蔬菜零售店、超级市场和大宗消费户。

③销地生活协同组织，作为消费者为避免中间商盘剥而组建的消费合作社，自行直接从产地进货。

近两年，我国的蔬菜直销亦有发展的趋势。如北京市于1994年“十一”前后开办了两家蔬菜直销市场，上海市建立了六个大型蔬菜配送中心和运销公司，采用直销的形式，向工矿企业、机关学校、宾馆以及其他大伙食团体，直接运销蔬菜。另外我国的农贸市场基本上采取的都是直销的形式。直销形式由于刚刚开始，引发了不少问题，理论界和城市居民褒贬不一，但笔者认为是搞得比较好的，流通环节减少和降低价格的目标都实现了。所以，从外国经验和我国的实践看，直销这种形式对于缩短流通时间、减少流通环节、降低流通费用的作用毋庸置疑。

(三) 连锁超市

这些年连锁商店和超级市场以其特有的魅力风靡全球。在美

国农产品流通中，逐步兴起的连锁商店和超级市场大有取代批发市场之势。1970 年，美国大型食品超级市场的销售额占到了总销售额的 75%，当然生鲜蔬菜还是以批发市场为主，但连锁商店和超级市场所占的市场份额也越来越大。日本 1964 年超级市场的蔬菜销售额只占总数的 9.7%，到 1979 年已达到 41.2%。近几年连锁商店和超级市场在我国也发展很快，并且有日益发展的势头，但经营蔬菜的连锁商店和超级市场还不多见。

经过几十年的培育和发展，蔬菜经营企业已经形成初具规模，主要体现在形成了一定规模和数量的固定资产流通设备、建立了一支素质较高的经营和管理队伍、有众多的零售网点和组织货源的经验等。比如，北京市有 1 300多家菜店，3 万多职工，储存冷库 10 万多 m^2，有现代化的空调库和铁路专用线，有运输汽车 1 200多辆等。

建立连锁超市，根据蔬菜商业的实际情况，笔者认为不应过于注重形式，而应注重内涵的发展。比如统一门面、统一装饰、统一设备等刚开始不要太多投资，而应该在统一核算、统一配送、统一进货、统一管理方面做好文章，一开始就要按照连锁店的机制行事，蔬菜商业发展连锁超市，可以采取正规连锁的形式，由小到大，从质的积累到量的积累，然后再逐步扩展。这样做不用花太大费用就可以尽快形成连锁。但有一点是需要特别注意的，蔬菜连锁店其经营核心是文化和理念的传递，对店面工作人员的培训和管理是相当重要的。

（四）产销一体化组织

近几年，在山东的寿光县、河北的玉田、饶阳等地，出现了不少由国合商业牵头，采取贸工农一体化形式的经营蔬菜的经济实体，将流通与生产结合起来，产销之间的合作靠契约来维系保证，利益分享，风险共担，这种组织发挥了一定作用。根据国外经验，农工商一体化组织主要有垂直一体化、合同一体化和横向联合三种形式。垂直一体化即大公司直接拥有土地或租种土地兴办农场，从事大规模的蔬菜生产，并将蔬菜的储运、加工、销售及机器设备等生产资料的生产结合在一起，形成一个相当完整的经济体系。如美国的加利福尼亚财团控制的“德尔蒙特”公司是世界最大的果品蔬菜罐头公司，它是一个颇为完整的联合企业，在国内拥有土地 80 多万亩，拥有 38 个农场和牧场，有 54 家加工厂、13 家罐头厂，还有海陆空运输作保证，在海外也设有加工厂和种植园。合同一体化即大公司与各类农场主签订合同，搞纵向一体化协作，各类农场接受公司为他们的提供的资金、技术帮助和生产资料，他们的产品则全部出售给公司。横向联合即若干农场主联合，组成所谓的农场合作社。

在国外特别是美国，第二种形式即以合同形式把蔬菜生产、加工、销售联系起来是最普遍的形式。我们中国发展原料类蔬菜的一体化，应把后两种形式结合起来。垂直一体化经营需要公司有雄厚的财力和土地的大规模集中，中国的蔬菜经营企业或加工企业一般都规模偏小，资金实力不大，并且我国的蔬菜都是分散经营，因而目前不具备实行一体化条件，当然以后随着公司实力的增大、土地的集中这种形式也会有发展，但目前不具有现实性。以合同形式由蔬菜经营企业或加工厂把蔬菜生产联系起来倒是一种条件不高、操作也较简单的形式，目前应该作为发展的重点。但这里有个问题，我们中国的蔬菜生产大都由农户分散经营，缺乏大农场主，所以处于城市的蔬菜经营企业和加工企业与蔬菜生产者的结合还需要一个中介组织，这种中介组织就是上述的第三种形式，也是我国这几年大量涌现的蔬菜生产合作社或销售合作社。所以，中国蔬菜一体化组织的发展应是实现合同一体化与专业合作社的有机结合。

(五) 农产品直销新型农贸市场

1. 新型直销模式

在青岛，IBMG 国际商业管理集团开设了一个 7 000多 m^2 的农产品直销新型农贸市场——欢乐大家庭。据了解这家农贸市场用较低的经营成本来降低农产品价格，以 20% 直接采购的方式，引入了周边地区如平度、胶州的特色蔬菜，缩短流通环节，降低流通成本。由于经营成本较低，又设立了价格调控机制，在欢乐大家庭经营农产品的平均零售价格能够达到比超市便宜 10% ~ 30%，甚至低于传统农贸市场。最近，北京新发地菜篮子配送股份有限公司也计划在北京开设社区店，总经理郭建勇介绍，在丰台区、宣武区政府支持下，他们将获得一些可以免费使用的社区商业网点。与此同时，他们也借助新发地批发市场的资源，与那里落户的近 300 家农业基地合作，将全国的蔬菜直供到北京社区店。郭建勇透露，由于可以免去租金成本，社区店的经营成本将有所降低，在与农业基地对接后，零售价可与一级批发价格比肩。

农产品直销的模式一定会成为主流模式，而更多新型的农产品直销模式也处于尝试阶段。目前，许多地方还实现不了农超对接，多元化的农产品直销模式，在许多农产地还无法符合“两头大（大型专业化生产基地对接大市场）”的情况下，可以努力实现“小生产”与“大市场”对接。无论是新发地菜篮子配送尝试的批发市场主导的基地对接社区店模式，或是由山西新农村建设促进会实践的农产基地，或代理人主导的农产品营销中介方式，都是国内新兴的一些直销创新模式。农超对接肯定是农产品直销的主流模式。因为目前在中国，农产品流通的主要模式还是批发渠道，农超对接的比率还不到 30%。而更多新型的农产品直销模式也处于尝试阶段。这些都给意图做大农产品中介市场的企业和资本提供了投资机会。

2. 新业态模式的启示

根据对市场的分析我们知道农产品直销的模式一定会成为主流模式，但现在的新的直销模式相对还不完善。很多细节问题还不能完全的在实际操作中得到很好的解决。像“绿色蔬菜，健康蔬菜”等概念在很多的新模式中也没有很好的得到体现。这些直销模式也处于尝试阶段。

在将来的市场中笔者认为会逐步深化两个重点。一个是“平价化”，再一个是“绿色健康”，只有紧紧地扣住这两个重点才能把市场持续做下去，实现可持续发展。

蔬菜营销其实归根结底是一个服务行业。服务质量也是值得关注的问题。笔者认为将来蔬菜零售市场将更进一步地得到细分，由综合性大超市向社区店逐步发展。社区店才能更好地为广大的消费者提供更好的服务。

实例阅读：寿光蔬菜营销策划关键内容

一、营销目标

①特色化打造自我形象。坚持走规范管理、规模经营、产业化和绿色无公害蔬菜发展之路，促进了企业自身实力的发展壮大。

②校园＋基地实现持续发展。进一步加强农产品和农业科学新技术的交流与合作，促进寿光市农业现代化和蔬菜产业化的发展。

③多方位、多渠道宣传。使寿光走向全国，走向世界。

二、SWOT 分析

（一）优势

1. 自然条件

寿光市属平原地带，冬季日照时间长，为蔬菜种植提供了得

天独厚的自然条件。

2. 政治条件

政府惠农政策的影响。

①继续加大国家对农业农村的投入力度。

②完善农业补贴制度和市场调控机制。

③提高农村金融服务质量和水平。

④积极引导社会资源投向农业农村。

⑤大力开拓农村市场。

⑥稳定发展粮食等大宗农产品生产。

3. 技术优势

寿光是最早开展冬式大棚的生产地，全市被认定的优质蔬菜基地面积达 84 万亩，冬暖式蔬菜大棚 40 多万个。

（二）劣势

①直销网络的建设刚起步，目前的销售仍主要集中于老客户，销售过分依赖数量不多的中间商。

②进入番茄产业时间较短，市场信息的收集和分析缺乏规范化，销售管理有待改善。

③产品品质仍较“大众化”，检测手段较单一，还不能够满足大食品商等特定用户的品质要求。

（三）机会

①国际上有一些酱厂和食品企业面临破产，为寿光蔬菜产业集团的兼并收购和进入当地市场提供了契机。

②大食品厂商愿意尝试采用新供应商，分散分险。

③若干目标市场的高速增长，市场潜力增大。

（四）威胁

①国内同行无序的价格竞争。

②目前国际市场供大于求，价格疲软。

③寿光蔬菜 80% 用洋种子，国产种子产量低。

三、营销战略

（一）特色化营销策略

作为国家农业高新技术产业示范区，在组织生产时必须瞄准高端市场做到高起点起步，标准化生产，按照“开辟绿色通道，培育绿色市场，倡导绿色消费”的“三绿工程”要求谋划生产。

（二）订单化营销策略

要防止出现“盲人骑瞎马，跟着感觉走”的随大流倾向，发展订单农业。要通过农民专业合作社，与各龙头企业订好产销合同，明确品种、收购标准和最低保护价，做到有的放矢；与超市、农贸市场建立长期的产销关系，从而保证有一个稳定的销售渠道和空间。要充分发挥合作社及其农民经纪人的作用，在有比较优势的农产品上力求突破。

（三）品牌化营销策略

要充分利用品牌和技术优势，发展高标准的农产品生产与经营。

①要以名创牌，选择市场竞争力强的优势产品实行商标注册。

②要以质创牌，严格按照优质、绿色或者有机农产品生产标准组织生产，坚决杜绝违禁药品使用，确保产品质量。

③要以面创牌，搞好精加工与包装。

④外向化营销策略。要坚定走出家门、跨过国界促销的信心。要针对不同消费群体的需要，为其提供有特色的专门化的产品和服务，以此形成竞争优势。同时，采取网上销售、远程运输、窗口直销等现代营销手段拓展市场。

（四）积极实施名牌战略

随着人们生活水平的提高，人们对品牌的追求越来越明显，知名度高，有信赖感、安全感的品牌会增加农产品的附加值。因

此着力培育品牌农产品，提升产业竞争力，为农产品生产带来更高的效益。要注重寿光“桂花”牌蔬菜效应，进一步创立品牌，打响品牌，做大做强专业蔬菜和食用菌品牌产，提高产品的市场占有率和社会声誉。打造绿色无公害品牌，利用已注册的“桂花牌”占领市场。

1. 进一步提升品质，切实做到绿色生态，取得良好的信誉

首先提高科技含量，科学种植，科学选择发展品种。其次把种植规范和标准发放到种植户手中，严格按照规程操作，使农药、化肥等含量达到标准要求。最后及时建立蔬菜加工企业，向工商部门办理商标注册登记，改善蔬菜包装质量和条件，努力提高产品质量档次，严格区分与普通蔬菜的差异，有效解决无公害蔬菜优质不优价的问题，进一步激发农户生产种植无公害蔬菜的积极性。

2. 加大对基地的宣传力度

一是在电视台播放关于无公害蔬菜基地的主题宣传片，使人们了解基地蔬菜生产的过程和基地蔬菜的品质。二是印制关于专业无公害蔬菜基地的画册。三是印制关于专业无公害蔬菜基地的宣传单。进一步扩大城区居民对基地绿色无公害蔬菜的认知程度。

3. 全面建设打造销售、加工、贮藏三位一体化的蔬菜市场

根据市场和加工企业的需求合力安排蔬菜种植的品种、数量，建立市场＋农村经纪人＋种植基地和加工企业＋农村经纪人＋种植基地的销售模式和网络，逐步形成一个健康发展、良性运转的蔬菜产供销链条和网络。

（五）要坚持龙头企业的带动作用

以龙头企业为中心，建设专业化、商品化农产品生产基地，使基地生产逐步由分散经营向适度规模经营，由粗放经营向集约化经营、由兼业为主向专业化生产转变，提高基地建设

的整体水平，形成产加销、贸工农一体化、系列化生产。积极培育、扶持鲜鲜食品有限公司这个龙头企业，发展蔬菜、果品等农产品的冷藏加工、出口，提高寿光农产品的加工程度和产业化程度。

（六）调整农业结构，提高蔬菜产品质量，推动发展

在农业结构调整上要围绕“优质高效”和适宜品种的开发推广，重点发展反季黄瓜、辣椒、平菇和双孢菇等品质好、产量高的品种。为此要做好：一是调整农业技术推广的重心，根据发展需要，加强品种开发和技术推广；二是大力发展无公害农产品的生产规模，提高无公害农产品的质量，建立和完善检测手段，促进优质优价和专业化生产。

四、渠道设计

销售渠道结构如图 3－1 所示。

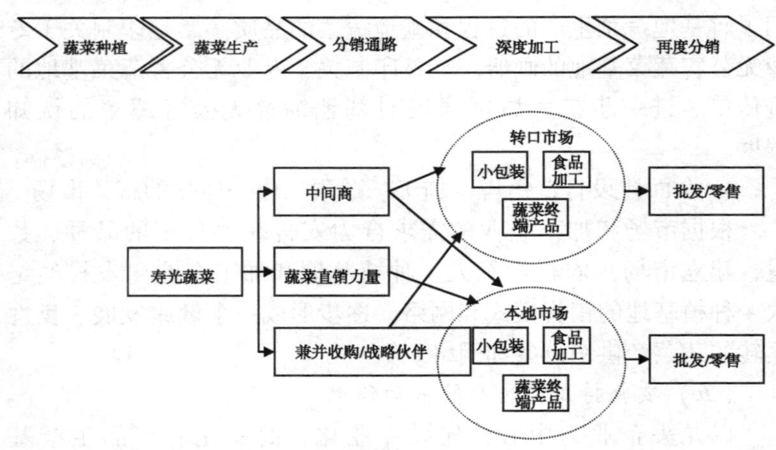

图 3－1　销售渠道结构图

第四章　蔬菜栽培基础知识

第一节　蔬菜栽培理论知识

一、蔬菜的分类

蔬菜的分类方法比较多，栽培上常用的是植物学分类法、食用器官分类法和农业生物学分类法。三种分类方法，各有其优缺点，从栽培上讲，以农业生物学分类法较为适宜。

（一）植物学分类法

该分类法依照植物的自然进化系统，按不同科、属、种和变种将蔬菜进行分类。我国主要蔬菜的植物学分类如下。

1. 真菌门

（1）伞菌科 ①蘑菇 ②香菇 ③平菇 ④草菇

（2）木耳科 ①木耳 ②银耳

2. 种子植物门

单子叶植物

（1）禾本科 ①茭白 ②甜玉米 ③毛竹笋（毛竹）

（2）泽泻科 慈菇

（3）莎草科 荸荠

（4）天南星科 ①芋 ②蘑芋

（5）百合科 ①金针菜（黄花菜）②石刁柏（芦笋）③洋葱 ④韭菜 ⑤大蒜 ⑥大葱

（6）薯芋科 山药

(7) 蘘荷科 姜

双子叶植物

(1) 黎科 ①菠菜 ②根用萘菜（红菜头）叶用萘菜（牛皮菜）

(2) 睡莲科 莲藕

(3) 十字花科 ①萝卜 ②芜菁 ③芥蓝 ④甘蓝类：结球甘蓝、羽衣甘蓝、抱子甘蓝、花椰菜、青花菜、球茎甘蓝 ⑤小白菜（不结球白菜）⑥大白菜⑦芥菜 雪里红、大头菜、榨菜

(4) 豆科 ①菜豆 ②豌豆 ③豇豆 ④扁豆 ⑤蚕豆 ⑥刀豆

(5) 楝科 香椿

(6) 伞形科 ①芹菜 ②芫荽 ③胡萝卜④茴香

(7) 茄科 ①马铃薯 ②茄子 ③番茄 ④辣椒 ⑤酸浆

(8) 葫芦科 ①黄瓜 ②甜瓜 ③南瓜④笋瓜⑤西葫芦⑥西瓜⑦冬瓜 ⑧苦瓜 ⑨蛇瓜

(9) 菊科 ①莴苣 ②茼蒿 ③牛蒡 ④紫背天葵

(10) 旋花科 蕹菜

(11) 苋科 苋菜

(12) 锦葵科 黄秋葵

植物学分类法可以明确蔬菜科、属、种之间在形态、生理上的关系，以及自然进化系统上的亲缘关系，对蔬菜病虫害防治、杂交育种、种子繁殖以及制订科学的管理措施等有较好的指导作用。

(二) 食用器官分类法

按照食用部分的器官形态进行分类，将蔬菜分为根、茎、叶、花、果5类，而不考虑植物学上及栽培学上的关系。

1. 根菜类

指以根为食用器官的这一类蔬菜，又可分为肉质根类和块根类两种。

（1）肉质根类。由主根膨大而形成产品器官。包括萝卜、胡萝卜，根用芥菜、芜菁、芜菁甘蓝、根用菾菜等。

（2）块根类。由侧根和营养芽膨大而形成产品器官。包括豆薯、葛等。

2. 茎菜类

指以茎的变态器官为食用器官的这一类蔬菜，包括地下茎变态和地上茎变态两种。

（1）地下茎变态。

①块茎类。由地下匍匐膨大而形成产品器官，包括马铃薯、菊芋等。

②根状茎类。由地下茎膨大而形成产品器官，其形状似根，包括藕、姜等。

③球状茎类。由地下茎膨大而形成产品器官，其形状似球，包括荸荠、芋等。

（2）地上茎变态。

①嫩茎类。由地上茎或侧芽膨大而形成产品器官。包括莴笋、茭白、石刁柏、竹笋等。

②肉质茎类。由地上茎基部膨大而形成产品器官。包括茎用芥菜（榨菜）、球茎甘蓝等。

（3）叶菜类。指以叶子或叶的变态器官作为食用器官的这一类蔬菜，包括普通叶菜类、香辛叶菜类、结球叶菜类、鳞茎类四种。

①普通叶菜类。包括小白菜、芥菜、菠菜、芹菜、莴苣、苋菜、叶用菾菜等。

②香辛叶菜类。指叶子具有香味或辣味的一类蔬菜，包括韭菜、大葱、茴香等。

③结球叶菜类。由植株顶端叶片相互抱合而形成叶球的一类蔬菜，包括大白菜、结球甘蓝、结球莴苣、包心芥菜等。

④鳞茎类。由叶鞘基部膨大而形成产品器官的一类蔬菜，包括洋葱、大蒜、百合等。

3. 花菜类

由花枝或花器构成产品器官的一类蔬菜。

①花器类。如金针菜、朝鲜蓟等。

②花枝类。如花椰菜、菜薹等。

4. 果菜类

指以果实为产品器官的一类蔬菜，包括瓠果类、浆果类、荚果类、杂果类四种。

①瓠果类。包括黄瓜、西瓜、甜瓜、冬瓜、南瓜、瓠瓜、苦瓜、丝瓜等。

②浆果类。包括茄子、辣椒、番茄等。

③荚果类。包括菜豆、豇豆、刀豆、毛豆、扁豆、蚕豆等。

④杂果类。包括甜玉米、菱角等。

食用器官分类法的优点是：食用器官相同的蔬菜，一般栽培技术以及对环境条件的要求也比较相似，例如根菜类中的萝卜、胡萝卜、根用芥菜，虽然它们在植物学上分属于十字花科、伞形科、十字花科，但它们对环境条件的要求都很相近，栽培技术也比较相似。

但是，这种分类方法也有它的不足之处，有些种类，食用器官虽然相同，但生长习性和栽培方法却不同，例如根状茎中的藕和姜，一个是水生，一个是陆生，栽培技术相差很远。

（三）农业生物学分类法

该分类法是从农业生产的要求出发，将生物学特性和栽培技术基本相似的蔬菜归为一类，比较适合农业生产。具体分类如下。

1. 瓜类

包括黄瓜、南瓜、冬瓜、瓠瓜、西瓜、甜瓜、丝瓜、苦瓜

等。以果实为食用器官。茎蔓生，雌雄同株异花。生长要求温暖的气候，对土壤适应性较广，但以壤土为佳，需肥较多，前期以氮为主，产品器官形成期以钾为主。需整枝搭架，生产上既可直播，也可育苗移栽，但应严格控制苗龄。

2. 茄果类

包括番茄、茄子、辣椒。以果实为食用器官。喜温、喜光，不耐霜冻，对日长要求不严格。对土壤适应性较广，但以壤土为佳。需肥较多，前期以氮为主，产品器官形成期以钾为主。均需育苗移栽。

3. 白菜类

包括白菜类：大白菜、小白菜、薹菜、菜薹等；甘蓝类：结球甘蓝、羽衣甘蓝、抱子甘蓝、球茎甘蓝、花椰菜、青花菜等；芥菜类：茎用芥菜、叶用芥菜等。以柔嫩的叶丛、叶球、花球或花薹为食用器官。其生长要求冷凉、湿润的气候和氮肥充足的肥沃土壤。低温春化，高温、长日照条件下开花结籽。栽培上要求壤土或黏壤土，生长期间土壤湿润、供水均匀、养分完全。高温干旱，生长不良，易感病害。

4. 根菜类

包括萝卜、胡萝卜、芜菁、芜菁甘蓝、根用芥菜、牛蒡等。以膨大的肉质直根为食用器官。其生长要求冷凉气候和疏松的土壤。在生长的第一年形成肉质根，贮藏大量的水分和糖分，到第二年低温春化，高温、长日照条件下开花结籽。栽培上要求土质疏松透气、水分充足、氮磷钾肥供应均匀。均用种子繁殖，不宜移栽。

5. 葱蒜类

包括洋葱、大蒜、大葱、韭菜等。以鳞茎或叶为食用器官。生长要求凉爽气候，但耐热、耐寒性较强。除大葱外，以黏壤土为好。生长前期不喜过多水分，但产品器官形成期对水分要求较多。用种子或鳞茎繁殖。

6. 绿叶菜类

包括：喜温耐热蔬菜（落葵、苋菜、蕹菜、茼蒿等）；耐寒蔬菜（菠菜、乌塌菜等）；喜凉蔬菜（芹菜、莴苣、小白菜、芫荽等）。以嫩叶、叶茎和嫩茎为食用器官。生长迅速，便于换茬，是重要的堵淡蔬菜。该类蔬菜生产上栽培密度较大，对土壤要求不严，但应供应充足的水分和肥料，尤其要求较多的氮肥。

7. 豆类

包括菜豆、豇豆、蚕豆、豌豆、刀豆等。以荚果或种子为食用器官。蚕豆、豌豆要求冷凉气候，其他要求温暖的环境。除扁豆外，对光照要求不敏感。豆科作物具根瘤菌，可固定空气中的氮素，不宜施用过多的氮肥，施肥时以硝态氮为好，并注意增施磷肥。不耐移栽，以直播（湿播法）为主。

8. 薯芋类

包括马铃薯、山药、芋、豆薯、葛等。以地下根茎为食用器官。除马铃薯不耐高温，生长期较短外，其他均耐热，可正常越夏，生长期长。栽培上要求土质疏松、氮磷钾齐全，尤其生长后期增施钾肥，可显著提高产量、改善品质。产品器官中含有大量的淀粉、耐贮藏。一般为无性繁殖。

9. 水生蔬菜

包括莲藕、茭白、慈菇、荸荠、菱、芡等。喜温暖气候及肥沃土壤，要求在池塘或沼泽地栽培，除菱和芡外，均用营养繁殖。

10. 多年生蔬菜

包括香椿、竹笋、黄花菜、石刁柏、百合、枸杞等，一次种植，可以连续采收数年。地上部耐热（可越夏），地下根系耐寒（可越冬），但冬季地上枯死（竹笋除外），翌春再发。对土壤条件要求不严格，但芦笋要求疏松土壤。

11. 芽苗菜类

用蔬菜或粮食作物种子长出的幼芽（幼嫩的下胚轴、子叶，有的还带真叶）为食用产品的一类蔬菜。如豌豆芽、萝卜芽、苜蓿芽、荞麦芽、绿豆芽、黄豆芽等。

12. 食用菌类

包括蘑菇、草菇、香菇、木耳等，人工栽培的有 20 多种，还有大量的野生种。培养食用菌需要温暖、湿润肥沃的培养基。

二、蔬菜生长发育的过程

（一）蔬菜植物的生活年限

蔬菜种类繁多，从种子到种子的生长发育过程所需要的时间长短不一。根据生长发育过程把蔬菜分成以下几类。

（1）一年生蔬菜。在播种当年开花结实的蔬菜，如茄果类、瓜类、豆类蔬菜等（图 4 –1）。

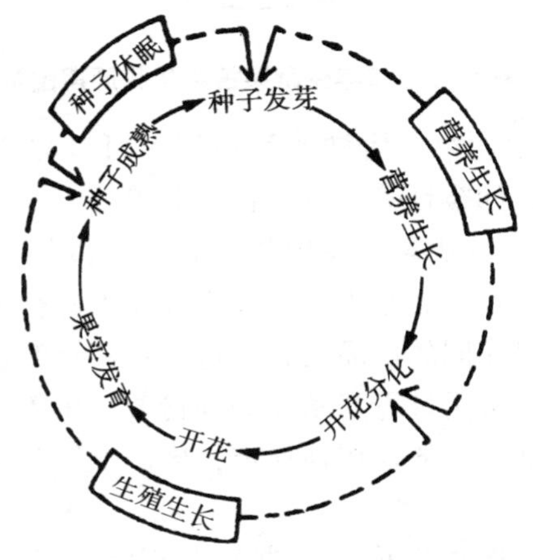

图 4 –1　一年生蔬菜植物生长周期图解

（2）二年生蔬菜。在播种当年进行营养生长，经过 1 个冬天后，第二年才抽薹开花、结实。这类蔬菜在营养生长期大多形成叶球、鳞茎、块根、变态的营养器官，如白菜、萝卜、胡萝卜、榨菜以及一些耐寒的绿叶蔬菜（图4－2）。

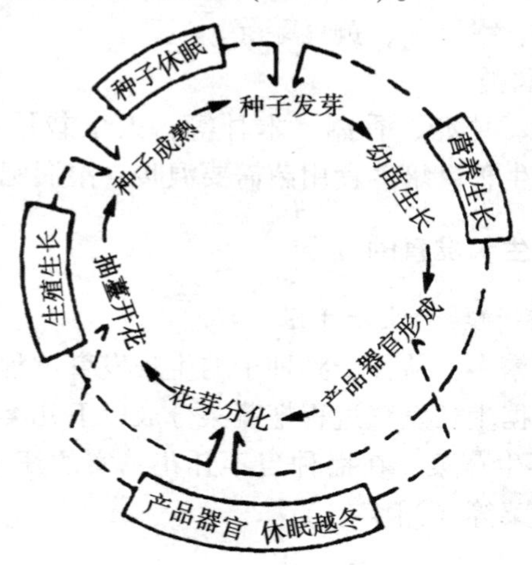

图4－2　二年生蔬菜植物生长周期图解

（3）多年生蔬菜。播种或移植后，可以多年采收，无须每年繁殖的蔬菜，如金针菜、百刁柏和韭菜等。

（4）无性繁殖蔬菜。在生长过程中，以块茎或块根等变态器官产品播种，发芽后基本为营养生长而不进行生殖生长，最后形成与播种材料相同的产品器官。这类蔬菜有时也形成种子，但生产上一般不用种子进行繁殖。如马铃薯、生姜、莲藕等。本类蔬菜繁殖系数低，一般遗传性稳定，生产上经常会因感染病毒而引起种性退化。

上述划分一般以形成产品器官的正常生长过程作为划分界限。如白菜，在秋季播种时一般在次年春天开花结实，表现为2年生植物，但如果在早春播种则同样可在春天开花，表现为1年

生植物，但一般还是将其归为2年生蔬菜。

（二）蔬菜的生育周期

蔬菜的生育周期，指蔬菜由播种到获得新种子的历程。根据不同阶段内的生育特点，通常将蔬菜的生育周期划分为以下3个时期。

1. 种子时期

从母体卵细胞受精到种子萌动发芽为种子时期。经历胚胎发育期和种子休眠期。

2. 营养生长时期

从种子萌动发芽到开始花芽分化时结束。具体又划分为以下4个分期。

（1）发芽期。从种子萌动开始，到真叶露出时结束。此期所需的能量，主要来自于种子本身贮藏的营养。因此，种子的质量好坏对发芽的影响甚大。同时，发芽期的长短也对发芽有很大的影响，发芽时间越长，营养消耗的越多，越不利于提高发芽质量。生产上，应选用高质量的种子并保持适宜的发芽环境，确保芽齐、芽壮。

（2）幼苗朝。真叶露出后即进入幼苗期。幼苗期为自养阶段，由光合作用所制造的营养物质，除了呼吸消耗以外，几乎全部用于新的根、茎、叶生长，很少积累。

幼苗期的植株绝对生长量很小，但生长迅速；对土壤水分和养分吸收的绝对量虽然不多，但要求严格；对环境的适应能力比较弱，但可塑性却比较强，在经过一段时间的定向锻炼后，能够增强对某些不良环境的适应能力。生产中，常利用此特点对幼苗进行耐寒、耐干燥以及抗风等方面的锻炼，以提高幼苗定植后的存活率，并缩短缓苗时间。

（3）营养生长旺盛期及养分积累期。幼苗期结束后，蔬菜进入营养生长旺盛期。此期，植株一方面迅速扩大根系，构筑发达的吸收网络；另一方面迅速增加叶面积，为下一阶段的养分积累奠定基础。

对于以营养贮藏器官为产品的蔬菜，营养生长旺盛期结束后，开始进入养分积累期，这是形成产品器官的重要时期。养分积累期对环境条件的要求比较严格，要把这一时期安排在最适宜养分积累的环境条件之下。

（4）营养休眠期。对于两年生及多年生蔬菜，在贮藏器官形成以后，有一个休眠期。休眠有生理休眠和被迫休眠两种形式。生理休眠由遗传决定，受环境影响小，必须经过一定时间后，才能自行解除。被迫休眠是由于环境不良而导致的休眠，通过改善环境能够解除。

3. 生殖生长时期

从花芽分化到形成新的种子为蔬菜的生殖生长时期。一般分为以下 3 个分期。

（1）花芽分化期。指从花芽开始分化至开花前的一段时间。花芽分化是蔬菜由营养生长过渡到生殖生长的标志。在栽培条件下，二年生蔬菜一般在产品器官形成，并通过春化阶段和光周期后开始花芽分化；果菜类蔬菜一般苗期开始花芽分化。

（2）开花期。从现蕾开花到授粉、受精，是生殖生长的一个重要时期。此期，对外界环境的抗性较弱，对温度、光照、水分等变化的反应比较敏感。光照不足、温度过高或过低、水分过多或过少，都会妨碍授粉及受精，引起落蕾、落花。

（3）结果期。授粉、受精后，子房开始膨大，进入结果期。结果期是果菜类蔬菜形成产量的主要时期。根、茎、叶菜类结实后不再有新的枝叶生长，而是将茎、叶中的营养物质输入果实和种子中去。

上述是种子繁殖蔬菜的一般生长发育规律，对于以营养体为繁殖材料的蔬菜，如大多数薯芋类蔬菜以及部分葱蒜类和水生蔬

菜，栽培上则不经过种子时期。

三、蔬菜的栽培环境

蔬菜的栽培环境因素主要包括温度、湿度、光照和土壤营养等。

（一）温度

在影响蔬菜生长发育的各环境因素中，以温度的变化最明显，对蔬菜的影响作用也最大。

1. 各类蔬菜对温度的要求

按蔬菜对温度的适应能力和适宜的温度范围不同，一般将蔬菜分为以下 5 种类型。

（1）耐寒性蔬菜。包括除大白菜、花椰菜以外的白菜类和除苋菜、蕹菜以外的绿叶菜类。生长适温为 17～20℃，生长期内能忍受较长时期 -2～ -1℃的低温和短期的 -5～ -3℃低温，个别蔬菜甚至可短时忍受 -10℃的低温。但耐热能力较差，温度超过 21℃时，生长不良。

（2）半耐寒性蔬菜。包括根菜类、大白菜、花椰菜、结球莴苣、马铃薯、豌豆及蚕豆等。生长适温为 17～20℃，其中大部分蔬菜能忍耐 -2～ -1℃的低温。耐热能力较差，产品器官形成期，温度超过 21℃时生长不良。

（3）耐寒而适应性广的蔬菜。包括葱蒜类和多年生蔬菜。生长适温为 12～24℃，耐寒能力较普通耐寒性蔬菜强，耐热能力也较一般耐寒性蔬菜强，可忍耐 26℃以上的高温。

（4）喜温性蔬菜。包括茄果类、黄瓜、西葫芦、菜豆，山药及水生蔬菜等。生长适温为 20～30℃，温度达到 40℃时，同化作用小于呼吸作用。不耐低温，在 15℃以下开花结果不良，10℃以下停止生长，0℃以下生命终止。

（5）耐热性蔬菜。包括冬瓜、南瓜、西瓜、甜瓜、豇豆等。

耐高温能力强，生长适温为30℃左右，有的在40℃时，仍能正常生长不耐低温。

2. 蔬菜不同生育时期对温度的要求

（1）种子发芽期。要求较高的温度。喜温、耐热性蔬菜的发芽适温为的25～30℃，耐寒、半耐寒的蔬菜为15～20℃。但此期内的幼苗出土至第一片真叶展出期间，下胚轴生长迅速，容易旺长形成高脚苗，应保持低温。

（2）幼苗期。幼苗期的适应温度范围相对较宽。如经过低温锻炼的番茄苗可忍耐0～3℃的短期低温，白菜苗可忍耐30℃以上的高温等。根据这一特点，生产上多将幼苗期安排在月均温比适宜温度范围较高或较低的月份，留出更多的适宜温度时间用于营养旺盛生长和产品器官生长，延长生产期，提高产量。

（3）产品器官形成期。此期的适应温度范围较窄，对温度的适应能力较弱。果菜类的适宜温度一般为20～30℃，根、茎、叶菜类一般为17～20℃。栽培上，应尽可能将这个时期安排在温度适宜且有一定昼夜温差的季节，保证产品的优质高产。

（4）营养器官休眠期。要求较低温度，降低呼吸消耗，延长贮存时间。

（5）生殖生长期。生殖生长期间，不论是喜温性蔬菜，还是耐寒性蔬菜，均要求较高的温度。果菜类蔬菜花芽分化期，日温应接近花芽分化的最适温度，夜温略高于花芽分化的最低温度（表4－1）。

表4－1　主要果菜类蔬菜的花芽分化适温

种类	黄瓜	茄子	辣椒	番茄
昼温（℃）	22～25	25～30	25～30	25～30
夜温（℃）	13～15	15～20	15～20	15～17

一年生蔬菜的花芽分化一般不需要低温诱导，但一定大小的昼夜温差对花芽分化却有促进作用。二年生蔬菜的花芽分化需要一定时间的低温诱导。其中有些二年生蔬菜从种子萌动开始就能够感受低温的影响，称为种子春化型蔬菜，代表蔬菜有白菜、萝卜、菠菜、莴苣、芥菜等。种子春化型蔬菜通过春化阶段要求的低温上限比较高，需要低温诱导的时间也比较短。而另外一些二年生蔬菜则需要在植株长到一定大小后才能感受低温，称为绿体春化型蔬菜，代表蔬菜有甘蓝、洋葱、大葱、芹菜等。绿体春化型蔬菜通过春化阶段要求的低温上限较低，需要低温诱导的时间也比较长。

开花期对温度的要求比较严格，温度过高或过低都会影响花粉的萌发和授粉。结果期和种子成熟期，要求较高的温度。

地温的高低直接影响到蔬菜的根系发育及其对土壤养分的吸收。一般蔬菜根系生长的适宜温度为 24 ~ 28℃，最低温度 6 ~ 8℃，最高温度 34 ~ 38℃；根毛发生的最低温度为 6 ~ 12℃，最高温度 32 ~ 38℃。不同蔬菜对地温的要求差异比较明显（表 4 – 2）。

表 4 – 2　主要蔬菜的地温要求指标

蔬菜＼温度	根虫长温度（℃）			根毛发生温度（℃）	
	最低	最适	最高	最适	最高
茄子	8	28	38	12	38
黄瓜	8	32	38	12	38
菜豆	8	28	38	14	38
番茄	8	28	36	8	36
芹菜	6	24	36	6	32
菠菜	6	24	34	4	34

（二）光照

光照主要是通过光照强度、光照时间和光质（即光的成分）

三方面对蔬菜产生影响，其中以光照强度与蔬菜栽培的关系最为密切。

1. 光照强度

根据蔬菜对光照强度的要求范围不同，一般把蔬菜分为以下4种类型。

（1）强光性蔬菜。包括西瓜、甜瓜、西葫芦等大部分瓜类，以及番茄、茄子、豇豆、刀豆、山药、芋头等。该类蔬菜喜欢强光，耐弱光能力差。光饱和点在50～70lx。

（2）中光性蔬菜。包括大部分的白菜类、根菜类、葱蒜类以及菜豆、辣椒等。该类蔬菜在中等光照下生长良好，有一定的耐阴能力，不耐强光。光饱和点大约在40lx。

（3）耐阴性蔬菜。包括生姜以及大部分绿叶菜类蔬菜等。该类蔬菜在中等光照下生长良好，对强光照反应敏感，耐阴能力较强。

（4）弱光性蔬菜。主要是一些菌类蔬菜。

蔬菜一生中对光照强度的要求随着生育时期的变化而改变。通常，发芽期除个别蔬菜外，一般不需要光熙；幼苗期比成株期耐阴；开花结果期比营养生长期需要较强的光照。

2. 光照时间

对大多数蔬菜来讲，日光照时数12h左右有利于光合作用，植株营养积累多，易获高产。短于8h则往往光合时间不足，营养不良，产量低，品质也差。

光周期与蔬菜的开花结果关系密切。一些蔬菜需要12～14h以上的光照诱导才能进行花芽分化，称为长日照蔬菜，如白菜、甘蓝、芥菜、萝卜、胡萝卜、莴苣、蚕豆、豌豆以及大葱等。还有一些蔬菜的花芽分化需要12～14h以下的光照诱导，称为短日照蔬菜，如菜豆、虹豆、茼蒿、扁豆、苋菜、蕹菜等。另外，一部分蔬菜的花芽分化与光周期的关系不密切，在长日照或短日照

下均能够较好地开花结实，如番茄、茄子、辣椒等。

3. 光质

光质是指光的组成成分。太阳光中被叶绿素吸收最多的是红橙光和蓝紫光部分。一般长光波对促进细胞的伸长生长有效，短光波则抑制细胞过分伸长生长。露地栽培蔬菜，处于完全光谱条件下，植株生长比较协调。设施栽培蔬菜，由于中、短光波透过量较少，容易发生徒长现象。

（三）湿度

包括土壤湿度和空气湿度两部分。

1. 土壤湿度

（1）对土壤湿度的要求。根据蔬菜对土壤湿度的需求程度不同，一般分为以下 5 种类型。

①水生蔬菜。包括茭白、荸荠、慈菇、藕、菱等。植株的蒸腾作用旺盛，耗水很多，但根系不发达，根毛退化，吸收能力很弱，只能生活在水中或沼泽地带。

②湿润性蔬菜。包括黄瓜、大白菜、甘蓝、芥菜和大多数绿叶菜类等。植株叶面积大，组织柔软，蒸腾消耗水分多，但根系入土不深，吸收能力弱，要求较高的土壤湿度。主要生长阶段需要勤灌溉，保持土壤湿润。

③半湿润性蔬菜。主要是蔬菜、石刁柏等。植株的叶面积较小，并且叶面有蜡粉，蒸腾耗水量小，但根系不发达，入土浅并且根毛较少，吸水能力较弱。该类蔬菜不耐干旱，也怕涝，对土壤湿度的要求比较严格，主要生长阶段要求经常保持地面湿润。

④半耐旱性蔬菜。包括茄果类、根菜类、豆类等。植株的叶面积相对较小，并且组织较硬，叶面常有茸毛保护，耗水量不大；根系发达，入土深，吸收能力强，对土壤的透气性要求也较高。该类蔬菜在半干半湿的地块上生长较好，不耐高湿，主要栽培期间应定期浇水，经常保持土壤半湿润状态。

⑤耐旱性蔬菜。包括西瓜、甜瓜、南瓜、胡萝卜等。叶上有裂刻及茸毛，能减少水分的蒸腾，耗水较少；有强大的根系，能吸收土壤深层的水分，抗旱能力强，对土壤的透气性要求比较严格，耐湿性差。主要栽培期间应适量浇水，防止水涝。

（2）蔬菜不同生育时期对水分的要求。

①发芽期。对土壤湿度要求比较严格，湿度不足容易发生落干，湿度过大则容易发生烂种。适宜的土壤湿度为地面半干半湿至湿润。

②幼苗期。苗期根群小，分布浅，吸水能力弱，不耐干旱。但植株叶面积小，蒸腾量少，需水量并不多，一般较发芽期偏低。适宜的土壤湿度为地面半干半湿。

③营养生长旺盛期和养分积累期。此期是根、茎、叶菜类蔬菜一生中需水量最多的时期，但在养分贮藏器官形成前，水分却不宜过多，防止茎、叶徒长。进入产品器官生长盛期以后，应勤浇多浇，经常保持地面湿润，促进产品器官生长。

④开花结果期。开花期对水分要求严格，水分过多或过少都会导致授粉不良，引起落花落蕾。结果盛期的需水量加大，为果菜类一生中需水最多的时期，应经常保持地面湿润。

2. 空气湿度

各类蔬菜除了对土壤湿度有不同要求外，对空气相对湿度的要求也不同。大体上分为以下 4 类。

（1）潮湿性蔬菜。主要包括水生蔬菜以及以嫩茎、嫩叶为产品的绿叶菜类，其组织幼嫩，不耐干燥。适宜的空气相对湿度为 85% ~90% 。

（2）喜湿性蔬菜。主要包括白菜类、茎菜类、根菜类（胡萝卜除外）、蚕豆、豌豆、黄瓜等，其茎叶粗硬，有一定的耐干燥能力，在中等以上空气湿度的环境中生长较好。适宜的空气相对湿度为 70% ~80% 。

（3）喜干燥性蔬菜。主要包括茄果类、豆类（蚕豆、豌豆除外）等，其单叶面积小，叶面上有茸毛或厚角质等，较耐干燥，中等空气湿度环境有利于栽培生产。适宜的空气相对湿度为55%～65%。

（4）耐干燥性蔬菜。主要包括甜瓜、西瓜、南瓜、胡萝卜以及葱蒜类等，其叶片深裂或呈管状，表面布满厚厚的蜡粉或茸毛，失水少，极耐干燥，不耐潮湿。在空气相对湿度45%～55%的环境中生长良好。

（四）土壤与营养

1. 对土壤的要求

蔬菜对土壤的一般要求是：熟土层深厚，土质肥沃，透气性好，保水保肥能力强。

各类蔬菜由于根系的特性不同，在对土壤类型的要求上也有所差别。一般来讲，壤土质地松细适中，保水保肥力较强，土壤结构良好，便于耕作，且含有较多的有机质和矿物质，适宜于各类蔬菜栽培。瓜类、薯芋类和根菜类在土质疏松、通透性良好的沙壤土上栽培，品质较好，叶菜类在黏壤土上栽培易获高产。

大多数蔬菜适合在中性至微酸性土壤上栽培，少量蔬菜较耐碱。

2. 对土壤营养的要求

蔬菜一生中对各种土壤营养的需求量是不完全相同的。在三要素中，一般对钾的需求量最大，其次为氮，磷的需求量最小。不同蔬菜在氮、磷、钾的需求上也有所差异。叶菜类蔬菜对氮素营养的需求量比较大，根、茎菜类以及叶球类蔬菜对钾的需求量相对较大，而果菜类需磷较多一些。

除氮、磷、钾外，一些蔬菜对其他土壤营养也有特殊的要求。如大白菜、芹菜、莴苣、番茄等对钙的需求量比较大；嫁接蔬菜对缺镁反应比较敏感，镁供应不足时容易发生叶枯病；芹菜、菜豆等对缺硼比较敏感，需硼较多。

蔬菜不同生育期对土壤营养的要求差异也比较大。一般苗期的总需肥量较少，在营养的种类上对氮的吸收比例较大，磷、钾较少，但果菜类的花芽分化期对缺磷却比较敏感。进入营养生长旺盛期后，需肥量加大，对各种营养的需求量剧增。产品器官形成期为一生中需肥量最大的时期。根、茎、叶球类蔬菜的产品器官形成期，对钾的需求量明显增大，对缺钾反应敏感。果菜类进入结果期后，则需要较多的磷。

3. 植物常见缺素症状

植物常见缺素症状见表4－3。

表4－3　植物常见缺素症状

元素	缺素症状
N	植株矮小，叶片变黄
P	分枝减少，生长停滞，叶片呈暗绿色或紫红色
K	茎秆柔弱，易倒伏，抗性降低，叶缘焦枯，生长缓慢
Ca	生长点死亡，植株呈簇生状；叶尖与叶缘变黄，枯焦坏死，植株早衰，结实少甚至不结实
Mg	老叶脉间失绿
S	新叶均一失绿，呈黄白色并易脱落
Fe	叶脉间失绿
Mn	新叶脉间缺绿
B	生长点停止生长，花而不实
Cu	叶片变色并扭曲等
Zn	缺少IAA而使生长受阻

第二节　蔬菜设施栽培基础知识

一、主要设施类型、结构、性能及应用

（一）简易保护设施

简易保护设施主要包括风障、阳畦、温床以及简易覆盖等类型。

1. 风障畦

风障是在冬春季节设置在栽培畦北侧用以阻挡寒风的屏障，在风障保护下的栽培畦为风障畦。

（1）结构。小风障结构简单，篱笆由较矮的作物秸秆如稻草、谷草，并以竹竿或芦苇夹设而成，高1～1.5m，它的防风效果较小，在春季每排风障只能保护相当于风障高度2～3倍的栽培畦面积。

大风障又有完全风障和简易风障在之分。完全风障由篱笆、披风和土背3部分构成，高1.5～2.5m，篱笆由玉米秸、高粱秸、芦苇或竹竿等夹设而成；披风由稻草、谷草、草包片、苇席或旧塑料薄膜等围于篱笆的中下部，基部用土培成30cm高的土背，防风增温效果明显优于小风障。简易风障，又称迎风风障，只设置一排高度为1.5～2.0m篱笆，不设披风，篱笆密度也较稀，前后可以透视，防风增温效果较完全风障差。风障结构见图4－3。

（2）性能。

①防风。风障的主要作用是防风，一般可使风速减弱10%～50%，有效防风距离为风障高度的5～8倍，最有效的防风范围是1.5～2倍，其防风效果主要受风障类型、风障与季风气流的角度、设置的风障排数等因素有关。

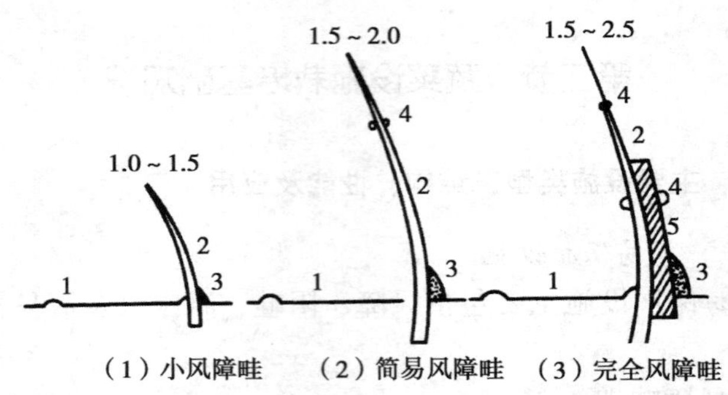

图 4－3　风障畦示意图（单位：m）

1. 栽培畦（示并一畦）；2. 篱笆；3. 土背；4. 横腰；5. 披风

②增温。风障的防风能力越强，障面的反射作用也越强，增温效果就越明显，一般增温效果以有风晴天最显著，无风阴天不显著，距离风障越近增温效果越好。华北地区冬季使用风障可使气温升高 2 ~ 5℃，地表温度升高 8 ~ 14℃。

（3）风障畦的应用。

风障畦主要应用于春季提早播种的耐寒叶菜类、葱蒜类、豆类等蔬菜；保护葱蒜类幼苗、韭菜根株、根茬菠菜等越冬；春季提早定植瓜类、茄果类、甘蓝类及十字花科蔬菜采种株。

2. 阳畦

阳畦，又称冷床，由风障畦演变而成，即由风障畦的畦埂加高增厚成为畦框，并在畦面上增加采光和保温覆盖物，是一种白天利用太阳光增温，夜间利用风障、畦框、覆盖物保温防寒的园艺设施。改良阳畦是在阳畦的基础上发展而成，畦框改为土墙（后墙和山墙）并增加后屋面，以提高其防寒保温效果。

（1）结构。阳畦是由风障、畦框、透明覆盖物和不透明覆盖物等组成。

①风障。大多采用完全风障，但又有直立风障（用于槽子畦）和倾斜风障（用于抢阳畦）两种形式，其结构与完全风障基本相同。

②畦框。用土或砖砌成，分为南北两框及东西两侧框，其尺寸规格根据阳畦的类型不同而有所区别。

③透明覆盖物。主要有玻璃窗和塑料薄膜等，玻璃窗的长度与畦的宽度相等，窗宽 60～100cm，玻璃镶入木制窗框内或用木条做支架覆盖散玻璃片。现在生产上多采用竹竿在畦面上做支架，而后覆盖塑料薄膜的形式，又称为“薄膜阳畦”

④不透明覆盖物。阳畦的防寒保温材料，大多采用草苫或蒲席覆盖。

（2）阳畦的类型。

①普通阳畦（图 4－4）。由畦框、风障、玻璃（薄膜）窗、覆盖物（蒲席、草苫）等组成。由于各地的气候条件、材料资源、技术水平及栽培方式不同，而产生了槽子畦和抢阳畦等类型。

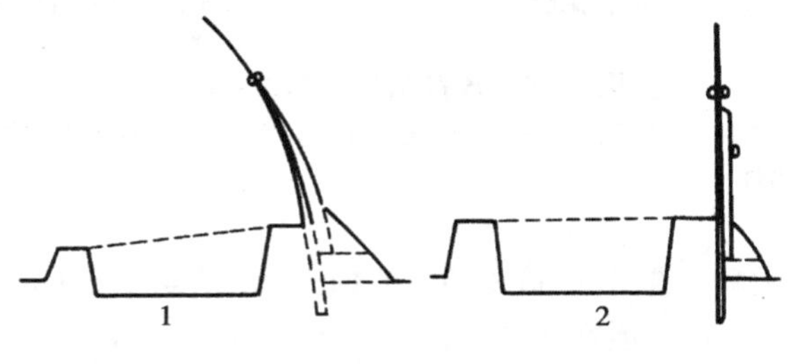

图 4－4　阳畦

1. 抢阳畦；2. 槽子畦

a. 槽子畦。南北两框接近等高，四框做成后近似槽形，故名槽子畦。一般框高 30～50cm，框宽 35～40cm，畦面宽 1.7m，畦长 6～10m。

b. 抢阳畦。北框高于南框，东西两框成坡形，四框做成后向南成坡面，故名抢阳畦。一般北框高 40～60cm，南框高 20～40cm，畦框呈梯形，底宽 40cm，顶宽 30cm，畦面下宽 1.66m，上宽 1.82m，畦长 6～10m。

②改良阳畦。又称小暖窖、立壕子等，是在阳畦的基础上提高北畦框高度或砌成土墙，加大覆盖面斜角，形成拱圆状小暖窖，较阳畦具有较大的空间和比较良好的采光和保温性能。

改良阳畦按屋面形状可以分为一面坡式改良阳畦和拱圆式改良阳畦两种，按有无后屋面可以分为有后屋顶的改良阳畦和无后屋顶的改良阳畦两种（图 4－5）。

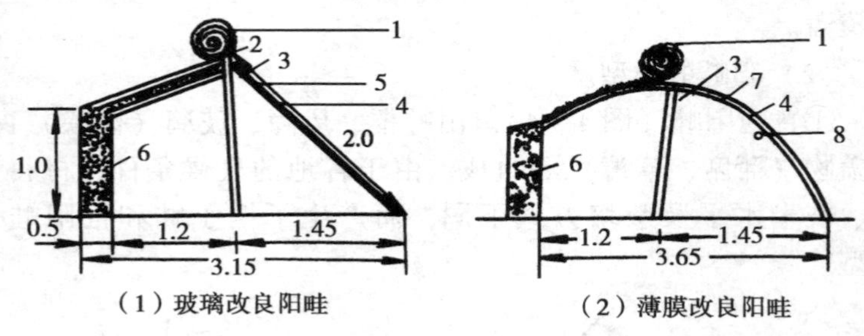

图 4－5　改良阳畦（单位：m）

1. 草苫；2. 土顶；3. 柁、檩、柱；4. 薄膜；5. 窗框；6. 土墙；7. 拱杆；8. 横杆

改良阳畦一般后墙高 0.9～1.0m，墙厚 40～50cm，立柱高 1.5～1.7m，后屋顶宽 1.0～1.5m，前屋面宽 2.0～2.5m，畦面宽 2.7～3.0m，每 3～4m 长为一间，每间设一立柱，立柱上加柁，上铺两根檩（檐檩、二檩），总长度以地块大小而定，一般长 20～30m。一面坡式改良阳畦的前屋面与地面的夹角为 40°～45°，拱圆式改良阳畦接地处夹角为 60°～70°。

（3）阳畦的性能。

①温度特点。阳畦空间小，升温快，增温能力比较强。据中国农业大学观察，北京地区 12 月至翌年 1 月，普通阳畦的旬增温幅度一般为6.6～15.9℃。阳畦低矮，适合进行多层保温覆盖，保温性能好，北京地区 12 月至翌年 1 月，普通阳畦的旬保温能力一般可达 13～16.3℃。改良阳畦的空间较大，蓄热能力增强，降温慢，保温性能优于普通阳畦，一般最低气温和地温分别比普通阳畦提高 3～7℃。

阳畦的温度高低受天气变化的影响较大，一般晴天增温明显，夜温也比较高，阴天增温效果较差，夜温也相对较低。

阳畦内各部位因光照量以及受畦外的影响程度不同，温度高低有所差异，见表 4－4。

表 4－4　阳畦内不同部位的地面温度

距离北侧（cm）	0	20	40	80	100	120	140	150
地面温度（℃）	18.6	19.4	19.7	18.6	18.2	14.5	13.0	12.0

阳畦内畦面温度的不均匀分布特点，往往造成畦内蔬菜或幼苗生长不整齐，生产中要注意区分管理。

②光照特点。阳畦空间低矮，光照比较充足，特别是由于风障的反射光作用，阳畦内的光照一般要优于其他大型保护设施。

（4）阳畦设置。阳畦应设置于背风向阳处，育苗用阳畦要靠近栽培田。为方便管理以及增强阳畦的综合性能，阳畦较多时应集中成群建造。群内阳畦的前后间隔距离应不少于风障或土墙高度的 3 倍，避免前排阳畦对后排造成遮阴。

（5）阳畦的主要应用。阳畦空间较小，不适合栽培蔬菜，主要用于冬春季育苗。槽子畦以及改良阳畦的栽培空间稍大，一些地方也常于冬季和早春用来栽培一些低矮的茎叶菜类或果菜类。

3. 温床

我国各地利用的温床种类很多，根据增温方式的不同，可分为酿热温床、火道温床、电热温床等；根据窗框位置可分为：地下式温床（南框全在地表以下）、地上式温床（南框全在地表以上）和半地下式温床等。温床结构与阳畦基本相同，只是在阳畦基础上增加了加温设施。

(1) 酿热温床。

①结构。酿热温床是在阳畦的基础上，在床下铺设酿热物来提高床内的温度。温床的畦框结构和覆盖物与阳畦一样，温床的大小和深度根据其用途而定，一般床长 10 ~ 15m、宽 1.5 ~ 2m，并且在床底部挖成鱼脊形（图 4 –6），以求温度均匀。

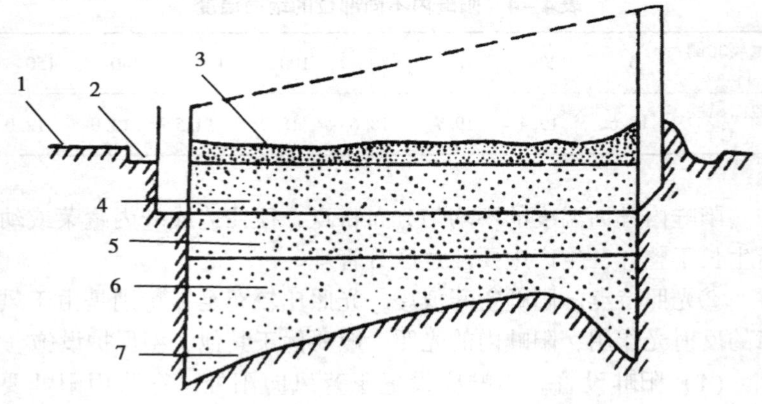

图 4 –6　酿热温床的结构

1. 地平面；2. 排水沟；3. 床土；4. 第三层酿热物；5. 第二层酿热物；6. 第一层酿热物；7. 干草层

②设置。温床填入酿热物的数量、厚度应根据酿热物的种类、利用的地区和时间而定。填充前先将温床床底挖成中部高、

四框周围低的凸形，这样可以避免平铺酿热物造成的床温分布不均匀。酿热物一般分层铺入，每铺入一层，稍微踩实并适量洒入热水。铺设厚度为 20 ~ 30cm，最低不少于 10cm，最厚不多于 60cm。铺入酿热物后，将温床用玻璃窗或塑料薄膜密封，夜间覆盖上覆盖物保温。待床温上升到 40 ~ 50℃时，将配好的营养土铺入温床，厚度为 8 ~ 10cm，踩实耙平后浇水，即可用于园艺作物的育苗或栽培。

酿热温床虽具有发热容易、操作简单等优点，但是发热时间短，热量有限，温度前期高后期低，而且不宜调节，不能满足现在发展的要求，其使用正在减少。

（2）电热温床。

①结构。电热温床是在阳畦、小拱棚以及大棚和温室中小拱棚内的栽培床上，作成育苗用的平畦，然后在育苗床内铺设电加温线而成（图 4 –7），电加温线埋入土层深度一般为 10cm 左右，但如果用育苗钵或营养土块育苗，则以埋入土中 1 ~ 2cm 为宜。铺线拐弯处，用短竹棍隔开，不成死角弯。

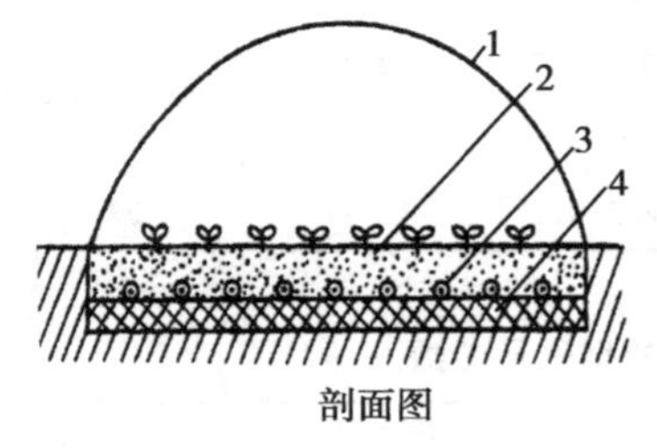

剖面图

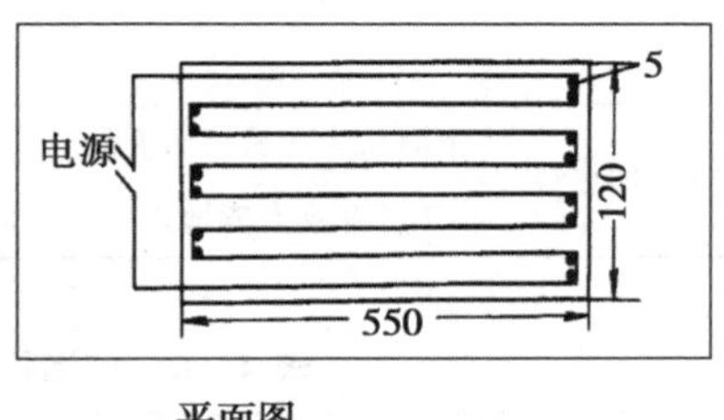

平面图

图 4 –7　电热加温温床断面及布线示意图

1. 塑料薄膜；2. 床土；3. 电加温线；4. 隔热层；5. 短竹棍

②电热线加温原理与电热加温设备。电热线加温是利用电流通过电阻大的导体，将电能转变成热能而使床土增温，一般 1kW/h 的电能可产生 3. 6 × 106J 的热量。电热温床由于用土壤电

热线加温，因而具有升温快、地温高、温度均匀等特点，并通过控温仪实现床温的自动控制。

电热加温的设备主要有电热加温线、控温仪、继电器、电闸盒、配电盘等。其中，电热加温线和控温仪是主要设备。当前生产电热加温线（表4－5）和控温仪（表4－6）的厂家很多，型号各异，可根据需要选用。

表4－5　电加温线的主要技术参数　电压：220伏

种类	生产厂家	型号	功率（W）	长度（m）
土壤电加温线	营口市农业机械化研究所	DR208	800	100
	上海市农业机械研究所	Dv20406	400	60
		DV20410	400	100
		DV20608	600	80
		DV20810	800	100
		DV21012	1 000	120
	鄞县大嵩地热线厂	DP22530	250	30
		DP20810	800	100
		DP21012	1 000	120
空气加热线	上海市农业机械研究所	KDV	1 000	60
	浙江省鄞县大嵩地热线厂	F421022	1 000	22

表4－6　控温仪的型号及参数

型号	控温范围（℃）	负载电流（安培）	负载功率（kW）	供电形式
BKW-5	10～50	5×2	2	单相
BKW	10～50	40×3	26	三相四线制
KWD	10～50	10	2	单相
WKQ-1	10～50	5×2	2	单相

（续表）

型号	控温范围（℃）	负载电流（安培）	负载功率（kW）	供电形式
WKQ-2	10～40	40×3	26	三相四线制
WK-1	0～50	5	1	单相
WK-2	0～50	5×2	2	单相
WK-10	0～50	15×3	10	三相四线制

一般电热线和控温仪均有专门生产的厂家。上海农业机械研究所生产的电热线和 WKQ-1 型控温仪，目前应用较多。

③电热温床的铺设。

a. 确定电热温床的功率密度。电热温床的功率密度是指温床单位面积在规定时间内（7～8h）达到所需温度时的电热功率。用 W/m^2 表示。具体选择参见表4－7。基础地温指在铺设电热温床时未加温时5cm 土层的地温。设定地温指在电热温床通电（不设隔热层，日通电 8～10h）时达到的地温。我国华北地区冬春季阳畦育苗，电加温功率密度以 90～120W/m^2 为宜，温室内育苗时以 70～90W/m^2 为宜；东北地区冬季室内育苗时 100～130W/m^2 为宜。

b. 根据温床面积计算温床所需电热总功率。

电热总功率＝温床面积×功率密度

c. 根据电热总功率和每根电热线的额定功率，计算电热线条数。

电热线根数＝总功率÷单根电热线功率

由于电热线不能剪断，因此计算出来的电热线条数必须取整数。

d. 布线道数。根据电热线长度和苗床的长、宽，计算电热线在苗床上往返道数。

表 4－7　电热温床功率密度选用参考值（W/m²）

设定地温（℃）	基础地温（℃）			
	9～11	12～14	15～16	17～18
18～19	110	95	80	—
20～21	120	105	90	80
22～23	130	115	100	90
24～25	140	125	110	100

电热线往返道数＝（电热线长－床宽）÷（床长－0.1m）（取偶数）

e. 布线间距。功率密度选定后，根据不同型号的电加温线，查表 4－8 确定布线间距，也可以用计算的方法求得。

布线平均间距＝床宽÷（电热线道数－1）

表 4－8　不同电热线规格和设定功率的平均布线间距（cm）

设定功率/（W/m^2）	电热线规格			
	每条长 60m 400W	每条长 80m 600W	每条长 100m 800W	每条长 120m 1 000W
70	9.5	10.7	11.4	11.9
80	8.3	9.4	10.0	10.4
90	7.4	8.3	8.9	9.3
100	6.7	7.5	8.0	8.3
110	6.1	6.8	7.3	7.6
120	5.6	6.3	6.7	6.9
130	5.1	5.8	6.2	6.4
140	4.8	5.4	5.7	6.0

f. 布线方法。在苗床床底铺好隔热层，压少量细土，用木板

刮平，就可以铺设电加温线。布线时，先按所需的总功率的电热线总长，计算出或参照表 4－8 找出布线的平均间距，按照间距在床的两端距床边 10cm 远处插上短竹棍（靠床南侧及北侧的几根竹棍可比平均间距密些，中间的可稍稀些），然后，把电加温线贴地面绕好，电加温线两端的导线（即普通的电线）部分从床内伸出来，以备和电源及控温仪等连接。布线完毕，立即在上面铺好床土。电加温线不可相互交叉、重叠、打结；布线的行数最好为偶数，以便电热线的引线能在一侧，便于连接。若所用电加温线超过两根以上时，必须并联使用而不能串联。

④电源及控温仪的连接。控温仪可按仪器说明接通电源，并把感温插头插在温床的适当位置。接线时，功率 <2 000W（10A 以下）可采用单相接法；功率 >2 000W 时，可采用单相加接触器（继电器）和控温仪的接法；功率电压较大时可采用 380V 电源，并选用与负载电压相同的交流接触器（图 4－8）。

图 4－8（1）为单相直接供电，即将电热线与电源通过开关直接连接。这种接法电源的启闭全靠人工控制，因此很难准确地控制温度，同时也费工，目前很少应用。

图 4－8（2）为单相加控温仪法。当电热线的总功率小于或等于控温仪最大允许负载时，可采取这种方法。此法可以实现床温的自动控制。

图 4－8（3）为单相加控温仪和继电器连接法。当电热线的总功率大于控温仪最大允许负载时，可采用这种方法。否则，如果不加继电器，则会把控温仪烧坏。

图 4－8（4）为三相四线制线路加控温仪和继电器连接法。如果苗床面积大，铺设的电热线容量太大，单相电源容量难以满足时，需要用三相四线制供电方法。在连接时应注意三根火线与电热线均匀匹配。

（3）应用　酿热温床主要用于早春果菜类蔬菜育苗，电热

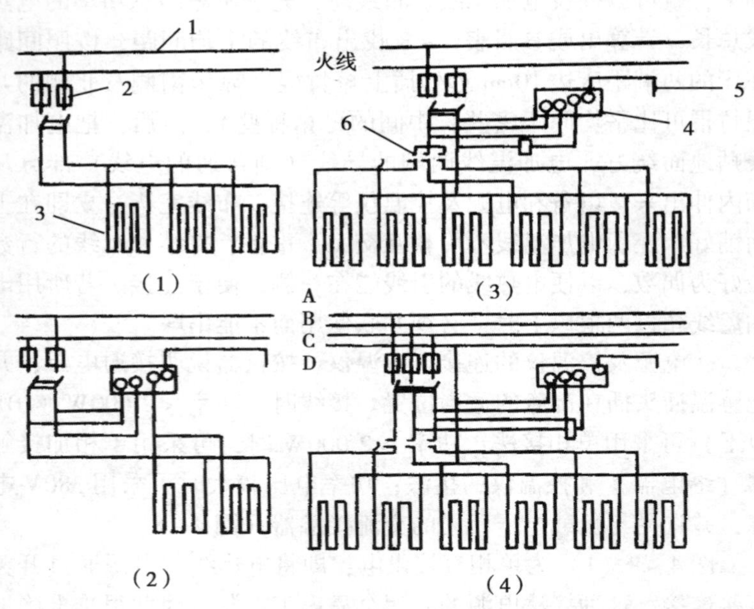

图 4－8　电热线及控温仪的连接方法

1. 电源线；2. 电闸；3. 电加温线；4. 控温仪；5. 感温头（插入土中）；6. 交流接电器

温床主要用于冬春季蔬菜育苗，以果菜类蔬菜育苗应用较多。

4. 地面简易覆盖

现代简易覆盖主要指地膜覆盖和无纺布浮面覆盖。

地膜覆盖是利用很薄的塑料薄膜覆盖于地面或近地面的一种简易栽培方式，是现代农业生产中既简单又有效的增产措施之一。

（1）地膜的种类　地膜的种类很多，性能各不相同，具体的种类特性及使用效果见表 4－9。

表4-9　地膜的种类特性与使用效果（李式军，2002）

种类	促进地温升高	抑制地温升高	防除杂草	保墒	防止病虫害发生	果实着色	耐候性
透明膜	优	无	无	优	弱	无	弱
黑膜	中	良	优	优	弱	无	良
除莠膜	优	无	优	优	弱	无	弱
着色膜	良	弱	良	优	弱	无	弱
黑白双色膜	良	弱	弱	优	弱	无	弱
有孔膜	良，弱	良	良	良	弱	无	弱
光分解膜	良	无	弱	弱	弱	无	无
银灰膜	无	优	优	优	良	良	无
PVC 膜	优	无	无	优	弱	无	优
EVA 膜	优	无	无	优	弱	无	良

（2）地膜覆盖方式　地膜的覆盖方式很多，大致可分为地表覆盖、近地面覆盖和地面双覆盖等类型。

①地表覆盖。将地膜紧贴垄面或畦面覆盖，主要有以下几种形式。

a. 平畦覆盖。利用地膜在平畦畦面上覆盖。可以是临时性覆盖，于出苗时将薄膜揭除，也可以是全生育期的覆盖，直到栽培结束。平畦的畦宽为1.2～1.65m，一般为单畦覆盖，也可以联畦覆盖（图4-9）。平畦覆盖便于灌水，初期增温效果较好，但后期由于灌水带入的泥土盖在薄膜上，而影响阳光射入畦面，降低增温效果。

b. 高垄覆盖。栽培田经施肥平整后，进行起垄。一般垄宽45～60cm，高10cm左右，垄面上覆盖地膜，每垄栽培1～2行作物。其增温效果一般比平畦高1～2℃（图4-10）。

②高畦覆盖。高畦覆盖是在菜田整地施肥后，将其做成底宽

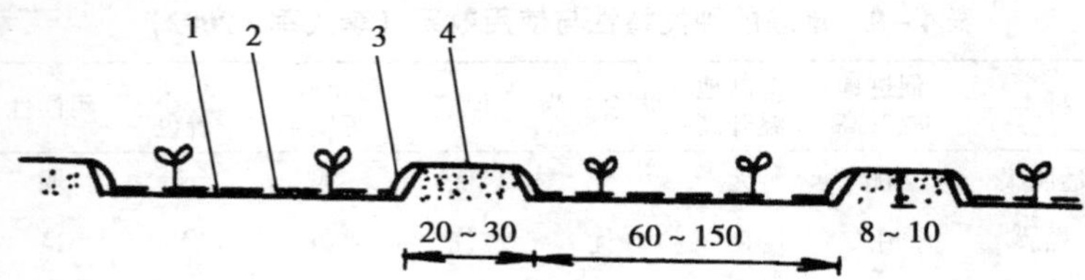

图4－9 平畦地膜覆盖栽培横剖面示意图（单位：cm）

1. 畦面；2. 地膜；3. 压膜土；4. 畦埂

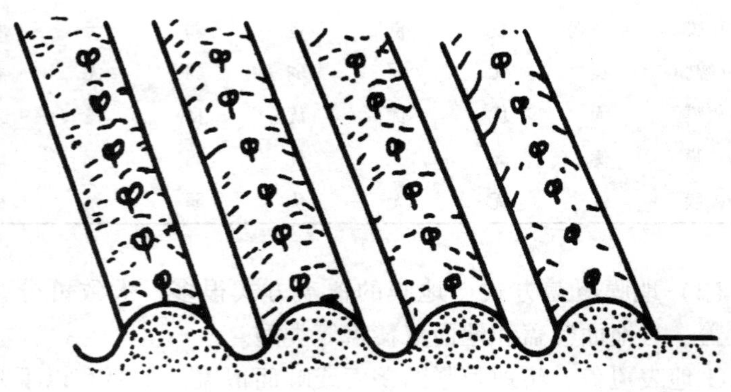

图4－10 高垄覆盖

1.0～1.1m、高10～12cm、畦宽65～75cm、灌水沟宽30cm以上的高畦，然后每畦上覆盖地膜（图4－11）。

③地面覆盖。将塑料地膜覆盖于地表之上，形成一定的栽培空间，主要有以下几种形式。

a. 沟畦覆盖。栽培畦的畦面做成沟状，将栽培作物播种或定植于沟内，然后覆盖地膜，幼苗在地膜下生长，待接触地膜时，将地膜及时揭除，或在膜上开孔，将苗引出膜外，并将膜落为地面覆盖。主要有宽沟畦、窄沟畦和朝阳沟畦等覆盖形式（图4－12）。

b. 拱架覆盖式。在高畦畦面上播种或定植后，用细枝条、

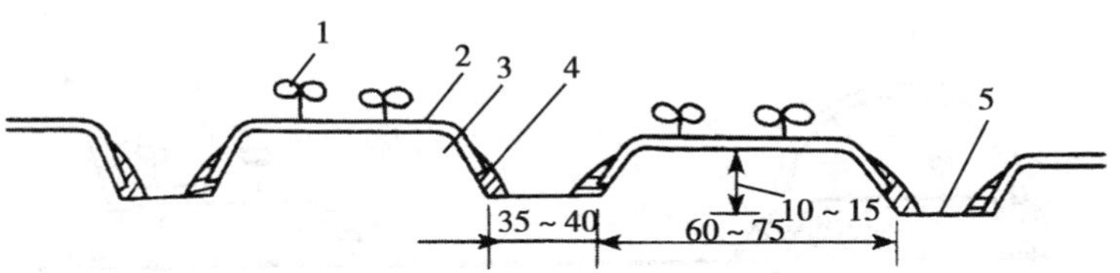

图 4－11 高畦地膜覆盖示意图（单位：cm）

1. 幼苗；2. 地膜；3. 畦面；4. 压膜土；5. 灌水沟

（张振武，1995）

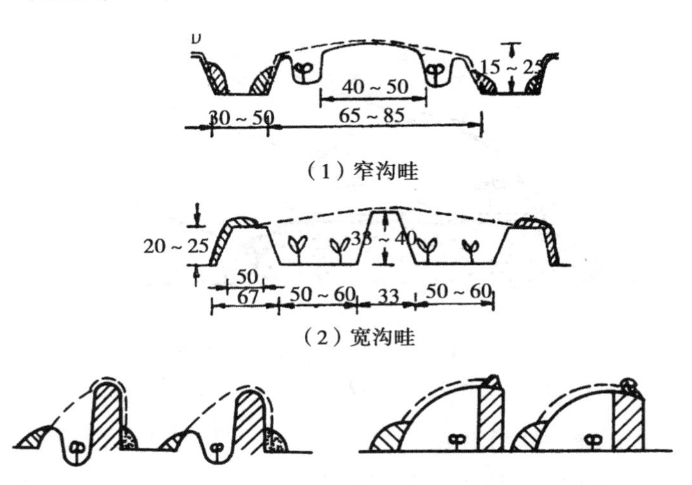

（1）窄沟畦

（2）宽沟畦

（3）朝阳沟畦

图 4－12 沟畦覆盖示意图

细竹片等做成高约 30 ~ 40cm 的拱架，然后将地膜覆盖于拱架上并用土封严（图 4－13）。

④地膜双覆盖。将地表覆盖和近地面覆盖相结合的地膜覆盖方式，不仅可以提高地温，而且可以提高苗期栽培空间的气温（图 4－14）。

（3）地膜覆盖的效应。

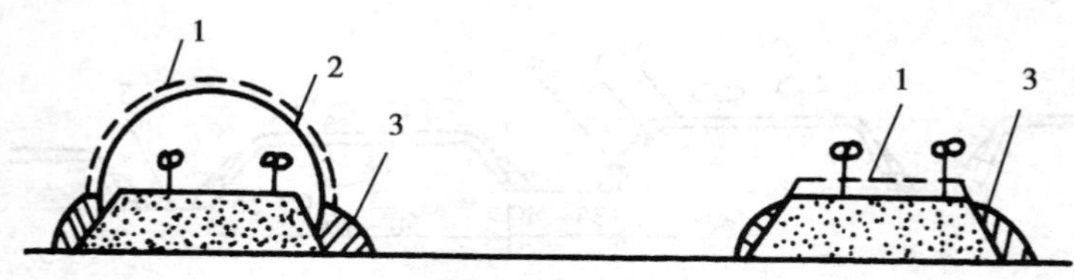

图 4－13　拱架覆盖式

1. 地膜；2. 竹片；3. 压膜土

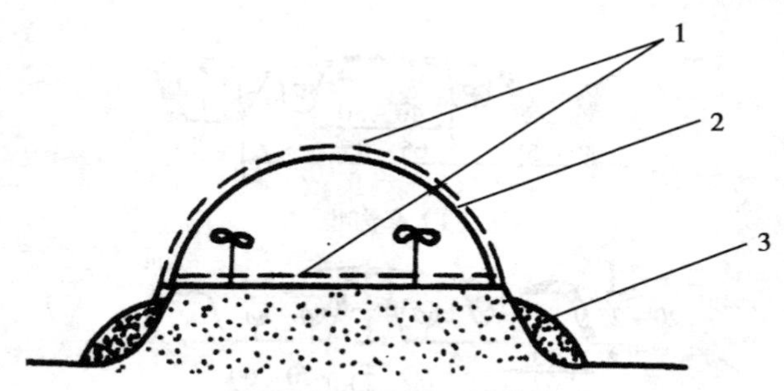

图 4－14　地膜双覆盖断面示意图

1. 地膜；2. 竹片；3. 压膜土

①对环境条件的影响。

a. 提高地温。地膜覆盖后的增温效应，春季低温期在 1～10cm 土层中可增温 2～6℃；进入夏季高温期后，如无遮阴，膜下地温可高达 50℃，但在有作物遮阴或膜表面淤积泥土后，只比露地提高 1～5℃，土壤潮湿时，甚至比露地低 0.5～1.0℃。从不同覆盖形式看，高垄（15cm）覆盖比平畦覆盖的 5cm、10cm、20cm 深土壤分别增加温度 1.0℃、1.5℃、0.2℃（山西省农业科学院，1980）；宽形高垄比窄形高垄土温高 1.6～2.6℃（天津市农业科学院蔬菜研究所）。不同垄型、不同时刻、地温的分布也不同。此外，东西延长的高垄比南北延长的增温效果

好；晴天比阴天的增温效果好；无色透明膜比其他有色膜的增温效果好。

b. 提高土壤保水能力。地膜覆盖后，阻碍了土壤水分蒸发，使土壤含水量比较稳定，可以长时间的保持湿润，减少灌水次数，节约用水；在温室和大棚内，地膜覆盖可降低空气相对湿度。

c. 提高土壤养分含量。地膜覆盖一是减少了雨水冲淋和不合理的灌溉所造成的土壤中肥料流失；二是由于膜下土壤中温、湿度适宜，微生物活动旺盛，可加速土壤中有机物质的分解转化，因而增加了土壤中速效性氮、磷、钾的含量。

d. 改善土壤理化性状。地膜覆盖后能避免因土壤表面风吹、风淋的冲击，减少了中耕、除草、施肥、灌溉等人工和机械操作，因而能防止土壤板结，保持土壤疏松，通气性能良好，促进植株根系的生长发育。据测定，盖膜后土壤孔隙度增加4%～10%，容重减少，根系的呼吸强度有明显增加。

e. 减轻盐碱危害。由于盖膜后大大减少土壤水分的蒸发量，从而抑制了随水分带到土壤表面的盐分，降低土壤表层盐分含量，减轻盐碱对作物的危害。

f. 增加近地面的光照。地膜具有反光作用增加植株下部叶片的光照强度，使下部叶片的衰老期推迟，促进干物质积累，提高产量。

g. 防除杂草。地膜覆盖对膜下土壤杂草的滋生有一定的抑制作用。尤其是在透明地膜覆盖得非常密闭或者采用黑、绿色膜的情况下，防除杂草的效果更为突出。平畦覆盖对杂草的抑制作用不如高垄，黑色膜对杂草有全面的防治作用。

②对园艺作物生长发育的影响。由于地膜覆盖改善了环境条件，尤其是土壤根系环境，根系发达，吸收能力加大，促进作物生长，为作物早熟、增产的奠定了基础。

（4）地膜覆盖的技术要求。地膜覆盖的整地、施肥、做畦、盖膜要连续作业，不失时机，以保持土壤水分，提高地温。

①整地做畦。在整地时，要深翻细耙，打碎坷垃；畦面要平整细碎，以使地膜能紧贴畦面，不漏风，四周压土充分而牢固保证盖膜质量。

②施肥特点。做畦时要施足有机肥和必要的化肥，增施磷、钾肥，以防因氮肥过多而造成果菜类蔬菜徒长。同时，后期要适当追肥，以防后期作物缺肥早衰。

③灌水特点。灌水沟不可过窄，以利灌水。在膜下软管滴灌或微喷灌的条件下，畦面可稍宽、稍高；若采用沟灌，则灌水沟要稍宽。地膜覆盖虽然比露地减少灌水大约1/3，但每次灌水量要充足，不宜小水勤灌。

④后期破膜。正常情况下，地膜自覆盖后直到拉秧，但在后期高温或土壤干旱时，地膜会产生破坏作用，影响植株生长，在此情况下应及时将地膜揭开，然后进行灌水、追肥。

⑤清除旧膜。连年进行地膜覆盖，残存的旧膜将会造成污染。因此要及时清除旧膜。

露地覆膜应选无风或微风天气，在稍有风天应顺着风的方向覆膜。先在畦或垄的一端外侧挖沟，将膜的起始端埋住、踩实，然后向畦或垄的另一端放膜。边放膜、边展膜、拉平压紧，使之紧贴地面，然后在地膜两个侧边的下面取土挖成小沟，再把两个侧边压入小沟内踩实。达到畦或垄的另一端时，同压膜的起始端一样将地膜的另一端用土压住、踩实。

设施内的覆膜技术与露地基本相同，只是在设施内不考虑风的影响，对地膜两边压膜的要求不那么严格。

（5）地膜覆盖的应用。

①露地栽培。地膜覆盖可用于果菜类、叶菜类、瓜菜类、草莓或果树等的春早熟栽培。

②设施栽培。地膜覆盖还用于大棚、温室果菜类蔬菜、花卉和果树栽培，以提高地温和降低空气湿度。一般在秋、冬、春栽培中应用较多。

③园艺作物播种育苗。地膜覆盖也可用于各种园艺作物的播种育苗，以提高播种后的土壤温度和保持土壤湿度。

浮面覆盖是指不用任何骨架材料作支撑，将覆盖物直接覆盖在作物表面的一种保护性栽培方法。由于覆盖物可以随作物生长而浮动，因此又称浮动覆盖。浮面覆盖的覆盖材料主要有无纺布、遮阳网，要求其有一定的透光性和透气性，同时质量要轻。

浮面覆盖具有保温、保墒和遮阳的作用，常在冬春季节露地或大棚、日光温室内覆盖保温，可使温度提高1～3℃；也可于夏秋季节覆盖用于遮光保墒，特别是在育苗阶段应用较多。

（二）塑料薄膜拱棚

塑料拱棚是指将塑料薄膜覆盖于拱形支架之上而形成的设施栽培空间，根据其结构形式和占地面积，可分为塑料小棚、塑料中棚、塑料大棚等。

1. 塑料小棚

（1）结构和类型。小棚的规格一般高为1～1.5m，跨度为1.5～3m，长度10～30m，单棚面积15～45m^2。拱架多用轻型材料建成如细竹竿、毛竹片、荆（树）条，直径6～8mm钢筋等，拱杆间距30～50cm，上覆盖0.05～0.10mm厚聚氯乙烯或聚乙烯薄膜，外用压杆或压膜线等固定薄膜而成，它具有结构简单，体形较小，负载轻，取材方便等特点。根据其覆盖的形式不同可分为以下几种（图4－15）。

①拱圆形小棚。是生产上应用最多的类型，多用于北方。高度1m左右，宽1.5～2.5m，长度依地而定。因小棚多用于冬春生产，宜建成东西延长，为加强防寒保温，可在北侧加设网障，

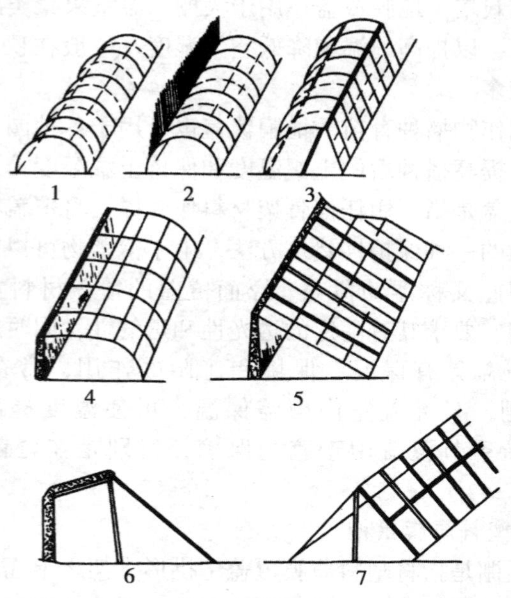

图 4－15　小拱棚的几种覆盖类型

1. 拱圆棚；2. 拱圆加风障；3. 半拱圆棚；4. 土墙半拱圆；
5. 单斜面棚；6. 薄膜改良阳畦；7. 双斜面三角棚

而成为网障拱棚，棚面上也可在夜间加盖草苫保温。

②半拱圆小棚。棚架为拱圆形小棚的一半，北面筑 1m 左右高的土墙或砖墙，南面成一面坡形覆盖或为半拱圆棚架，一般无立柱，跨度大时加设 1 ~ 2 排立柱，以支撑棚面及保温覆盖物。棚的方向以东西延长为好。

③双斜面小棚。屋面成屋脊形或三角形。棚向东西或南北延长均可，一般中央设一排立柱，柱顶拉紧一道 8#铁丝，两边覆盖薄膜即成。适用于风少雨多的南方地区，因为双斜面不易积雨水。

④单斜面小棚。小拱棚的结构简单、取材方便、容易建造，又由于薄膜可塑性强，用架材弯曲成一定形状的拱架即可覆盖成型，因此在生产中的应用形式多种多样。无论何种形式，其基本原则应是坚固抗风，具有一定空间和面积，适宜栽培。

（2）性能。

①温度特点。塑料小拱棚的空间比较小，蓄热量少，晴天增温比较快，一般增温能力可达 15～20℃，高温期容易发生高温危害。但保温能力比较差，在不覆盖草苫情况下，保温能力一般只有 1～3℃，加盖草苫后可提高到 4～8℃。一日中，棚内的最高温度一般出现在 13 时左右，日出前温度最低。由于塑料小拱棚的棚体较小之故，棚温的日变化幅度比较大。夜间不覆盖草苫保温时，晴天昼夜温差一般为 20℃左右，最大时可达 25℃左右；阴天的昼夜温差比较小，一般只有 6℃左右，连阴天差距更小。

②光照特点。塑料小拱棚的棚体低矮，宽度小，棚内光照分布相对比较均匀，差距不大。据测定，东西延长的塑料小拱棚内，南北方向地面光照量的差异幅度一般只有 7%左右。

③湿度特点。棚内空气湿度的日变化幅度比较大，一般白天的相对湿度为 40%～60%，夜间 90%以上。另外，小拱棚中部的温度比两侧的高，地面水分蒸发快，容易干旱，而蒸发的水汽在棚膜上聚集后沿着棚膜流向两侧，常常造成两侧的地面湿度过高，导致地面湿度分布不均匀。

（3）应用。塑料小棚在我国北方及中南部地区广泛应用，由于塑料小棚可以采用草苫覆盖防寒，因此，在早春，其栽培期可早于塑料大棚，主要用于耐寒性蔬菜的早春生产及喜温蔬菜的提早定植。

2. 塑料中棚

塑料中棚的面积和空间比塑料小棚大，是塑料小棚和塑料大棚的中间类型。常用的塑料中棚主要为拱圆形结构。

(1) 结构。拱圆形，一般跨度为3～6m。在跨度6m时，以高度2.0～2.3m、肩高1.1～1.5m为宜；在跨度4.5m时，以高度1.7～1.8m、肩高1.0m为宜；在跨度3m时，以高度1.5m、肩高0.8m为宜；长度可根据需要及地块长度确定。另外，根据中棚跨度的大小和拱架材料的强度，来确定是否设立立柱。以竹木或钢筋做骨架时，需设立柱；而用钢管做拱架则不需设立柱。按材料的不同，拱架可分为竹片结构、钢架结构以及竹片与钢架混合结构。

(2) 性能与应用。塑料中棚可加盖草苫防寒。由于塑料中棚较塑料小棚的空间大，其性能也优于塑料小棚。

塑料中棚主要用于果菜类蔬菜及草莓和瓜果的春早熟和秋延后栽培。

3. 塑料大棚

塑料薄膜大棚，是指棚体顶高1.8m以上，跨度大于8m的大型塑料拱棚的总称。

(1) 结构和类型。

①塑料大棚的类型。目前生产中应用的塑料大棚，按棚顶形状可以分为拱圆形和屋脊形，我国绝大多数为拱圆形。按骨架材料则可分为竹木结构、钢架混凝土柱结构、钢架结构、钢竹混合结构等。按连接方式又可分为单栋大棚、双连栋大棚和多连栋大棚（图4－16）。

②塑料大棚的构造。塑料大棚的结构可大体分为骨架和棚膜。骨架由立柱、拱杆（拱架）、拉杆（纵梁）、压杆（压膜线）等部件组成，俗称“三杆一柱”（图4－17），这是塑料大棚最基本的骨架构成，其他形式都是在此基础上演化而来的。另外，为便于出入，通常在棚的一端或两端设立棚门。

a. 立柱。是塑料大棚的主要支柱，承受棚架、棚膜的重量以及雨、雪负荷和受风压的作用，因此立柱要垂直，或倾向于引

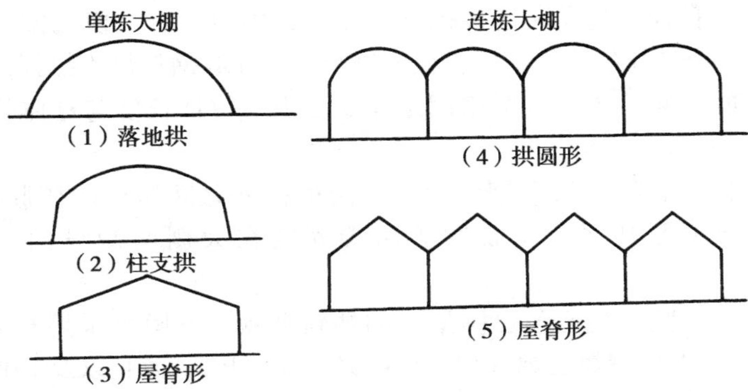

图 4－16　塑料薄膜大棚的类型

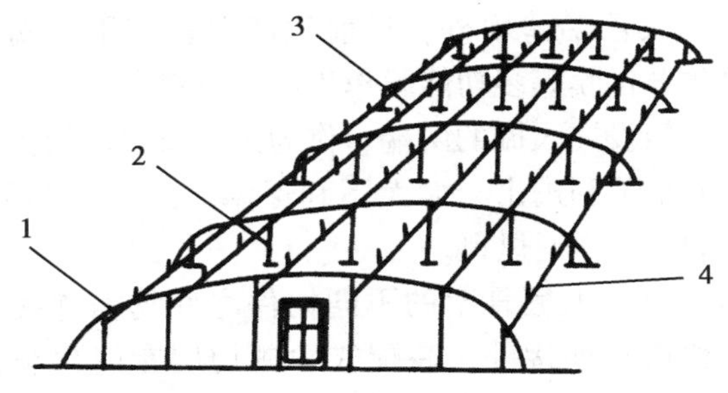

图 4－17　塑料大棚骨架各部位名称

1. 拱杆；2. 立柱；3. 拉杆；4. 吊柱

力。立柱可采用竹竿、木柱、钢筋水泥混凝土柱等，使用的立柱不必太粗，但立柱的基部应设柱脚石，以防大棚下沉或被拔起。立柱埋置的深度要在 40～50cm。

b. 拱杆（拱架）。是支撑棚膜的部分，横向固定在立柱上，两端插入地下，呈自然拱形，是大棚的骨架，决定大棚的形状和空间形成。拱杆的间距为 1.0～1.2m。由竹片、竹竿或钢材、钢管等材料焊接而成。

c. 拉杆。起纵向连接拱杆和立柱，固定压杆，使大棚骨架成为一个整体的作用。用较粗的竹竿、木杆或钢材作为拉杆，距立柱顶端30~40cm，紧密固定在立柱上，拉杆长度与棚体长度一致。

d. 压膜线。扣上棚膜后，于两根拱杆之间压一根压膜线，使棚膜绷平压紧，压膜线的两端固定在大棚两侧设的“地锚”上。

e. 棚膜。是覆盖在棚架上的塑料薄膜。棚膜可采用0.1~0.12mm厚的聚氯乙烯（PVC）或聚乙烯（PE）薄膜以及0.08~0.1mm的醋酸乙烯（EVA）薄膜，这些专用于覆盖塑料薄膜大棚的棚摸，其耐候性及其他性能均与非棚膜有一定差别。除了普通聚氯乙烯和聚乙烯薄膜外，目前生产上多使用无滴膜、长寿膜、耐低温防老化膜等多功能膜作为覆盖材料。

f. 门窗。门设在大棚的两端，作为出入口，门的大小要考虑作业方便，太小不利进出，太大不利保温。大棚顶部可设天窗，两侧设进气侧窗，作通风口。

g. 连接卡具。大棚骨架的不同构件之间均需连接，除竹木大棚需线绳和铁丝连接外，装配式大棚均用专门预制的卡具连接，包括套管、卡槽、卡子、承插螺钉、接头、弹簧等。

③塑料大棚的类型。

a. 竹木结构大棚。是大棚初期的一种类型，目前，在我国北方仍广为应用。一般跨度为8~12m，长度40~60m，中脊高2.4~2.6m，两侧肩高1.1~1.3m。有4~6排立柱，横向柱间距2~3m，柱顶用竹竿连成拱架；纵向间距为1~1.2m。其优点是取材方便，造价较低，且容易建造；缺点是棚内立柱多，遮光严重，作业不方便，立柱基部易朽，抗风雪性能力较差等。为减少棚内立柱，建造了悬梁吊柱式竹木结构大棚，即在拉杆上设置小吊柱，用小吊柱代替部分立柱。小吊柱用20cm长、4cm粗的木

杆，两端钻孔，穿过细铁丝，下端拧在拉杆上，上端支撑拱杆。

b. 混合结构大棚。棚型与竹木结构大棚相同，使用的材料有竹木、钢材、水泥构件等多种。一般拱杆和拉杆多采用竹木材料，而立柱采用水泥柱。混合结构的大棚较竹木结构大棚坚固、耐久、抗风雪能力强，在生产上应用的也较多。

c. 钢架结构大棚。一般跨度为 10～15m，高 2.5～3.0m，长 30～60m。拱架是用钢筋、钢管或两者结合焊接而成的弦形平面桁架。平面桁架上弦用 16mm 钢筋或 25mm 的钢管制成，下弦用 12mm 钢筋，腹杆用 6～9mm 钢筋，两弦间距 25cm。制作时先按设计在平台上做成模具，然后在平台上将上、下弦按模具弯成所需的拱形，然后焊接中间的腹杆。拱架上覆盖塑料薄膜，拉紧后用压膜线固定。这种大棚造价较高，但无立柱或少立柱，室内宽敞，透光好，作业方便。现在北方已在生产上广泛推广应用（图 4－18）。

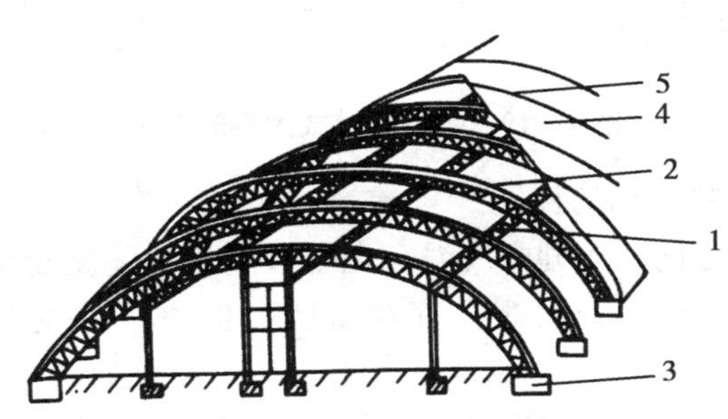

图 4－18　钢架大棚图

1. 纵梁；2. 钢筋桁架拱梁；3. 水泥基座；4. 塑料薄膜；5. 压膜线

d. 装配式钢管结构大棚。由工厂按照标准规格生产的组装式大棚，材料多采用薄壁镀锌钢管。一般大棚跨度 6～10m，高度 2.5～3.0m，长 20～60m。拱架和拉杆都采用薄壁镀锌钢管连接而成，拱架间距 50～60cm，所有部件用承插、螺钉、卡槽或弹簧卡具连接。用镀锌卡槽和钢丝弹簧压固棚膜，用手摇式卷膜器卷膜通风。这种大棚优点和钢结构架大棚相同（图 4－19）。

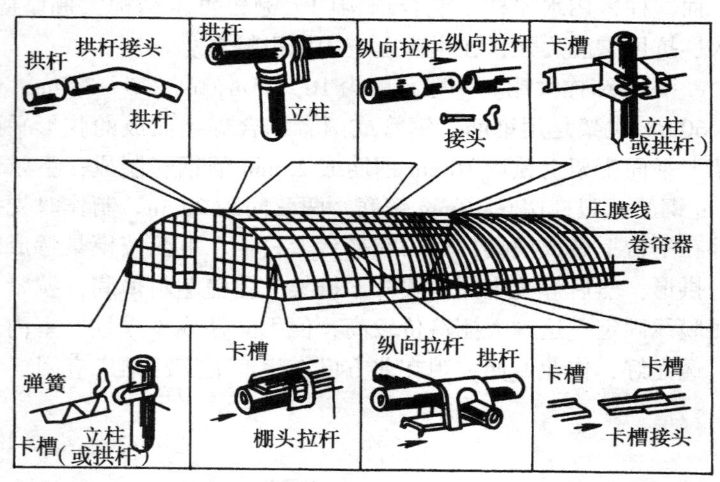

图 4－19　钢管组装式大棚的结构

（2）塑料大棚的性能。

①气温变化。大棚内气温存在季节变化、昼夜变化和阴晴变化。我国北方地区，大棚内存在着明显的季节性变化（图 4－20）。

北方地区一年中大棚在 11 月中旬至翌年 2 月中旬处于低温期，月均温度在 5℃以下，夜间经常出现 0℃以下低温，喜温蔬菜可发生冻害，耐寒蔬菜也难以生长；2 月下旬至 4 月上旬为温度回升期，月均温度在 10℃上下，耐寒蔬菜可以生长，但仍有 0℃低温，因此果菜类蔬菜多在 3 月中下旬至 4 月初开始定植；4 月中旬至 9 月中旬为生育适温期，月均温在 20℃以上，是喜温的花、菜、果的生育适期，但要注意 7 月可能出现的高温危害；9

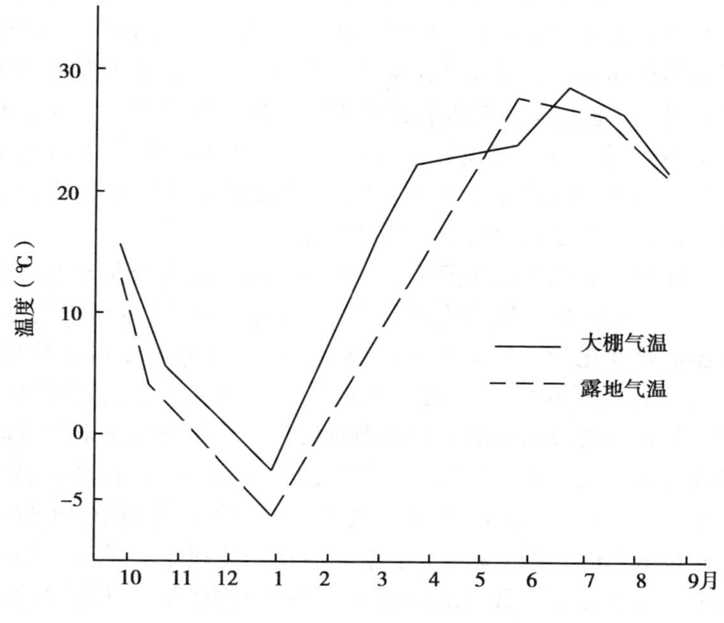

图4－20　大棚月平均气温的变化

月下旬至11月上旬为逐渐降温期，月均温度在10℃上下，喜温的园艺作物可以作延后栽培，但后期最低温度常出现0℃以下，因此应注意避免发生冻害。

塑料大棚内气温的日变化规律与外界基本相同，即白天气温高，夜间气温低。日出后1～2h棚温迅速升高，7～10时气温回升最快，在不通风的情况下平均每小时升温5～8℃，每日最高温出现在12～13时。15时前后棚温开始下降，平均每小时下降5℃左右。夜间气温下降缓慢，平均每小时降温1℃左右。早春低温时期，通常棚温只比露地高3～6℃，阴天时的增温值仅2℃左右。

塑料大棚内不同部位的温度状况有差异，每天上午日出后，大棚东侧首先接受太阳光的辐射，棚东侧的温度较西侧高。中午太阳由棚顶部入射，高温区在棚的上部和南端；下午主要是棚的西侧受光，高温区又出现在棚的西部。大棚内垂直方向上的温度分布也不相同，白天棚顶部的温度高于底部 3～4℃，夜间正相反，棚下部的温度高于上部 1～2℃。大棚四周接近棚边缘位置的温度，在一天之内均比中央部分要低。

②地温。大棚内的地温虽然也存在着明显的日变化和季节变化，但与气温相比，地温比较稳定，且地温的变化滞后于气温。从地温的日变化看，晴天上午太阳出来后，地表温度迅速升高，14 时左右达到最高值，15 时后温度开始下降。随着土层深度的增加，日最高地温出现的时间逐渐延后，一般距地表 5cm 深处的日最高地温出现在 15 时左右，距地表 10cm 深处的日最高地温出现在 17 时左右，距地表 20cm 深处的日最高地温出现在 18 时左右，距地表 20cm 以下深层土壤温度的日变化很小。阴天大棚内地温的日变化较小，且日最高温度出现的时间较早。从地温的分布看，大棚周边的地温低于中部地温，而且地表的温度变化大于地中温度变化，随着土层深度的增加，地温的变化越来越小。从大棚内地温的季节变化看，在 4 月中下旬的增温效果最大，可比露地高 3～8℃，最高达 10℃以上；夏、秋季因有作物遮光，棚内外地温基本相等或棚内温度稍低于露地 1～3℃。秋、冬季节则棚内地温又略高于露地 2～3℃。10 月土壤增温效果减小，仍可维持 10～20℃的地温。11 月上旬棚内浅层地温一般维持在3～5℃。1 月上旬至 2 月中旬是棚内土壤冻结时期，最冷时地温为 -7～-3℃。

③湿度。在密闭的情况下，塑料大棚内空气相对湿度的一般变化规律是：棚温升高，相对湿度降低；棚温降低，相对湿度升高；晴天、风天时相对湿度降低，阴天、雨（雪）天时相对湿

度增大。大棚内空气相对湿度也存在着季节变化和日变化，早晨日出前棚内相对湿度高达100%，随着日出后棚内温度的升高，空气相对湿度逐渐下降，12～13时为空气相对湿度最低时刻，在密闭大棚内达70%～80%，在通风条件下，可降到50%～60%；午后随着气温逐渐降低，空气相对湿度又逐渐增加，午夜可达到100%。从大棚湿度季节性变化看，一年中大棚内空气相对湿度以早春和晚秋最高，夏季由于温度高和通风换气，空气湿度较低。

④光照。大棚内光照状况与天气、季节及昼夜变化、方位、结构、建筑材料、覆盖方式、薄膜洁净和老化程度等因素有关。

a. 光照的季节变化。不同季节太阳高度不同，大棚内的光照强度和透光率也有所不同。一般南北延长的大棚，其光照强度由冬→春→夏的变化是不断加强，透光率也不断提高，而随着季节由夏→秋→冬，其棚内光照则不断减弱，透光率也降低。

b. 棚内的光照分布。大棚内光照存在着垂直变化和水平变化。从垂直看，越接近地面，光照度越弱；越接近棚面，光照度越强。拒测定，距棚顶30cm处的照度为露地的61%，中部距地面1.5m处为34.7%，近地面为24.5%。从水平方向看，南北延长的大棚棚内的水平照度比较均匀，水平光差一般只有1%左右。但是东西向延长的大棚，不如南北延长的大棚光照均匀。

c. 影响光照因素。大棚方位不同，太阳直射光线的入射角也不同，因此透光率不同。一般东西延长的大棚比南北延长的大棚的透光率要高，但南北延长的大棚与东西延长的大棚相比，在光照分布方面南北延长的大棚要均匀。

大棚的结构不同，其骨架材料的截面积不同，因此形成阴影的遮光程度也不同，一般大棚骨架的遮阴率可达5%～8%。从大棚内光照来考虑，应尽量采用坚固而截面积小的材料做骨架，以尽可能减少遮光。

透明覆盖材料对大棚光照的影响，不同的透明覆盖材料其透光率也不同，而且由于不同透明覆盖材料的耐老化性、无滴性、防尘性等不同，使用后的透光率也有很大差异。目前生产上应用的聚氯乙烯、聚乙烯、醋酸乙烯等薄膜，无水滴并清洁时的可见透光率在90%左右，但使用后透光率就会大大降低，尤其是聚氯乙烯薄膜，由于防尘性差，下降得较为严重。

（3）塑料大棚的应用。

①育苗。在大棚内设多层覆盖，如加保温幕、小拱棚、防寒覆盖物等，或采用大棚内加温床以及苗床安装电热线加温等办法，于早春进行果菜类蔬菜育苗。

②春季早熟栽培。果菜类于温室育苗，早春于大棚定植，一般比露地提早上市20～40天。

③秋季延后栽培。主要以果菜类蔬菜生产为主，一般采收期可延后20～30天。

④春到秋长季节栽培。在气候冷凉的地区果菜类可以采取由春到秋的长季节栽培，这种栽培方式于早春定植，结果期在大棚内越夏，可将采收期延长到初霜来临。

（三）温室

1. 温室类型

（1）按覆盖材料。可分为硬质覆盖材料温室和软质覆盖材料温室。硬质覆盖材料温室最常见的为玻璃温室，近年出现有聚碳酸树脂（PC板）温室；软质覆盖材料温室主要为各种塑料薄膜覆盖温室。

（2）按屋面类型和连接方式。可分为单屋面、双屋面和拱圆形；又可分为单栋和连栋类型。

（3）按主体结构材料。可分为金属结构温室，包括钢结构、铝合金结构；非金属结构包括竹木结构、混凝土结构等。

（4）按有无加温。分为加温温室和不加温温室，其中日光

温室是我国特有的不加温或少加温温室。我国常见温室类型见表4－10。

表4－10　按照温室透明屋面的形式划分的温室类型和型式（章镇，2003）

类型	型式	代表型	主要用途
单层面	一面坡	鞍山日光温室	园艺作物栽培、育苗
	立窗式	瓦房店日光温室	园艺作物栽培、育苗
	二折式	北京改良温室	园艺作物栽培、育苗
	三折式	天津无柱温室	园艺作物栽培、育苗
	半拱圆式	鞍Ⅱ型日光温室	园艺作物栽培、育苗
			园艺作物栽培、育苗
双层面	等屋面	大型玻璃温室	园艺作物栽培、科研
	不等屋面	3/4式温室	园艺作物栽培、育苗
	马鞍屋面	试验用温室	科研
	拱圆式	塑料加温大棚	园艺作物栽培、育苗
连接屋面	等屋面	荷兰温室	园艺作物栽培、育苗
	不等屋面	坡地温室	园艺作物栽培、育苗
	拱圆屋面	华北型温室	园艺作物栽培、育苗
多角屋面	四角形屋面	各地植物园或公园	观赏植物展示
	六角形屋面	各地植物园或公园	观赏植物展示
	八角形屋面	各地植物园或公园	观赏植物展示

2. 日光温室

（1）基本结构。

①前屋面（前坡，采光屋面）。前屋面是由支撑拱架和透明覆盖物组成的，主要起采光作用，为了加强夜间保温，在傍晚至第二天早晨用保温覆盖物如草苫覆盖。前屋面的大小、角度、方位直接影响采光效果。

②后屋面（后屋面，保温屋面）。后屋面位于温室后部顶端，采用不透光的保温蓄热材料作成，主要起保温和蓄热的作用，同时也有一定的支撑作用。在纬度较低的温暖地区，日光温室也可不设后屋面。

③后墙和山墙。后墙位于温室后部，起保温、蓄热和支撑作

用。山墙位于温室两侧，作用与后墙相同。通常在一侧山墙的外侧连接建造一个小房间作为出入温室的缓冲间，兼做工作室和贮藏间。

上述3部分为日光温室的基本组成部分，除此之外，根据不同地区的气候特点和建筑材料的不同，日光温室还包括立柱、防寒土、防寒沟等。立柱是在温室内起支撑作用的柱子，竹木温室因骨架结构强度低，必须设立柱；钢架结构因强度高，可视情况少设或不设立柱。防寒沟是在北部寒冷地区为减少地中传热而在温室四周挖掘的土沟，内填稻壳、树叶等隔热材料以加强保温效果。防寒土是指日光温室后墙和两侧山墙外堆砌的土坡以减少散热，增强保温效果。

（2）主要类型。根据结构和保温性能的不同，日光温室可分为两类，一类冬季只能进行耐寒性园艺作物的生产，称为普通日光温室或春用型日光温室；另一类是在北纬40°以南地区，冬季不加温可生产喜温蔬菜；北纬40°以北地区冬季可生产耐寒的叶菜类蔬菜，生产喜温蔬菜虽然仍需要加温但是比加温温室可节省较多的燃料，这类温室称为优型日光温室，又称为节能型日光温室或冬暖型日光温室。优型和普通型日光温室结构的主要区别见表4－11。

表4－11　优型和普通型日光温室的主要结构比较

项目 温室 类型	前屋面 角度	脊高 （m）	后屋面 厚度 （cm）	后屋面 斜角	最大 宽高比	墙体厚度 （m）	草苫厚度 （cm）
优型	>20°	>2.5	>30	>40°	>2.8	>1	>4
普通型	<20°	<2.5	<30	<40°	<2.8	<1	<4

①长后屋面矮后墙日光温室。这是一种早期的日光温室，后墙较矮，只有1m左右，后屋面较长，可达2m以上，保温效果较

好，但栽培面积小，现已较少使用。代表类型如辽宁海城感王式日光温室、永年2/3式全柱日光温室、海城新Ⅰ型日光温室和海城新Ⅱ型日光温室（图4－21）。

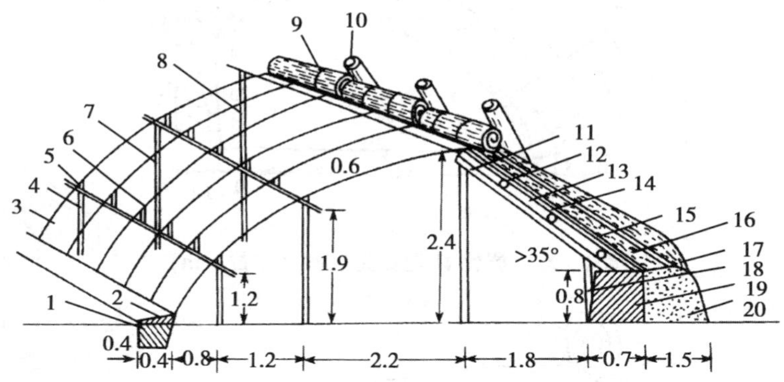

图4－21　长后屋面矮后墙日光温室（单位：m）（张振武，1999）

1. 防寒沟；2. 黏土层；3. 竹拱杆；4. 前柱；5. 横梁；6. 吊柱；7. 腰柱；8. 中柱；9. 草苫；10. 纸被；11. 柁；12. 檩；13. 箔；14. 扬脚泥；15. 碎草；16. 草；17. 整捆秫秸或稻草；18. 后柱；19. 后墙；20. 防寒土

温室后屋面仰角大，冬季光照充足，保温性能好，不加温可在冬季进行蔬菜生产。当外界气温降至－25℃时，室内可保持5℃以上。但是3月以后，后部弱光区不能利用，适于北纬38°～41°冬季不加温生产喜温蔬菜。

②短后屋面高后墙日光温室。这种温室跨度5～7m，后屋面面长1～1.5m，后墙高1.5～1.7m，作业方便，光照充足，保温性能较好。典型温室有：冀优Ⅱ型日光温室（图4－22）、潍坊改良型日光温室（图4－23）、冀优改进型日光温室（图4－27b）等。

这种温室加大了前屋面采光屋面，缩短了后屋面，提高了中屋脊，透光率、土地利用率明显提高，操作更加方便，是目前各

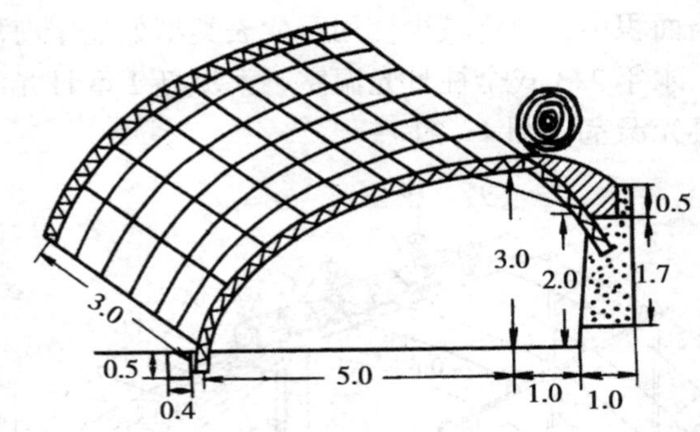

图 4－22　冀优 II 型日光温室（单位：m）

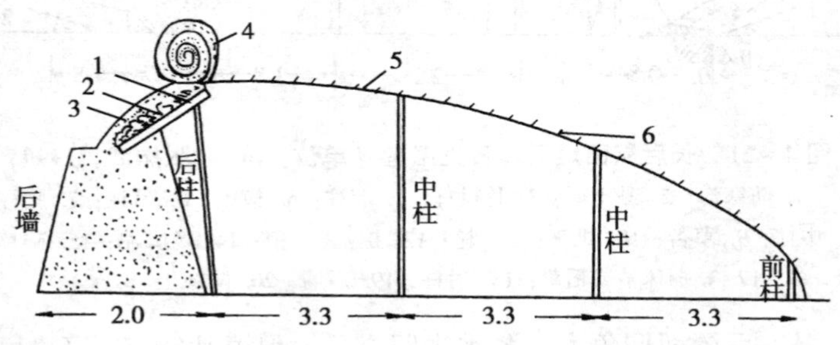

图 4－23　潍坊改良型日光温室（单位：m）

1. 水泥柱；2. 秸秆层；3. 草泥；4. 草苫；5. 拱架；6. 钢丝

地重点推广的改良型日光温室。

③无后屋面日光温室。该类温室不设置后屋面，其后墙和山墙一般为砖砌，也有用泥筑的。有些地区则借用已有的围墙或堤岸作后墙，建造无后屋面的温室。该温室骨架多用竹木结构、竹木水泥预制结构或钢架结构作拱架。由于不设后屋面，温室造价降低，但是该温室对温度的缓冲性较差，只能用于冬季生产耐寒叶菜生产，或用于早春晚秋，属于典型的春用型日光温室（图 4－24）。

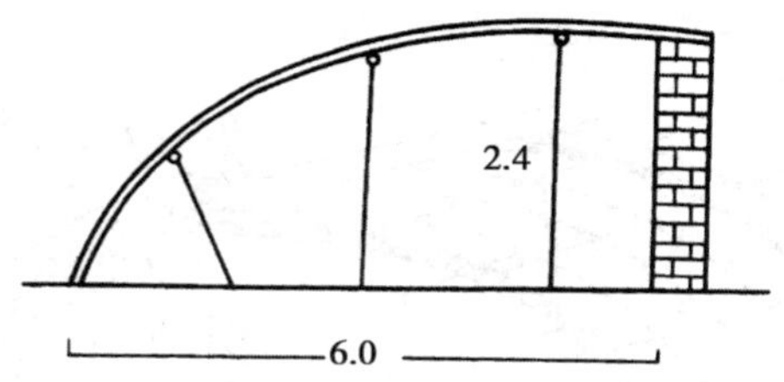

图 4 – 24　无后屋面日光温室（单位：m）

④琴弦式日光温室。这种温室跨度 7m，后墙高 1.8 ~ 2m，后屋面面长 1.2 ~ 1.5m，每隔 3m 设一道钢管桁架，在桁架上按 40cm 间距横拉 8 号铅丝固定于东西山墙；在铅丝上每隔 60cm 设一道细竹竿做骨架，上面盖薄膜，在薄膜上面压细竹竿，并与骨架细竹竿用铁丝固定。该温室采光好，空间大，作业方便，起源于辽宁瓦房店市（图 4 – 25）。

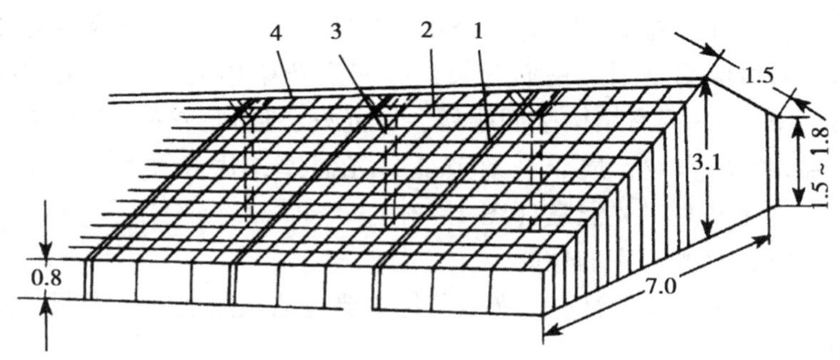

图 4 – 25　琴弦式日光温室（单位：m）

1. 钢管桁架；2. 8 号铅丝；3. 中柱；4. 竹竿

（张振武，1999）

⑤钢竹混合结合结构日光温室。这种温室利用了以上几种温室的优点。跨度 6m 左右，每 3m 设一道钢拱杆，矢高 2.3m 左右，前屋面无支柱，设有加强桁架，结构坚固，光照充足，便于

内保温（图4－26）。

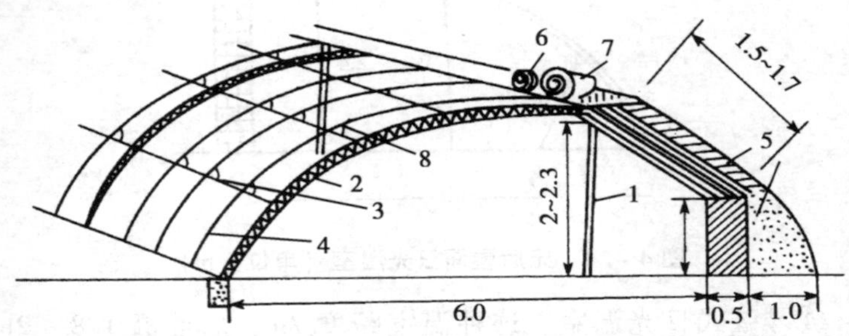

图4－26　钢竹混合结构日光温室（单位：m）

1. 中柱；2. 钢架；3. 横向拉杆；4. 拱杆；5. 后墙后屋面；6. 纸被；7. 草苫；8. 吊柱

（张振武，1989）

⑥全钢架无支柱日光温室。这种温室是近年来研制开发的高效节能型日光温室，跨度6～8m，矢高3m左右，后墙为空心砖墙，内填保温材料。钢筋骨架，有三道花梁横向接，拱架间距80～100cm。温室结构坚固耐用，采光好，通风方便，有利于内保温和室内作业，属于高效节能日光温室，代表类型有辽沈I型、冀优II型日光温室（图4－27）。

（3）日光温室的性能。

①光照。日光温室的光照条件主要包括光照强度、光照时间和光质。

a. 光照强度。日光温室光照强度主要受前屋面角度、透明屋面大小的影响。在一定的范围内，前屋面角度越大，透明屋面与太阳光线所成的入射角越小，透光率越高，光照越强。因此，冬季太阳高度角低，光照减弱。春季太阳高度角升高，光照加强。

日光温室内的光照强度分布具有明显的水平差异和垂直差异

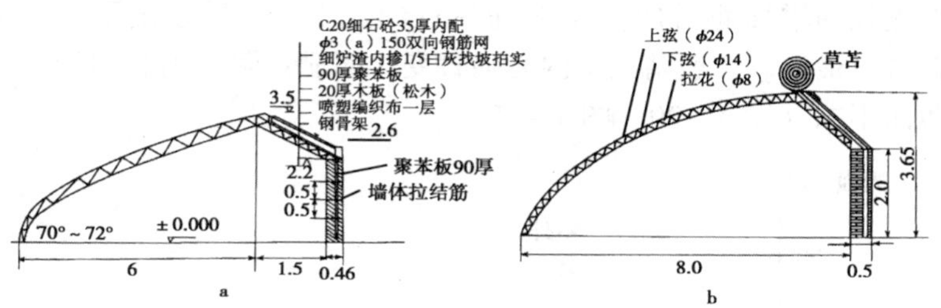

图 4－27　全钢架无支柱日光温室

a. 辽沈 I 型日光温室；b. 改进冀优 II 型日光温室

（图 4－28）。室内中柱以南为强光区，以北为弱光区。在强光区，光照强度在南北水平方向上差异不大；在东西水平方向上主要是早晚受东西两山墙的遮阴影响；在垂直方向上，光照强度自上向下递减较明显。室内光照强度的分布还受种植作物影响。一般南排和作物群体的中上部光照强度明显高于北排和作物群体的下部。

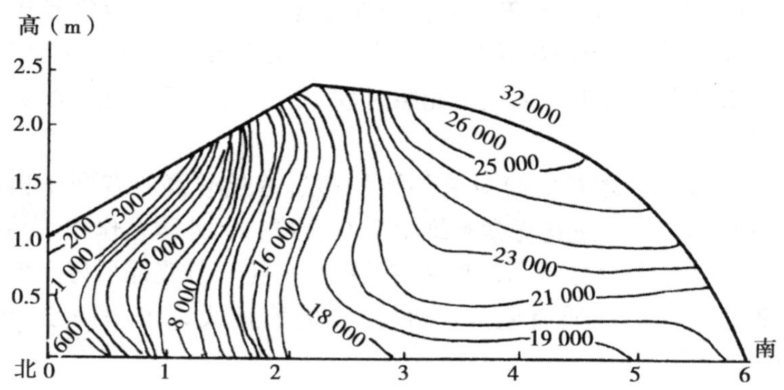

图 4－28　日光温室内光照强度的分布状况（凌云晰，1988）

日光温室内光照强度的日变化有一定的规律。室内光照强度的变化与室外自然光日变化相一致。从早晨揭苫后，随室外界自然光强的增加而增加，11 时前后达到最大，此后逐渐下降，至盖苫时最低。一般晴天室内光强日变化明显；阴天则会因云层厚薄而不同（图 4－29、图 4－30）。

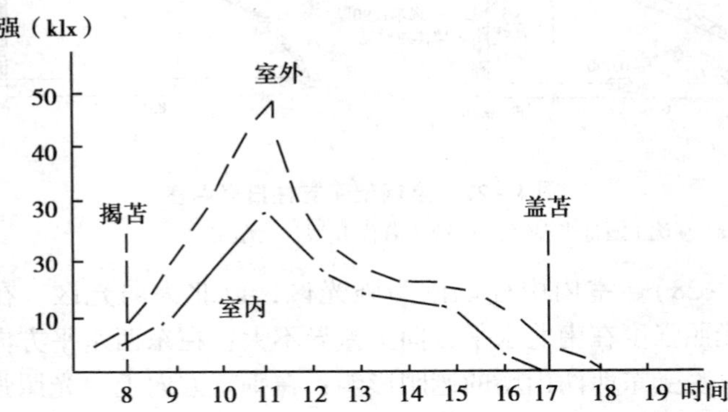

图 4－29　晴天室内外光照强度日变化（凌云昕，1998）

b. 光照时数。严寒季节，因保温需要，保温覆盖物晚揭早盖，缩短了日光温室内的光照时数；连阴雨雪天气或大风天气，不能揭开草苫也大大缩短了光照时数。进入春季后，光照时数逐渐增加。

c. 光质。塑料薄膜对紫外线的透过率比较高，有利于植株健壮生长，也促进花青素和维生素 C 合成，因此园艺作物产品维生素 C 含量及含糖量高。果实花朵颜色鲜艳，外观品质好。但不同种类的薄膜光质有差异，PE 薄膜的紫外线透过率高于 PVC 薄膜。

②温度。

a. 气温的日变化。日光温室内气温的日变化与外界基本相同，白天气温高，夜间气温低。通常在早春、晚秋及冬季的日光温室内，晴天最低气温出现在揭苫后 0.5h 左右，此后温度开始

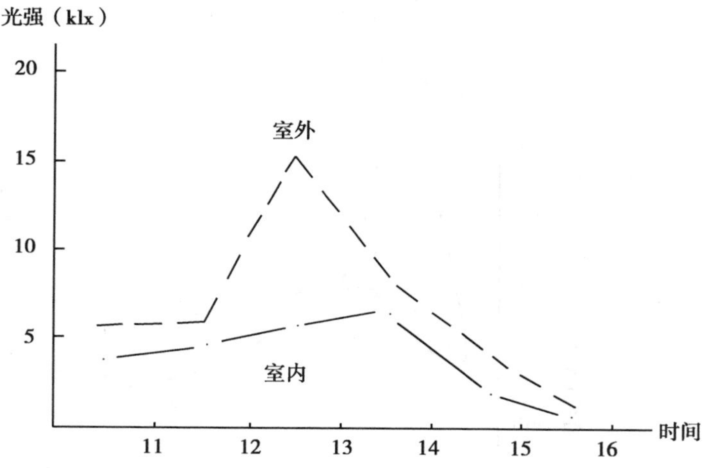

图 4－30　阴天室内外光照强度日变化（凌云晰，1998）

上升，上午每小时平均升温 5～6℃；最高气温通常出现在晴天 13 时左右。下午 14 时后气温开始下降，从 14 时到 16 时左右，平均每小时降温 4～5℃，盖草苫后气温下降缓慢，从 16 时到第二天 8 时降温 5～7℃（图 4－31）。阴天室内的昼夜温差较小，一般只有 3～5℃，晴天室内昼夜温差明显大于阴天。

b. 气温的分布。日光温室内气温存在明显的水平差异和垂直差异。从气温水平分布上看，白天南部高于北部；夜间北部高于南部。夜间东西两山墙根部和近门口处，前底角处气温最低。从气温垂直分布来看，在密闭不通风情况下，气温随室内高度增加而增加。中柱前距地面 1m 处，向前至前屋面薄膜，向前约 1.5m 区域为高温区。一般水平温差为 3～4℃；垂直温差为 2～3℃。

c. 地温的变化。日光温室内的地温虽然也存在着明显的日变化和季节变化，但与气温相比，地温比较稳定。从地温的日变

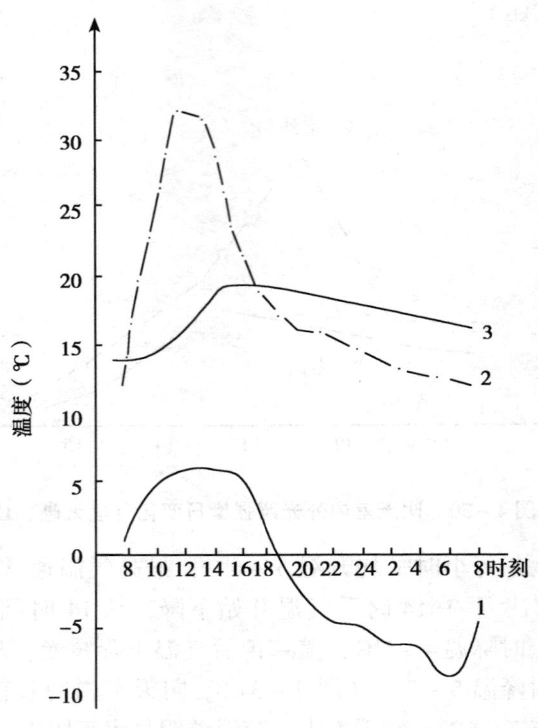

图 4－31　温室内地温与气温日变化

1. 室外气温；2. 室内气温；3. 室内 15cm 地温

化看（图 4－31），日光温室上午揭草苫后，地表温度迅速升高，14 时左右达到最高值。14～16 时温度迅速下降，16 时左右盖草苫后，地表温度下降缓慢。随着土层深度的增加，日最高地温出现的时间逐渐延后，一般距地表 5cm 深处的日最高地温出现在 15 时左右，距地表 10cm 深处的日最高地温出现在 17 时左右，距地表 20cm 深处的日最高地温出现在 18 时左右，距地表 20cm 以下深层土壤温度的日变化很小。从地温的分布看，温室周围的

地温低于中部地温，而且地表的温度变化大于地中温度变化，随着土层深度的增加，地温的变化越来越小。地温变化滞后于气温，相差2～3h。晴天白天浅层地温最高，随着深度增加而递减，晴天夜间以10cm地温最高，由此向上向下递减；阴天时，深层土壤热量向上传导，深层地温高于浅层地温。

③湿度。湿度条件包括空气湿度和土壤湿度两个方面。

a. 空气湿度。空气湿度大，日变化剧烈。白天，室内温度高，空气相对湿度通常为60%～70%，夜间温度下降，相对湿度升高，可达到100%。阴天因气温低，空气相对湿度经常接近饱和或处于饱和结露状态。

局部差异大：日光温室局部差异大于露地，这与温室容积有关。容积越大湿差越小，日变化也越小；容积越小，湿差越大，日变化也越大。

作物易沾湿：由于空气相对湿度高，温室内不同部位空气温度也不同，导致作物表面发生结露，覆盖物及骨架结构凝水，室内产生雾霭，造成作物沾湿，容易引发多种病害。

b. 土壤湿度。室内土壤湿度在每次浇水后升高到最大值，之后因地表蒸发和植物蒸腾作用，土壤湿度逐渐下降。至下次浇水之前土壤湿度至最低值。由于日光温室土壤靠人工灌溉，不受降雨影响，因此土壤湿度变化相对较小。

④气体条件。日光温室内气体条件变化与塑料大棚相似，表现在密闭条件下CO_2浓度过低造成作物CO_2饥饿，同时也存在NH_3、NO_2、SO_2、C_2H_4等有害气体积累。因此，需要经常通风换气，一方面补充CO_2不足，另一方面排放积累的有毒有害气体，必要时可进行人工增施CO_2气肥。

⑤土壤环境。由于有覆盖物存在，加上高效栽培造成的施肥量过高，栽培季节长，连作栽培茬次多等特点，日光温室内的土壤与露地土壤有较大差别。

a. 土壤养分转化和有机质分解速度快。温室内温度和湿度较露地高，土壤中微生物活动旺盛，使土壤养分和有机质分解加快。

b. 肥料利用率高。温室土壤由于被覆盖而免受雨水淋洗和冲刷，肥料损失小，便于作物充分利用。

c. 连作障碍严重。日光温室、塑料大棚等设施条件下的土壤栽培均可出现连作障碍，主要表现在盐分浓度过高引起土壤理化性状变差、土壤有害微生物积累造成的病害发生严重以及栽培作物的自毒作用。设施条件下的连作障碍主要表现在有害微生物的积累和土壤盐类的积聚。

(4) 日光温室的应用。

①育苗。可以利用日光温室为大棚、小棚和露地果菜类蔬菜栽培培育幼苗，也可以工厂化育苗。

②蔬菜周年栽培。目前利用日光温室栽培蔬菜已有几十种，其中包括瓜类、茄果类、绿叶菜类、葱蒜类、豆类、花菜类、食用菌类、芽菜类等蔬菜的冬茬、冬春茬、春茬、秋茬、秋冬茬栽培。各地还根据当地的特点，创造出许多高产高效益的栽培茬口安排，如一年一大茬，一年两大茬，一年多茬等。可以说，日光温室蔬菜生产已成为我国北方地区蔬菜均衡供应的重要途径之一。

3. 现代化温室

现代化大型连栋温室是将若干栋双屋面连接而成的大型温室，简称现代化温室，又称连栋温室、全光温室。

(1) 结构。现代化温室的建材多为铝合金或轻型钢材，从屋面结构上可分为人字形和拱圆形，从覆盖材料上可分为玻璃温室和塑料温室。

①屋脊形连栋温室。以荷兰 Venlo 型温室为代表，屋面结构一般为“人”字形，传统的荷兰温室均采用玻璃为覆盖材料，

近几年也开始采用塑料板材。脊高3.05～4.95m，肩高2.5～4.3m，骨架间距3.0～4.5m，温室跨度有3.2m、6.4m、9.6m等多种形式（图4－32）。

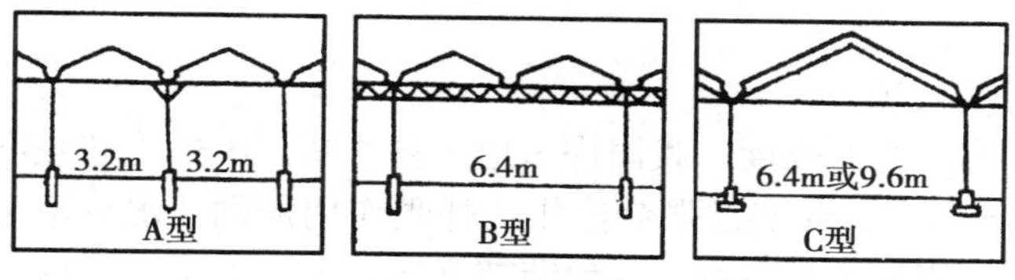

图4－32　荷兰式连接温室

（引自刘步洲，蔬菜栽培学保护地栽培，1987）

屋脊型的还有日本、上海农业机械化研究所制造的温室。

②拱圆屋面连栋温室。屋面拱圆形，屋面覆盖材料为单层聚乙烯薄膜或充气式双层聚乙烯薄膜，侧面和正面为了加强保温，采用玻璃或聚酯塑料板。此类型温室多从法国和以色列引入。上海农业机械化研究所、浙江农业科学院、中国农业大学等单位也生产此类型温室。

（2）应用。现代化温室成本高，主要应用于高附加值的园艺作物生产上，如喜温果菜、名特新蔬菜及育苗。

（四）夏季保护设施

夏季保护设施是指在夏秋季节使用，以遮阳、降温、防虫、避雨为主要目的的一类保护设施，包括遮阳网、防虫网、防雨棚等。

1. 遮阳网覆盖

（1）种类。目前，我国生产的遮阳网其遮光率由25%～70%，幅宽有90cm、150cm、220cm和250cm等，网眼有均匀排列的，也有稀、密相同排列的。依颜色分为黑色和银灰色，也有绿色、白色和黑白相间等品种。应用最多的是35%～65%的黑网和65%的银灰网，单位面积重量为45～49g/m^2。许多厂家生产的遮阳网的密度是以一个密区（25mm）中纬向的扁丝条数来度量产品编号的，如 SZW-8 表示密区由 8 根扁丝编织而成，SZW-12 则表示由 12 根扁丝编织而成，数字越大，网孔越小，遮光率越大。

（2）性能。

①降低光照强度。我国许多地区夏季晴天中午光照强度可达 15 万 Lx 以上，光照过强会使作物呼吸作用加剧，水分不足，生理失调，影响生长发育。一般蔬菜光饱和点 3 万 ~4 万 Lx，故而即使遮光 50% ~70%，也能满足作物的光合需求，有利于园艺作物夏季生长，提高产品品质。

②降低温度。遮阳网覆盖降温最显著的部位是地表温度和地下、地上各 20cm 范围的土温、气温和叶温，从而优化了作物的根际环境，提高了作物地上部的抗逆性。不同颜色的遮阳网降温效果不同，黑色降温效果最明显。

③抑制蒸发、保墒。在高温强光下，土壤水分的蒸发量和蒸腾量都比较大，覆盖遮阳后蒸发慢，蒸发量减少一半以上，保持土壤水分的稳定，减少浇水次数及浇水量。

④防暴雨、雹灾的危害。遮阳网的机械强度较高，可避免暴雨、冰雹对作物或地面造成的直接冲击，这样也减轻或避免对园艺作物的损伤，防止土壤板结和灾后倒苗。

⑤减弱台风袭击。将通风性好的遮阳网在台风预报前浮面覆盖作物上并固定好，网下风速可减弱 2/3 左右，显著降低植株受损害程度。

⑥避虫防病。覆盖遮阳网可以阻碍害虫进入，减少虫口密度，银灰色遮阳网还能驱避蚜虫，既能减轻蚜虫的直接危害，也可以减轻或避免由于蚜虫传播而引起的病毒病的发生，同时还可以防止日灼的发生。此外晚秋、早春寒流侵袭时，也可将不用的遮阳网替代稻草，覆盖在作物上防冻防寒，减轻霜冻危害。

（3）应用。

①夏季覆盖育苗。是遮阳网最常见的利用方式。南方的秋冬季蔬菜，如甘蓝类蔬菜、芹菜、大白菜、莴苣等都在夏季高湿期育苗，为减轻高温、暴雨危害，以遮阳网替代传统芦帘遮阳育苗，可以有效地培育优质苗，保证秋冬菜的稳产、高产。通常利用镀锌钢管塑料大棚的骨架，顶上只保留天幕薄膜，围裙幕全部拆除，在天幕上再盖遮阳网，称一网一膜法覆盖，实际上就是防雨棚上覆盖一张遮阳网，在其下进行常规或穴盘育苗或移苗假植（图4－33）。

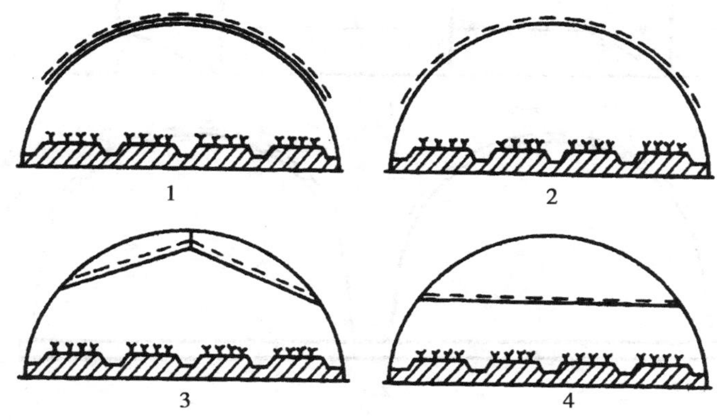

图4－33　大棚遮阳网覆盖方式

1. 一网一膜外覆盖；2. 单层遮阳网覆盖；3. 二重幕架上覆盖；4. 大棚内利用腰杆平棚覆盖

②夏秋季节遮阳栽培。在南方地区夏秋季节采用遮阳网覆盖栽培喜凉怕热或喜阴的蔬菜、花卉，典型的如夏季栽培小白菜、大白菜、芫荽、伏芹菜以及非洲菊、百合等。遮阳方式有浮面覆盖（图4－34）、矮平棚覆盖、小拱棚（图4－35）或大棚覆盖。

③秋菜覆盖保苗。秋播蔬菜如甘蓝类、白菜类、根菜类、芹

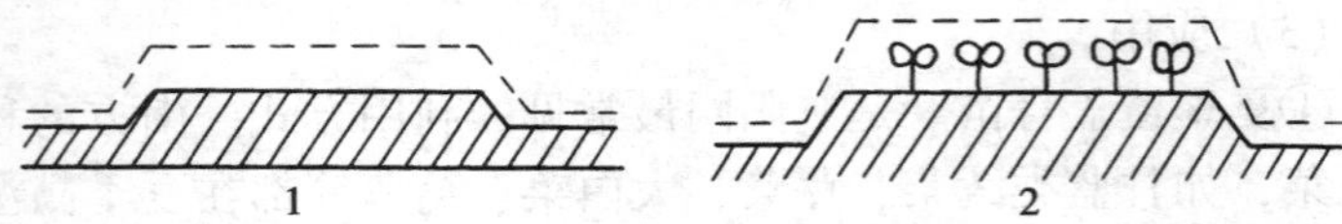

图 4－34　浮面覆盖示意图

1. 播种后至出苗前；2. 定植后至活棵前

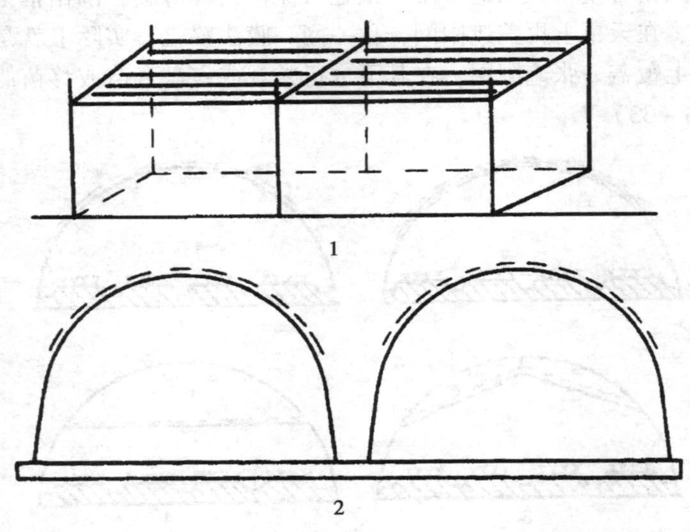

图 4－35　矮平棚覆盖、小拱棚

1. 平棚；2. 小拱棚

菜、菠菜和秋番茄、秋黄瓜、秋菜豆等在早秋播种和定植时，恰逢高温季节，播后不易出苗，定植后易死苗。如果播后进行浮面覆盖，可提前播种，也易齐苗、早苗，提高出苗率；而早秋定植的早甘蓝、花椰菜、莴苣、芹菜等，定植后活棵前进行浮面覆盖或矮平棚覆盖，可显著提高成苗率，促进生长，增加产量。此外，遮阳网还可用来延长辣椒杂交制种期，夏季栽培食用菌如草

菇、平菇等。

2. 防虫网覆盖

防虫网是继农膜、遮阳网之后的一种新型的覆盖材料，具有抗拉强度大、抗紫外线、抗热、耐水、耐腐蚀、耐老化、无毒无味和使用年限长等特点。该项覆盖技术是生产绿色无公害园艺产品的新技术，具有显著的经济、社会、生态效益。

（1）防虫原理　防虫网以人工构建的屏障，将害虫拒之网外，达到防虫保菜的目的。此外，防虫网反射、折射的光对害虫也有一定的驱避作用。

（2）种类　防虫网按目数分有20目、24目、30目、40目，按宽度分有100cm、120cm、150cm，按丝径分有0.14～0.18mm等数种类型。使用寿命约为3～4年，色泽有白色、银灰色等，以20目、24目最为常用。

网目是表示标准筛的筛孔尺寸的大小。在泰勒标准筛中，所谓网目就是2.54cm长度中的筛孔数目，并简称为目。

（3）覆盖方式。

①大棚覆盖。是目前最普遍的覆盖方式，由数幅网缝合后覆盖在单栋或连栋大棚上。防虫网可以采用完全覆盖和局部覆盖两种方式（图4－36）。完全覆盖是将防虫网完全封闭地覆盖于栽培作物的表面或拱棚的棚架上。局部覆盖是只在大棚和日光温室的通风口、通风窗、门等部位覆盖防虫网。全封闭式覆盖，内装微喷灌水装置。

②立柱式隔离网状覆盖。用高约2m的水泥柱（葡萄架用）或钢管，做成隔离网室，农民俗称帐子。在里面种植小白菜等叶菜，夏天既舒适又安全，面积在500～1 000m^2范围内。

（4）主要性能。

①根据害虫大小选择合适目数的防虫网，对于蚜虫、小菜蛾等害虫使用20～24目遮阳网即可阻隔其成虫进入网内。

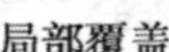

局部覆盖

完全覆盖

图4－36　防虫网覆盖方式

②防暴雨、冰雹冲刷土壤，以免造成高温死苗。

③结合防雨棚、遮阳网进行夏、秋蔬菜的抗高温育苗或栽培，可防止病毒病发生。

（5）应用。防虫网可用于叶菜类小拱棚、大中棚、温室防虫覆盖栽培；茄果类、豆类、瓜类大中棚、日光温室防虫网覆盖栽培；特别适用于夏秋季节病毒病的防治，切断毒源；还可用于夏季蔬菜和花卉等的育苗，与遮阳网配合使用效果更好。

二、设施建造场地选择与布局

（一）场地选择

场地选择的一般原则是：有利于控制设施内的环境，有利于蔬菜的生长与发育，有利于控制蔬菜病虫害，有利于蔬菜产品与农用物资的运输。

对建造场地的具体要求是：

（1）避风向阳。要求场地的北面及西北面有适当高度的挡风物保温。

（2）光照充足。要求场地的东、西、南三面无高大的建筑物或树木等遮光。

（3）地下水位低。地下水位高处的土壤湿度大，也容易盐渍化，不宜选择。

（4）病菌、虫卵含量少。一般老菜园地中的病菌和虫卵数量比较多，不适合建造温室、大棚等，应选土质肥沃的粮田。

（5）土壤的理化性状有利于蔬菜生产。要求土壤的保肥保水能力强、通透性好、酸碱度中性。

（6）地势平坦。要求地面平整，以减少设施内局部间的环境差异。

（7）地势高燥。要求所选地块的排水性良好，雨季不积水。

（8）方便运输。要靠近主要的交通线路，便产品能及时运出。

（二）布局

设施数量较多时，应集中建造，进行规模生产。另外，设施类型间要合理搭配，特别是栽培设施与育苗设施间要配套设置。

1. 设施搭配

设施搭配的主要目的，一是充分利用各类设施的栽培特点，进行多种蔬菜生产，丰富市场，并降低生产费用。如温室与风障畦之间的搭配，利用温室温度条件好的特点，在冬季和早春生产效益高的果菜类，利用风障畦生产成本低的特点，于冬春季生产茎叶菜类。二是确保蔬菜的种苗供应，不误农时。如育苗温室与塑料大棚搭配、温床与塑料大棚搭配、阳畦与小拱棚搭配等，前者及时为后者提供菜苗，后者如期进行生产。

几种设施搭配时，一般温室放在最北面，向南依次为塑料大拱棚、阳畦、风障畦、小拱棚等。育苗设施应尽量靠近栽培设施或栽培田。

2. 排列方式

设施排列方式主要有“对称式”和“交错式”两种，见图4－37。

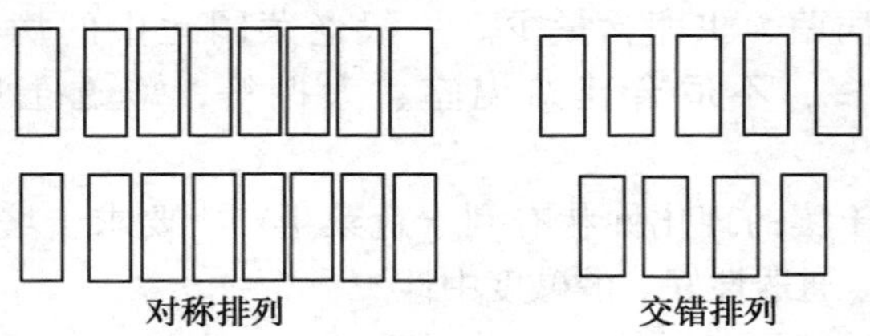

图 4－37　蔬菜设施排列方式

“对称式”排列的设施群内通风性较好，高温期有利于通风降温，但低温期的保温效果较差，需加围障、腰障等。“交错式”排列的设施群内无风的通道，挡风、保温性能好，低温期有利于保温和早熟，但高温期通风降温效果不佳。

设施群内应设有交通运输通道以及灌溉渠道。交通运输通道分为主道和干道，主道与公路相连，宽 6m 以上，两边挖有排水沟。干道与主道相连，宽 2～3m。

3. 设施间距

温室、塑料大拱棚等高大设施的南北间距应不少于设施最大高度的 2 倍，以 2.5～3 倍为宜；风障畦以及阳畦的南北间距应大于 2 倍风障高；小拱棚高度低，遮光少，一般不对间距作严格要求，以方便管理为准。

三、设施覆盖材料

（一）透明覆盖材料

1. 塑料薄膜

塑料薄膜是我国目前设施园艺中使用面积最大的覆盖材料。主要用于塑料温室、塑料大棚、中小棚的外覆盖及内覆盖。作为内覆盖材料又可进行固定式覆盖与移动式覆盖。塑料薄膜按其母料可分为聚氯乙烯（PVC）薄膜、聚乙烯（PE）薄膜和乙烯－醋酸乙烯（EVA）多功能复合薄膜三大类。

（1）聚氯乙烯（PVC）薄膜。主要有以下种类。

①普通聚氯乙烯薄膜。不加耐老化助剂，新膜透光性好，夜间保温性好，耐高温日晒，弹性好。可连续使用一年左右，生产一季作物。适用于夜间保温性要求较高的地区和作物的温室及拱棚栽培。

②聚氯乙烯防老化膜（聚氯乙烯长寿膜）。有效使用期达8~10个月，有良好的透光性、保温性和耐老化性。

③聚氯乙烯防老化无滴膜。该膜同时具有防老化和流滴的特性，透光、保温性好，无滴性可持续4~6个月，耐老化寿命12~18个月，应用较为广泛。

④聚氯乙烯耐候无滴防尘膜。该膜除具有耐老化、无滴性外，经处理的薄膜外表面，助剂析出减少，吸尘较轻，提高了透光率，对日光温室冬春茬生产更为有利。

（2）聚乙烯（PE）薄膜。主要有以下种类。

①普通聚乙烯薄膜。是不加耐老化助剂等功能性助剂所生产的"白膜"，透光性好，吸尘性弱，耐低温，但夜间保温性能差，雾滴性重，耐候性差。目前在大棚和中小拱棚上应用仍占有较大比例，一般在春秋季扣棚，使用期4~6个月，仅可种植一茬作物，目前已逐步被淘汰。

②聚乙烯防老化膜。厚度0.1~0.12mm，用量为100~120kg/hm^2，可连续使用2年以上，可用于2~3茬作物栽培，不仅可以降低成本，节省能源，而且使产量、产值大幅度增加，是目前设施栽培中重点推广的农膜品种。

③聚乙烯耐老化无滴膜（双防农膜）。具有流滴性、耐候性、透光性、增温性等特性。防雾滴效果可保持2~4个月，耐老化寿命达12~18个月，用量为100~130kg/hm^2，是目前性能安全、适应性较广的农膜品种，不仅对大中小棚、而且对节能型日光温室早春栽培也较为适应。

④聚乙烯多功能复合膜。具有无滴、保温、耐候等多种功能，流滴持效期 3 ~ 4 个月，使用期可达 12 ~ 18 个月。厚度 0.08 ~ 0.12mm，用量为 60 ~ 100kg/hm^2，适合大中小棚、温室外覆盖和作为二道幕使用。

(3) 乙烯 - 醋酸乙烯 (EVA) 多功能复合薄膜。透光性好，阻隔远红外线；保温性强；耐候性好，冬季不变硬，夏季不粘连；耐冲击；好黏接，易修补；对农药抗性强、喷上农药、化肥不易变质。无滴持效期在 8 个月以上。适于高寒地区做温室、大棚覆盖材料。

2. 硬质塑料板材

硬质塑料板材厚度大多为 0.8mm 左右，具有耐久性强、透光性好、机械强度高（作为覆盖材料可以降低支架的投资费用）、保温性好等特点。有平板、波纹板及复层板。在园艺设施中使用的硬质塑料板材有四种类型。

(1) 玻璃纤维强化聚酯树脂板（FRP 板）。厚度为 0.7 ~ 0.8mm，使用寿命 10 年以上。

(2) 丙烯树脂板（MMA 板）。具有优良的耐候性、透光性，长期使用性能也很稳定。透明度高，光线透过率大。但耐热性差。

(3) 玻璃纤维强化丙烯树脂板（FRA 板）。有 32 条波纹板和平板两种，厚度为 0.7 ~ 1mm，使用寿命可达 15 年。

(4) 聚碳酸酯树脂板（PC 板）。耐冲击强度高；温度适应范围在 40℃ ~ 110℃，耐热耐寒性好；能承受冰雹、强风、雪灾；透光性好；保温性是玻璃的 2 倍；但防尘性差，价格昂贵。使用寿命 15 年以上。设施园艺上常用 PC 板有波纹板、平板和复层板等，波纹板厚度为 0.7mm、0.8mm、1.0mm、1.2mm、1.5mm；平板厚度为 0.4mm、0.45mm、0.7mm，复层板厚度为 3 ~ 10mm。

硬质塑料板不仅具有较长的使用寿命，而且对可见光也具有较长的通透性，一般可达 90% 以上，但对紫外线的通透性则因种类而异，其中 PC 板几乎可完全阻止紫外线的透过，因此，不适合用于需要昆虫来促进授粉受精和那些含较多花青素的作物。目前，由于硬质塑料板的价格较高，使用面积有限。

3. 玻璃

作为设施园艺覆盖材料使用的玻璃大多数是 3 ~4mm 厚的平板玻璃和 5mm 厚的钢化玻璃。所有的覆盖材料中平板玻璃的耐候性最强，耐腐蚀性最好，而且防尘、保温、阻燃、透光性高，并且透光率很少随时间变化，使用寿命达 40 年。普通平板玻璃透光紫外线能力低，对可见光、近红外光的透过率高，可以增温保温，除寒冷季节外，一般尚能满足作物对光照的要求。但平板玻璃重量重，要求支架粗大，平板玻璃抗拉力强度较差、易碎。

钢化玻璃是平板玻璃到近软化点温度时，均匀冷却而成，它的抗弯强度和冲击韧性均为普通玻璃的 6 倍，抗拉强度大大改善。钢化玻璃不耐高温，炎热夏季有自爆现象，易老化，透光率衰减快，造价高，适用于屋脊型连跨大温室。

（二）半透明和不透明覆盖材料

（1）遮阳网。参见设施结构与类型。

（2）防虫网。参见设施结构与类型。

（3）无纺布。又称为不织布，是棉布状的一种轻型覆盖材料，使用寿命一般为 3 ~4 年。目前国内外应用的无纺布主要有五种（表 4 –12）。

表 4-12　无纺布的种类、性能及应用

种类	性能				应用
	厚度	透水率	遮光率	通气度	
$20g/m^2$ 无纺布	0.09mm	98%	27%	500ml/($cm^2 \cdot s$)	蔬菜地面或浮动覆盖；遮光及防虫栽培；温室保温幕
$30g/m^2$ 无纺布	0.12mm	98%	30%	320ml/($cm^2 \cdot s$)	露地小棚、温室、大棚内保温幕；覆盖栽培或遮阴栽培
$40g/m^2$ 无纺布	0.13mm	30%	35%	800ml/($cm^2 \cdot s$)	温室、大棚内保温幕；夏秋遮阴育苗和栽培
$50g/m^2$ 无纺布	0.17mm	10%	50%	145ml/($cm^2 \cdot s$)	温室、大棚内保温幕；遮阴栽培效果好
$100g/m^2$ 无纺布	0.25mm	2%	90%	—	主要用作外覆盖材料，替代草苫等

（三）不透明覆盖材料

1. 草帘和草苫

近年来由于设施栽培的飞速发展，面积急剧扩大，草帘或草苫作为外覆盖材料，是中小拱棚和日光温室或改良阳畦覆盖保温的首选材料，需求量很大。草苫一般可使用 3 年左右。

2. 纸被

是一种防寒保温覆盖材料。在寒冷地区和季节，为进一步提高设施的防寒保温效果，在草苫下边增盖纸被，可使棚内气温提高 4.0~6.0℃。纸被系由 4~6 层牛皮纸缝制成的与草苫相同长宽的覆盖材料。纸被质轻、保温性好，但冬、春季多雨雪地区，易受雨淋而损坏，在其外部罩一层薄膜可以达到防雨延寿的目的。

3. 棉被

特点是质轻、蓄热保温性好，保温效果强于草苫和纸被，在高寒地区保温效果最高可达 10℃，但成本较高，应注意保管，

如保管得好，可使用6～7年。由于雨雪侵蚀，棉被易腐烂污染，在冬季多雨雪地区不适宜大面积应用。

4. 化纤保温毯

是由锦纶丝、腈纶棉等化纤下脚料编织而成的。其特点保温效果好，轻便，经久耐用，便于机械化操作。国外设施栽培中，在冬春季节对小棚、中棚进行外覆盖。

5. 化纤保温被

具有质轻、保温、耐候、防雨、易保管，使用简洁，便于电动操作等特点，可使用6～7年。用于温室、节能型日光温室外覆盖，是代替草苫的新型防寒保温材料。

(四) 其他覆盖材料

1. 地膜

(1) 普通地膜。普通地膜是无色透明地膜。这种地膜透光性好，覆盖后在不遮阴的情况下，一般可使土壤表层温度提高2～4℃，不仅适用于我国北方寒冷低温地区，也适用于我国南方地区作物栽培，广泛地应用在各类农作物的早熟栽培上。可以分为高压低密度聚乙烯（LDPE）地膜、低压高密度聚乙烯（HDPE）地膜、线型低密度聚乙烯（LLDPE）地膜三种（表4－13）。除此之外，还有低压高密度聚乙烯与线型低密度聚乙烯共混的地膜。

表4－13　普通地膜的种类

特性 \ 种类	高压低密度聚乙烯（LDPE）地膜	低压高密度聚乙烯（HDPE）地膜	线型低密度聚乙烯（LLDPE）地膜
原料及工艺	高压低密度聚乙烯树脂经吹塑制成	低压高密度聚乙烯树脂经吹塑制成	线型低密度聚乙烯树脂经吹塑制成
厚度（mm）	0.014±0.003	0.006～0.008	0.005～0.009

（续表）

种类 特性	高压低密度聚乙烯（LDPE）地膜	低压高密度聚乙烯（HDPE）地膜	线型低密度聚乙烯（LL-DPE）地膜
用量（kg/hm²）	120～150	60～75	与 HDPE 基本相同
特性	透光性好，地温高，容易与土壤黏着	强度高、耐老化、残膜易清除。但质地硬滑，柔软性差，不易黏着，遇风易抖动	具有优良的机械性能、耐候性、透明性、易粘连；耐冲击强度、穿刺强度、撕裂强度均较高
其他	适于北方地区，主要用于蔬菜、瓜类、棉花及其他多种作物	单位质量地膜所覆盖的面积大。不适于沙土地使用	拉伸强度比（LDPE）地膜提高了 50%～75%，伸长率提高了 50% 以上

（2）有色地膜。在聚乙烯树脂中加入有色物质，可制成不同颜色的地膜，如黑色地膜、绿色地膜、银灰色地膜等（表 4－14）。

表 4－14　有色地膜的种类及应用

种类 特性	黑色地膜	绿色地膜	银灰色地膜
厚度（mm）	0.01～0.03	0.015	0.015～0.02
透光率	10%	—	25.5%
应用	夏季设施内地面覆盖。覆盖在不易进行除草操作的地方，杀草效果好	一般仅限于在蔬菜、草莓、瓜类等经济价值较高的作物上应用	适用于春季或夏、秋季节的防病抗热栽培

（3）具有特殊功能的地膜。

①耐老化长寿地膜。厚度约为 0.015mm 左右，用量为 120～150kg/hm^2。该膜强度高，使用寿命较普通地膜长 45 天以上。非

常适用于“一膜多用”的栽培方式，而且还便于旧地膜的回收、加工和再利用，不易使地膜残留在土壤中。但该地膜价格稍高。

②除草地膜。除草地膜覆盖土壤后，其中的除草剂会迁移析出，并溶于地膜内表面的水珠之中，溶有药剂的水珠增大后，便会落入土壤中发挥作用而杀死杂草。除草地膜不仅降低了除草的成本投入，而且因为地膜的保护，除草剂挥发不出去，药效持续时间长，除草效果好。不同的除草剂适用于不同的杂草，所以使用除草地膜时要注意各种除草地膜的适用范围，以免除草不成反而对作物造成药害。

③有孔地膜。这种地膜在生产加工时，按照一定的间隔距离，在地膜上打出一定大小的播种用或定植用的孔洞。播种孔洞的孔径一般为 3.5 ~ 4.5cm，定植孔洞的孔径多为 8 ~ 10cm 和 10 ~ 15cm。根据栽培作物的种类不同，在地膜上按不同的间隔距离进行单行或多行打孔。有孔地膜为专用膜，用于各种穴播和按穴定植的作物。使用这种地膜可确保株行距及孔径整齐一致，省工并保护地膜不被撕裂，便于实现地膜覆盖栽培的规范化。

④黑白双面地膜。两层复合地膜一层呈乳白色，另一层黑色，厚度约为 0.02 mm，用量为 150kg/ hm^2 左右。该膜有反光、降温、除草等作用。使用时，乳白色的一面朝上，黑色的一面朝下。向上的乳白色膜能将透过作物间隙照射到地面的光再反射到作物的群体中，改善作物中下部的光照条件，而且能降低近地表面温度 1 ~ 2℃。向下的黑色膜能够抑制杂草的生长。该膜主要用于夏、秋季节蔬菜的抗热降温栽培。

⑤可控性降解地膜。地膜使用所造成的白色污染，不仅影响植物根系的生长，破坏土壤结构，影响耕作，而且对整个生态环境也造成了严重的污染。针对这种现状，人们研制了可控性降解地膜。可控性降解地膜分为光降解地膜、生物降解地膜和光、生可控双降解地膜三种。目前我国生产的可控性降解地膜在覆盖前

期，其增温、保墒、改善田间光照和增产效果等和普通地膜基本相同。

值得注意的是可控性降解地膜在实际使用时，能暴露在土壤表面的只占覆盖面积的20%～30%，只有这部分能按照降解膜本身的寿命崩裂，其余埋在土壤中的大部分则到暴露的部分崩裂时，仍有一定的强度和韧性，所以目前的降解地膜难以达到当季无害化的程度。因此不能误认为有了降解地膜，地膜覆盖带来的环境污染问题就都迎刃而解了，地膜能回收的还要尽量回收。

2. 新型覆盖材料

（1）氟素农膜。氟素农膜是由乙烯与氟素乙烯聚合物为基质制成的新型覆盖材料。1988 年面市，与聚乙烯膜相比，具有超耐候、超透光、超防尘、不变色等一般特性（图4－38），使用期可达 10 年以上。主要产品有透明膜、梨纹麻面膜、紫外光阻隔性膜及防滴性处理膜等，厚度有 0. 06mm，0. 10mm 和 0. 13mm 三种，幅宽 1. 1～1. 6m，目前生产中应用的有 4 种不同特性的氟素农膜（表4－15）。

表4－15　氟素膜种类及特性

氟素膜种类	特性及应用
自然光透过性氟素膜	能进行正常光合作用，作物不徒长，通过棚（室）内蜜蜂正常活动完成传粉，湿度低可抑制病害
紫外光阻隔型氟素膜	紫外光被阻隔，红色产品变鲜艳。用于棚室内部覆盖，寿命长，使用期可达 10～15 年
散射光型氟素膜	光线透过量与自然光透过型相同，但散射光量增加，实现生产均衡化
管架棚专用氟素膜	氟素膜经宽幅加工，可容易、方便地用于管架棚覆盖，用特殊的固定方法固定。使用期为 10～15 年

氟素农膜一般特性

- 强度高：具有超耐久性，厚度为0.06~0.13mm，使用期为10~5年
- 耐高温、耐低温：可在-100~180℃范围内安全使用，高温强光照下与金属部件接触部位不变性
- 全光透过：对太阳辐射的透光率高，可见光透过率达90%~93%，并可长期保持。覆盖多年后，膜不变色，不污染，透光率变化小。因红外线透过率高，与农用聚酯膜相比保温性差
- 耐寒、耐药性强：在严寒冬季不硬化、不脆裂，喷洒上农药不变性
- 薄膜喷涂处理：为增加其流滴性和防雾性，对薄膜应进行喷涂处理
- 回收利用：不能燃烧处理，用后专人收回，再生利用

图4-38　氟素农膜的一般特性

（2）新型铝箔反光遮阳保温材料。由瑞典劳德维森公司研制开发的LS缀铝反光遮阳保温膜和长寿强化外覆盖膜，产品性能多样化，达50余种，使用期长达10年。

LS缀铝反光遮阳保温材料具有反光、遮阳、降温、保温节能、控制湿度、防雨、防强光、调控光照时间等多种功能，多用于温室内遮阳及温室外遮光。

用于温室内遮阳时，通过遮阳光，使短日照作物在长日照下生长良好。同时可作为温室内夏季反光遮光降温覆盖及冬春季节保温节能覆盖，还可用于温室、大棚外部反光降温遮阳覆盖以及作为遮阳棚用的外覆盖材料。

（3）多层复合型农膜（PO系特殊农膜）。以PE、EVA优良树脂为基础原料，加入保温强化剂、防雾剂、光稳定剂、抗老化剂、爽滑剂等一系列高质量适宜助剂，通过二三层共挤工艺生产的多层复合功能膜。PO系特殊农膜具有多种特性（图4-39），使用寿命3~5年。主要用于大棚、中小拱棚、温室的外覆盖及

棚室内的保温幕。欧美国家所用的农膜多为复合功能膜，西班牙、法国、韩国、日本等都在生产销售，这是当今世界新型覆盖材料发展的趋势。

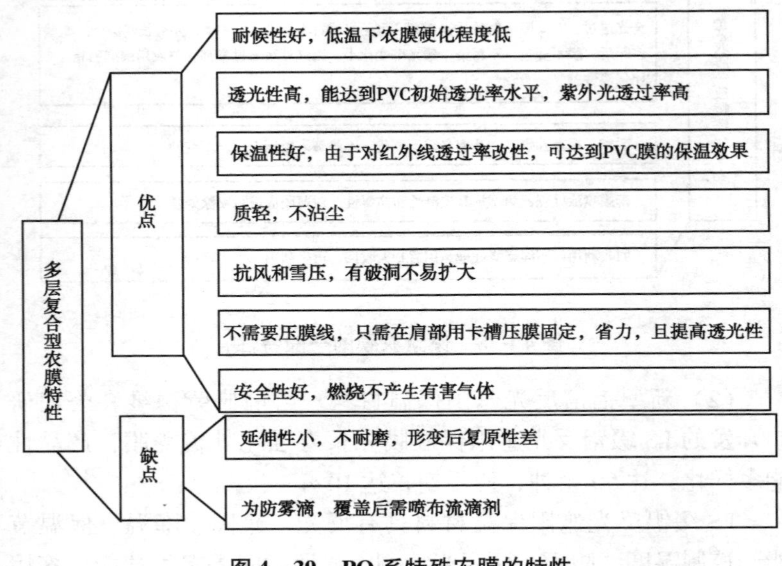

图4－39　PO系特殊农膜的特性

（五）覆盖材料的选用

不同的园艺设施对覆盖材料的光学特性、热特性、湿度特性及耐候性要求不同（表4－16），因此了解不同类型的设施对覆盖材料的要求十分必要。覆盖材料的种类不同，特性不同，用途各异（表4－17），生产中要根据不同的设施与用途选择合适的覆盖材料。

表 4－16　不同设施与用途对覆盖材料特性要求

（设施园艺学，李式军主编，2002）

特性 用途		外覆盖			内覆盖		遮光	浮面覆盖
		温室	中小拱棚	防雨覆盖	固定	移动		
光学特性	透光性	●	●	●	●	○		●
	选择性透光性	●		○	●	◇	○	
	遮光性						●	○
热特性	保温性	●	●		●	●		○
	透气性		◇			○	○	●
湿度特性	防滴性	●	◇		●	●	○	
	防雾性	○			○	○		
	透湿性				◇	○		●
机械特性	展张性	●	●	○	○	○	○	
	开闭性	○	●			●	●	
	伸缩性	◇			◇	●	●	
	强度性	●	●	●		◇	●	○
耐候性		●	◇	●	○	○	●	

注：●选择时应特别注意的特性，○选择时应注意的特性，◇选择时可参考的特性

表 4－17　覆盖材料的种类和用途一览表

用途		覆盖材料	主要原料
外覆盖	玻璃温室	玻璃	SiO_2
	塑料温室	塑料薄膜	PVC、PE、EVA
		硬塑料膜	PETP、ETFE
		硬质塑料板材	ERP、FRA、MMA、PC
	中、小拱棚	塑料薄膜	
		无纺布	PETP、PVA 棉纤维等
		遮阳网	PE、PETP、PVA 等
内覆盖	固定式	塑料薄膜	
		硬塑料膜	
	移动式	塑料薄膜	
		无纺布等	
		反射膜等	
遮光（含光周期处理）		遮阳网、防虫网	PE、PETP、PVA 等
		无纺布	
		塑料薄膜	
		苇帘	
保温（外覆盖）		无纺布	
		化纤保温被	
		化纤保温毯	锦纶丝、腈纶棉等
		塑料薄膜	
		草苫	稻草、谷草或蒲草等
		纸被	旧水泥袋纸或牛皮纸

（续表）

用途	覆盖材料	主要原料
补光	反射膜	
	遮阳网	
防虫、防鸟	反射膜	
	防虫网	聚乙烯、有机玻璃纤维、尼龙及不锈钢等
防风、防霜	遮阳网等	

第三节　菜园土和肥料

一、蔬菜对土壤要求

（一）土壤分类

土壤可分为壤土、沙壤土、沙土、黏壤土、黏土 5 类。

1. 壤土

凡是组成土壤的黏性泥粒和沙粒的比例大致相同的则为壤土，这种土壤肥力高，水、肥、气、热常处于最佳状态，适宜种黄瓜、四季豆、豇豆、辣椒、芋等多种蔬菜。

2. 黏壤土

黏粒的比例稍大于沙粒的为黏壤土，其保水保肥力强，通透性稍差，适宜种大白菜、甘蓝、花椰菜、菠菜、芹菜、茄子、番茄、冬瓜等。

3. 沙壤土

沙粒比例稍大于黏粒的为沙壤土，其通透性好，土壤疏松，适宜种地下部形成产品的萝卜、胡萝卜、马铃薯、姜、豆薯、芋头、荸荠等。

4. 黏土

以黏粒为主的土壤为黏土，这种土壤水分稍多就泥泞，干时板结，通气性和透水性不好，只适宜种蕹菜等少数蔬菜，应改良。

5. 沙土

以沙粒为主的沙土，其保水保肥力差，易干旱，适宜种西瓜、甜瓜、山药、南瓜等。

大多数蔬菜适宜在微酸性至中性（pH 值 6.5 ~ 7.5）的土壤中生长。只有少数蔬菜如菠菜、芹菜、生菜、甘蓝等在微碱性土壤中仍生长良好，而马铃薯、西瓜、番茄、萝卜等比较耐酸性。

菜园的地下水位要求在 2m 以下，最少要在 1m 以下。低洼地只能种藕、茭白等水生蔬菜。

（二）菜田土壤评价

1. 宜轻壤土、中壤或沙壤土

蔬菜生产要求土壤质地疏松，有机质含量高，腐殖质含量在 3% 以上，熟土层厚度不低于 30cm；同时，蓄肥、保肥能力强，能及时供给植株不同阶段所需养分。

2. 保水、供水、供氧能力强

蔬菜生产的土壤的孔隙度应达到 60%；适宜的土壤密度最好在 $1g/cm^3$ 以下；土壤翻耕后，硬度应保持在 $20 \sim 25kg/m^2$，从而使土壤具有良好的供水性和通气性。

3. 土壤稳温性好

土壤温度状况不仅直接影响根系生长，而且还是土壤生物化学作用的动力，即土壤微生物的活动、土壤养分的吸收和释放都与土壤温度密切相关。

菜田土壤评价见表 4 – 18。

表4－18　菜田土壤评价（引自张绍文等，2003）

评价	种菜评价	质地	熟土层厚度（cm）	有机质含量（%）	全氮（%）	全磷（%）	速效钾（mg/kg	总空隙度（%）通气孔隙（%）	蚯蚓粪粒及程度
优	最宜	轻壤	>50	>2.5	>0.15	>0.3	>180	>50 >15	强、全剖面有
良	宜	中壤	40～50	20～25	0.12～0.15	0.25～0.3	150～180	>55 10～15	表土、心土有
中	可	沙壤	30～40	1.5～2	0.1～0.12	0.2～0.25	125～150	50～55 10～15	弱、表土有
差	差	重壤	15～30	1～1.5	0.03～0.1	0.15～0.2	100～125	45～50 <10	极弱、表土有
劣	不宜	沙土	<15	<1	<0.03	<0.15	<100	<45 <10	全剖面无

二、肥料的科学选用

（一）肥料种类

蔬菜生产中，允许使用的肥料类型和种类有以下几种。

1. 农家肥料

指含有大量生物物质、动植物残体、排泄物、生物废物等物质的肥料。如堆肥、沤肥、厩肥、沼气肥、绿肥、作物秸秆、泥肥、饼肥等。

（1）堆肥。以各类秸秆、落叶、湖草、人畜粪便为原料，与少量泥土混合堆积而成的一种有机肥料。

（2）沤肥。所用物料与堆肥基本相同，只是在淹水条件下（嫌气性）进行发酵而成。

（3）厩肥。系指猪、牛、马、羊、鸭等畜禽的粪尿与秸秆垫料堆制成的肥料。

（4）沼气肥。在密封的沼气池中，有机物在厌氧条件下腐解产生沼气后的副产物，包括沼气液和残渣。

（5）绿肥。利用栽培或野生的绿色植物体作肥料，主要分为豆科和非豆科两大类，豆科有绿豆、蚕豆、草木樨、沙打旺、田菁、苜蓿、柽麻、紫云英等。非豆科绿肥，最常用的有禾本科，如黑麦草；十字花科，如肥田萝卜；菊科，如肿炳菊、小葵子；满江红科，如满江红；雨久花科，如水葫芦；苋科，如水花生等。

（6）作物秸秆。农作物的秸秆是重要的有机肥源之一，作物秸秆含有相当数量的为作物所必需的营养元素（N、P、K、Ca、S 等），在适宜的条件下通过土壤微生物的作用，这些元素经过矿化再回到土壤中，为作物吸收利用。

（7）泥肥。未经污染的河泥、塘泥、沟泥、港泥、湖泥等。

（8）饼肥。菜籽饼、棉籽饼、豆饼、芝麻饼、花生饼、蓖麻饼、茶籽饼等。

2. 生物菌肥

也称微生物接种剂。它是以特定微生物菌种培育生产的含活的有益微生物制剂，其活菌含量要符合标准。根据其对改善植物营养元素的不同，可分为根瘤菌肥料、固氮菌肥料、磷细菌肥料、硅酸盐细菌肥料、复合微生物肥料等 5 类。生物菌肥一般情况下无毒无害，可提高蔬菜产量和品质，降低硝酸盐含量，逐步消除化肥污染。生物菌肥可用于拌种，也可做基肥和追肥使用，使用量和方法要严格按照说明书的要求。一般情况下，生物菌肥要提倡早施，施用后要保持土壤湿润，与有机肥一起施用效果更佳。

3. 化学肥料

（1）氮肥类。碳酸氢铵、尿素、硫酸铵等。

（2）磷肥类。过磷酸钙、磷矿粉、钙镁磷肥等。

（3）钾肥类。硫酸钾、氯化钾等。

（4）复合肥料。磷酸一铵、磷酸二铵、磷酸二氢钾、氮磷钾复合肥等。

（5）微量元素肥。以铜、铁、锌、锰、铝等微量元素及有益元素为主配制的肥料。如硫酸锌、硫酸锰、硫酸铜、硫酸亚铁、硼砂、硼酸、铝酸铵等。

4. 其他肥料

如骨粉、氨基酸残渣、家畜加工废料、糖厂废料等。

（二）有机肥的重要作用

有机肥料含有丰富的有机质和作物所需的多种营养元素，是一种完全肥料，对改良土壤、培肥地力和无公害葱蒜类蔬菜的生产具有独特的作用。

①肥养分齐全，许多养分可以被葱蒜类蔬菜作物直接吸收利用。

②能改善土壤的结构和理化性能，提高土壤的缓冲能力和保肥供肥能力，可增加土壤的通气性和透水性，从而改善了土壤的水、肥、气、热状况。

③有机肥在土壤中能形成腐殖质，不仅可以直接营养植物，而且其胶体能和多种金属离子形成水溶性和非水溶性的结合物或螯合物。对微生物的有效性起到控制作用。

④有机肥的营养是缓慢释放出来的，肥效持续时间长，不易发生浓度障害。

⑤在日光温室接近封闭的环境下，有机肥分解过程中可释放出大量二氧化碳，成为供给光合作用原料的重要来源。而且多施有机肥可提高冬季温室土壤温度，这对葱蒜类蔬菜的温室冬季生产非常有利。

⑥有机肥和化肥含氮、磷、钾含量相同时，有机肥可以大大降低蔬菜产品中硝酸盐含量。

⑦增施有机肥可提高葱蒜类蔬菜产品中维生素C、还原糖、

矿物质等营养物质的含量，改善品质。

⑧长期施用有机肥可提高植株的抗逆性、抗病性，并且能保持蔬菜生产的丰产稳产。

有机肥多数是人和动物的排泄物以及动植物残体等，来源复杂，在无公害蔬菜生产中使用时应注意进行无公害化处理。

第四节　蔬菜采后处理

采收是蔬菜生产上的最后一个环节，也是贮藏加工的第一个环节。在采收中最主要的是采收成熟度和采收方法，它们与蔬菜的产量和品质有密切关系。蔬菜的采后处理是为保持或改进果蔬产品质量并使其从农产品转化为商品所采取的一系列措施的总称，包括分级、清洗、包装、预冷、贮藏、催熟等。选择合适的采后处理技术能改善果蔬的商品性状，提高产品的价格和信誉，为生产者和经营者提供稳固的市场和更好的效益。因此，了解和掌握蔬菜的采收成熟度的确定、采收方法和采后处理技术对蔬菜贮藏运销有重要的意义。

一、蔬菜的采收

（一）采收期的确定

确定蔬菜的采收期，应该考虑蔬菜的采后用途、产品种类、贮藏时间的长短、运输距离的远近和销售期长短等。一般就地销售的产品，可以适当晚采收，而作为长期贮藏和远距离运输的产品，应该适当早采收，一些有呼吸高峰的产品应在呼吸高峰前采收。果蔬采收期取决于它们的成熟度。目前判断成熟度主要有下列几种方法。

1. 表面色泽的变化

许多果实在成熟时都显示出它们固有的果皮颜色，在生产实

践中果皮的颜色成了判断果实成熟度的重要标志之一。未成熟果实的果皮有大量的叶绿素，随着果实成熟度的提高，叶绿素逐渐分解，底色（类胡萝卜素、叶黄素等）逐渐显现出来。

2. 硬度

在蔬菜方面，用坚实度来表示其发育状态。有一些蔬菜坚实度大表明发育良好、充分成熟、达到采收的质量标准，如甘蓝的叶球和花椰菜的花球都应该在致密紧实时采收，这时的品质好，耐贮运。番茄、辣椒较硬实也有利于贮运。但也有一些蔬菜坚实度高说明品质下降，如莴笋、荠菜应该在叶变得坚硬之前采收，黄瓜、茄子、凉薯、豌豆、菜豆、甜玉米等都应该在幼嫩时采收。

3. 主要化学物质含量的变化

蔬菜中的主要化学物质有淀粉、糖、有机酸和抗坏血酸等，它们含量的变化可以作为衡量品质和成熟度的指标。实践中常以可溶性固形物含量的高低来判断成熟度，或以可溶性固形物含量与含酸量（固酸比）、总糖含量与总酸含量（糖酸比）的比值来衡量品种的质量，要求固酸比或糖酸比达到一定比值才能采收。

糖和淀粉含量也常常作为判断蔬菜成熟度的指标，如青豌豆、甜玉米、菜豆都是以食用其幼嫩组织为主的蔬菜，在糖含量高、淀粉含量低时采收，其品质好，耐贮性也好。然而马铃薯、芋头以淀粉含量高时采收的品质好，耐贮藏，加工淀粉时出粉率也高。

4. 果实形态和大小

果实必须长到一定大小、重量和充实饱满的程度才能达到成熟。不同种类、品种的蔬菜都具有固定的形状及大小。

5. 生长期

果实的生长期也是采收的重要参数之一。因为栽种在同一地区的果树，其果实从生长到成熟，大都有一定的天数。可以用计算日期的方法来确定成熟状态和采收日期。

6. 成熟特征

不同的蔬菜在成熟过程中会表现出不同的特征。一些瓜果可以根据其种子的变色程度来判断成熟度，种子从尖端开始由白色逐渐变褐、变黑是瓜果充分成熟的标志之一；豆类蔬菜应该在种子膨大硬化以前采收，其食用和加工品质才好，但作为种用的豆类蔬菜则应该在充分成熟时采收才好；西瓜的瓜秧卷须枯萎，冬瓜在表皮上茸毛消失并出现蜡质白粉，南瓜表皮硬化并在其上产生白粉时采收；还有一些产品生长在地下，可以从地上部分植株的生长情况判断其成熟度，如洋葱、大蒜、马铃薯、芋头、姜等的地上部分变黄、枯萎和倒伏时，为最适采收期，采后最耐贮藏；腌制糖蒜则应在蒜瓣分开，外皮幼嫩时采收，加工的产品质量最好。

判断果蔬成熟度的方法还有很多，在确定品种的成熟度时，应根据该品种某一个或几个主要的成熟特征，判断其最适采收期，达到长期贮藏、加工和销售的目的。

(二) 采收方法

蔬菜采收除了掌握适当的成熟度外，还要注意采收方法。蔬菜的采收有人工采收和机械采收两大类。

1. 人工采收

作为鲜销和长期贮藏的蔬菜最好人工采收。虽然人工采收需要大量的劳动力，特别劳动力较缺乏及工资较高的地方，更增加了生产成本。但由于有很多蔬菜鲜嫩多汁，用人工采收可以做到轻采轻放，可以减少甚至避免碰擦伤。同时，田间生长的蔬菜的成熟度往往不是均匀一致，人工采收可以比较准确地识别成熟度根据成熟度分期采收，以满足各种不同需要。因此，目前世界各国鲜食和贮藏的蔬菜，人工采收仍然是最主要的方法。具体的采收方法视产品特性而异。

采收时，应根据种类选用适宜的工具，并事先准备好采收工具如采收袋、篮等，包装容器要实用、结实，容器内要加上柔软的衬垫物，以免损伤产品。采收时间应选择晴天的早晚，要避免雨天和正午采收。采收还要做到有计划性，根据市场销售及出口贸易的需要决定采收期和采收数量，及早安排运输工具和商品流通计划，做好准备工作，避免采收时的忙乱、产品积压、野蛮装卸和流通不畅。

2. 机械采收

机械采收适用于那些成熟时果梗与果枝之间形成离层的果实。根茎类蔬菜使用大型犁耙等机械采收，可以大大提高采收效率，豌豆、甜玉米、马铃薯都可用机械采收，但要求成熟度大体一致。

为便于机械采收，催熟剂和脱落剂的应用研究越来越被重视。如柑橘果实的脱落剂经过大量研究，比较有希望的是CHI(放线菌酮)、维生素C、萘乙酸等药剂，在机械采收前使用较好。但是，机械采收的蔬菜容易遭受机械损伤，贮藏时腐烂率增加，故目前国内外机械采收主要用于采后即行加工的蔬菜。

二、蔬菜采后商品化处理

蔬菜采收后到贮藏、运输前，根据种类、贮藏时间、运输方式及销售目的，还要进行一系列的处理，这些处理对减少采后损失，增强果蔬的贮运性能、商品性能以提高果蔬的商品价值具有十分重要的作用。蔬菜的采收处理就是为保持和改进产品质量并使其从农产品转化为商品所采取的一系列措施的总称。蔬菜的采后处理过程主要包括整理、挑选、预贮愈伤、药剂处理、预冷、分级、包装等环节。可以根据产品的种类，选用全部的措施或只选用其中的某几项措施。

许多蔬菜的采后预处理是在田间完成的，这样有效保证了产品的贮藏保鲜效果，极大地减少了采后的腐烂损失。所以采后处理已成为我国蔬菜生产和流通中迫切需要解决的问题。

（一）整理

整理是采后处理的第一步，其目的是剔除有机械伤、病虫害、外观畸形等不符合商品要求的产品，以便改进产品的外观，改善商品形象，便于包装贮运，有利于销售和食用。

整理一般采用人工的方式进行，也可以结合采收同时进行。

（二）清洗

清洗的目的是除去表面的污物和农药残留以及病菌、杀虫剂的残留，使之清洁卫生，符合商品要求和卫生标准，提高商品价值。

清洗是采用浸泡、冲洗、喷淋等方式水洗或用干毛刷刷净某些蔬菜产品，目前市场上所用的清洗剂种类很多，根据需要可自行选用。清洗后，要迅速通过干燥装置将蔬菜表面的水分去除。除去沾附着的污泥，减少病菌和农药残留。

（三）分级

1. 分级的目的和意义

分级是提高商品质量和实现产品商品化的重要手段，并便于产品的包装和运输。产品收获后将大小不一、色泽不均、感病或受到机械损伤的产品按照不同销售市场所要求的分级标准进行大小或品质分级。产品经过分级后，商品质量大大提高，减少了贮运过程中的损失，并便于包装、运输及市场的规范化管理。

2. 分级标准

园艺产品分级在国外有国际标准、国家标准、协会标准和企业标准四种。国际标准和国家标准是世界各国都可采用的分级标准。

我国《标准化法》根据标准的适应领域和范围，把标准分为四级：国家标准、行业标准、地方标准和企业标准。国家标准

是国家标准化主管机构批准发布，在全国范围内统一使用的标准。行业标准即专业标准、部标准，是在没有国家标准的情况下由主管机构或专业标准化组织批准发布，并在某个行业范围内统一使用的标准。地方标准是在没有国家标准和行业标准的情况下，由地方制定、批准发布，并在本行政区内统一使用的标准。

3. 分级方法

叶菜类蔬菜和草莓、蘑菇等形状不规则和易受损伤的种类多用手工分级；手工分级时应预先熟悉掌握分级标准，可辅以分级板、比色卡等简单的工具。手工分级效率低，误差大，但是只要精细操作，就可避免产品受到机械伤害。

番茄、洋葱、马铃薯等形状规则的种类除了手工操作外，还可用机械分级。分级一般与包装同时进行。机械分级常与挑选、洗涤、打蜡、干燥、装箱等联成一体进行。

（四）包装

包装是使蔬菜产品标准化、商品化、保证安全运输和贮藏、便于销售的主要措施。合理的包装可减少或避免在运输、装卸中的机械伤，防止产品受到尘土和微生物等的污染，防止腐烂和水分损失，缓冲外界温度剧烈变化引起的产品损失；包装可以使蔬菜在流通中保持良好的稳定性，美化商品，宣传商品，提高商品价值及卫生质量。所以，良好的包装对生产者、销售者和消费者都是有利的。

第五章　主要蔬菜品种栽培技术

第一节　日光温室栽培白萝卜生产技术

白萝卜为十字花科萝卜属植物，属于半耐寒性蔬菜，喜温和凉爽、较大的昼夜温差，更利于块茎的膨大。

最适生长温度为17～20℃。白萝卜虽然根系较深，但叶片较大，故不耐旱，土壤湿度以最大持水量的65%～80%为宜，生长最适合的空气湿度以80%左右。

一、播前准备

（一）品种选择与种子播前处理

温室栽培白萝卜应选择成活率、整齐度高、晚抽薹的大型品种，一般选用长春大根、白玉大根等品种。

用种子重量0.4%的50%百菌清可湿性粉剂或种子重量0.3%的47%加瑞农可湿性粉剂或0.3%的50%扑海因粉剂拌种，进行种子播前处理。

（二）前茬作物与土壤选择

种植白萝卜应选择非十字花科蔬菜为前茬的土壤为宜，否则易导致病害发生，可与茄果类、瓜类的作物进行轮作。萝卜对沙壤的适应性较广，为了获得高产、优质的产品，选择土层深厚、富含腐殖质、排水良好、疏松通气的沙质土壤为宜，土壤的酸碱度（pH）值在5.3～7.0为宜。

（三）整地施肥与起垄

1. 施肥整地

温室种植，一般在前茬作物收获后，清除残茬和杂草带出棚外，白萝卜对元素的吸收量以钾最多，磷次之，基肥中磷钾要施足。所以每亩施优质腐熟鸡粪3 000～4 000kg，磷酸二铵15kg，硫酸钾15kg，均匀撒施后进行旋耕，土层耕翻深度以30cm左右为宜。

2. 起垄

播种前整地起垄，垄底宽60cm、垄顶部为30～35cm，垄高20cm为宜。

二、播种

（一）播种时间

根据茬口安排，播种时间分别为8月20日、9月15日、二茬萝卜为1月1日等3个时间段。

（二）播种方法

根据土壤的墒情，土壤墒情不好的情况下，先浇地造墒。采用点播，亩播种量5kg左右。行距30cm，株距根据品种不同，如果为长条的萝卜株距为18～20cm，短条的萝卜为15到18cm。每穴3～5粒种子，在穴内散开，不能成堆，覆土厚度2cm，使种子与土壤紧密接触。

三、田间管理

白萝卜的生长期为3～4个月，可分为几个时期进行管理。

（一）苗期管理

1. 间苗、定苗及注意事项

播后，苗出齐整后间苗。间苗一般可分2次完成，第1次在3片真叶时间苗，每穴留2株，间苗原则去劣存优；第2次在5

片真叶时，选具有原品种特性的植株定苗，每穴留1株壮苗。定苗后立即浇定植水。

间苗时期的选择为，晴天的下午进行，这样可以避免去掉好苗，而留下假活苗，下午间苗时，可以发现萎蔫苗，必须首先去除。

2. 温度控制

白天棚室内温度达到25℃时进行放风，夜间温度不能低于10℃。

3. 水分控制

幼苗期根系浅，必须保证供应水分供应，掌握少浇勤浇的原则，间苗后破肚前要控水蹲苗，以便使直根下扎。

(二) 真叶旺盛生长（增重）期管理

12~13片叶，为真叶旺盛生长期。

1. 中耕除草培土

由于白萝卜生长（图5-1）要求土壤中空气含量高，必须保持土壤疏松，以促进根系生长发育，使主根扎深，所以要适时进行中耕。中耕要求深锄垄沟、浅锄垄背，不伤主根。中耕时一般结合培土扩根，以防止倒伏致使以后形成弯曲萝卜。在封垄前进行一次中耕除草。封垄后，停止中耕。

2. 温度控制

叶片生长适宜温度15~20℃，最高不能超过30℃，超过30℃时注意放风。

3. 水肥控制

进入真叶旺盛生长期即莲座期，为促进叶面积扩大，可追肥一次，每亩追施尿素10kg。此期要适时控制水分，由其在后期要适当控水，防止叶片徒长，影响肉质根生长。

4. 新型植物生长延缓剂应用

温室栽培时，叶片控制尤为重要，目前生产上主要使用优康

控制萝卜上部的生长，作用跟矮壮素相似。

（三）肉质根膨大期管理

1. 温度控制

肉质根膨大期适宜温度：白天16～18℃，夜间10～14℃。日平均气温超过23℃时，对根部生长发生抑制。加强早晨与中午通风换气。

2. 水肥控制

进入肉质根膨大期，是需水量最多的时期，要充分均匀浇水。一般浇水2～3次，保持土壤湿润，防止忽干忽湿，土壤含水量维持在70%左右，空气湿度80%左右为宜，直到生长后期。

图5－1　日光温室栽培的白萝卜

初期和中期，结合浇水追肥，每亩分别追施尿素15kg，硫酸钾10kg，可以距苗10cm远扎眼施入。

收获前20天，每周1次，连喷2次0.2%的磷酸二氢钾进行叶面追肥，对提高产量和肉质根品质有良好效果。

（四）病虫害防治

防治病害关键在于加强栽培管理，使植株健壮，增强抗病能力，控制湿度，同时在病虫害的初期要及时进行防治。白萝卜病害主要有黑腐病、软腐病、病毒病等，虫害主要有蚜虫、菜青虫及地下害虫等。

1. 病害

（1）黑腐病、软腐病的防治。用 12% 农用硫酸链霉素可湿性粉剂加水 50 ~ 75kg 加 50% 多菌灵可湿性粉剂 600 倍液喷雾防治，5 ~ 7 天 1 次，连喷 2 ~ 3 次。

（2）病毒病的防治。严格控制门口与风口，采用 30 目的防虫网进行覆盖风口，门口要用门帘，发现病株进行拔除，同时采用 20% 病毒 A 可湿性粉剂 500 倍液喷雾，5 ~ 7 天喷 1 次，连喷 2 ~ 3 次。

2. 虫害

（1）蚜虫的防治。用吡虫啉类对水喷雾，如 10% 蚜虱一遍净可湿性粉剂 1 000倍进行防治，连喷 2 次。

（2）菜青虫的防治。可选用 48% 乐斯本乳油 800 ~ 1 000倍液喷雾防治，连喷 2 次。

（3）地下害虫的防治。可用 50% 辛硫磷乳油拌成毒土，随基肥条施在垄沟内防治。

四、收获

当叶色转黄褪色，肉质根直径膨大至 8 ~ 10cm，基部圆钝，即达到商品标准时，即可收获。

第二节　大白菜高产栽培技术

大白菜是十字花科芸薹属芸薹种白菜亚种的一个变种，含有

蛋白质、脂肪、多种维生素和钙、磷等矿物质以及大量粗纤维，因其含有丰富的人体营养物质，民间流传着“百菜不如白菜”的说法。大白菜整株均可食用且吃法多样，即可炖、炒、熘、拌、做馅，也可做配菜使用。大白菜除供熟食之外，还可以加工为菜干或制成腌制品。

一、播种前准备

（一）品种选择

选择品种时既要考虑到当地的食用习惯，又要选择适于当地的气候条件、栽培季节和茬口接替的栽培品种，选用生长期相当、抗病、丰产、耐贮藏的品种。廊坊及周边京津区域内，优良抗病品种以北京新三号、中白二号、中白四号、津绿系列等优良品种为主。

（二）地块选择

大白菜不宜连作，合理的轮作，有助于减轻病害发生。一般以黄瓜、四季豆、番茄为大白菜的前作为佳。

（三）整地做畦

亩施优质腐熟有机肥5 000kg，再加上磷酸氢二铵25kg、钾肥15kg或复合肥50kg，将肥料撒匀，均匀撒于畦面，深翻土壤20～25cm，整细耙平，做宽1.8～2.0m畦，长度可根据地形来确定。一般长度不超过10m。

二、适时播种

（一）播种时间

8月3日至8月10日，即“立秋”前后。播种时期，易早不易晚，播种过晚，叶片发散，叶球包裹不实。

（二）种子用量

播种方式不同，白菜的用种量不同。小面积种植，采用人工条播，每亩地用种 150～200g；大面积生产采用机器播种，亩用种量为 100g 左右。

（三）播种方法

条播。播前造墒、划沟，沟深 1cm 左右，沟间距 55～65cm，将种子均匀撒于沟内，然后用土将沟覆平。采用机器播种，播前将陈种子或饱满度不好的种子炒熟后掺入所需播的种子中。

三、田间管理

（一）间苗定苗

苗期进行 2 次间苗，第一次间苗在出苗后“拉十字”时进行，株间距为 4～6cm；第二次间苗在幼苗 4～5 片叶进行，株间距为 10～12cm；定苗在幼苗 7～8 片叶时进行，株距 40～50cm。间苗与定苗时依据去小留大、去歪留正、去劣留优、去杂留纯、去弱留强的原则，如有缺苗及时补栽（图 5－2）。

图 5－2　白菜间苗定苗

（二）中耕除草

结合间苗，进行中耕，消灭杂草，松土保墒，封垄前进行最后一次中耕。中耕时前浅后深，避免伤根。

（三）合理浇水

大白菜出苗到收获一般浇水4～5次。定苗前一般不浇水，定苗后浇透水；隔15～20天浇第2水，施完第2次肥后浇第3水，再隔7～10天浇第4水，立冬前20天（捆菜前）浇第5水。以后不再进行浇水。

（四）适时追肥

根据土壤肥力和生长状况追肥3～4次。一般在定苗后、结球初期、结球中期分三次进行追肥。第一次追肥在播种后一个月即定苗后进行，可选用三元复合肥，亩施30kg；第二次追肥在结球初期，即第一次施肥后25～30天进行第二次施肥，可采用尿素15kg和三元复合肥15kg；第三次追肥在结球中期进行，即立冬前20天（捆菜前）进行，肥料种类可采用三元复合肥15～25kg。

（五）白菜束叶

霜降节气进行白菜束叶（图5－3），俗称捆菜。一般采用甘薯滕或湿稻草等物，在离球顶3～5cm处把外叶捆起，绳的松紧适中。束叶不能过早，以免影响光合作用，妨碍白菜的正常生长。

（六）适期收获

立冬前后根据天气状况适时收获。采收过早，叶球不紧实，降低产量和商品性；采收过晚，会造成裂球，影响商品性。收获时可用刀砍断主根或连同主根拔起，去掉外叶和主根。

四、病虫害防治

预防为主、综合防治的原则，严禁使用国家明令禁止的高毒、高残留、高生物富集性、高三致（致畸、致癌、致突变）农药及其混配农药。

图 5-3　白菜束叶

（一）虫害防治

为害大白菜的地下害虫主要有黄曲条跳甲、地老虎，地上害虫主要有菜青虫、蚜虫、小菜蛾等。

（1）地下害虫。采用毒饵诱杀法。将敌敌畏或辛硫磷药液与面包屑或麸子拌匀，在播种后当天均匀撒于地面。

（2）防治蚜虫。采用10%的吡虫啉或3%的啶虫脒3 000倍液进行叶面喷施。

（3）菜青虫、小菜蛾等虫为害时。采用2%的阿维菌素2 000倍液或1.8%的甲维盐乳剂2 000～2 500倍液或2.5%的氯氢菊酯3 000倍液。

（二）病害防治

大白菜上发生的病害主要有病毒病、霜霉病和软腐病等3种。

（1）防治病毒病。田间一旦发生病株，要立即剔除，并及时喷施防治病毒病的药剂。可用医用病毒灵每喷雾器（15kg）放入20～30片溶解后喷施即可。

（2）防治霜霉病。发病初期，采用银法利喷施一次即可。

发病中后期，采用拿敌稳3 000倍液，每隔15天喷施一次，连喷2次。

（3）防治软腐病。发病初期，采用万家500倍液益微750倍液进行喷施。发病中后期，采用双界1 000倍液进行防治，每隔5天喷施一次，连喷2次即能控制。

五、贮藏加工

（一）贮藏

大白菜耐贮存，冬季在最低气温为 -5℃左右时，大白菜完全可以在室外堆贮安全过冬，外部叶子干燥后可以为内部保温。如果温度再低，则需要窖藏。

1. 预贮措施

采收后，将大白菜在自然条件下晾晒5～7天，至外叶软而不易折断为宜，期间去除黄帮、烂叶、干叶，撕去外围叶片的叶耳和“过头叶”（叶长超过叶球的部分），清除带有病虫的菜棵。

2. 临时窖搭建

菜窖一般长20～50m、宽2.5～3.0m、高2m；每隔2～3m留一个通风口，每年临时搭建。

3. 旧窖消毒

对于旧窖，使用前先彻底清除窖内杂物，土窖应铲除窖壁四周带菌土，铲除厚度为2cm，然后充分消毒。采用硫磺熏蒸法进行消毒，硫磺使用量为每平米用量50g，熏蒸2～3天，然后充分通风。也可用2%福尔马林消毒，喷洒后密闭2天，然后充分通风。

4. 码放方法

采用交叉重叠压尖的方式码放，跺高1.5m、跺宽1.0m，菜垛间距0.5m。

5. 贮藏期管理

贮藏期间，入贮到大雪或冬至，即11～12月进行散热降温，一般通过大量通风以及每隔 7 ~ 10 天倒一次菜来降温；冬至到立春，即 12 月下旬至翌年 2 月上旬，通过关闭通风孔道或控制通风量等措施作好保温。间隔 15 ~ 20 天倒菜一次。

（二）加工

成品加工主要有：腌白菜、酸白菜、白菜干、白菜汁等。

第三节　支撑免培土双行大葱高效栽培关键技术

大葱为百合科、葱属二年生草本植物，起源于中国西部和俄罗斯的西伯利亚，在中国已有 2 000余年的栽培历史。其味辛，性微温，具有发表通阳、解毒调味、发汗抑菌和舒张血管的作用。大葱含有挥发油、脂肪、糖类、胡萝卜素、维生素 B、维生素 C、烟酸、钙、镁、铁等成分，在我国和其他东亚国家及世界各处华人聚居区食用广泛。大葱作为一种很普遍的香料调味品和蔬菜食用，在东方烹调中占有重要的角色。

我国大葱常年种植面积在 1 000万亩左右，约占世界的 90% 以上，是我国主要出口蔬菜之一。全国各地均有栽培，北方主要集中在山东、河北、天津等地。目前国内大葱的平均产量为亩产 4 000 ~ 5 000kg。国外大葱栽培主要集中在日本、韩国等东北亚国家，栽培方式与国内大葱传统栽培方式基本一致，亩产在 4 000kg 左右。

一、品种选择

（一）国内品种

国内品种中的家禄三号、五叶齐、铁杆大梧桐、吉杂大葱、葱杂六号、高白状元、中华巨葱、青杂二号，亩产多在 4 000kg 左右。其中生产上表现较好的为家禄三号、吉杂大葱、寒一本等三个大葱品种，其田间表现、葱白长度、粗度，成品率，都有良好的表现，亩产可达到 4 300kg 以上，较适合高产栽培。

（二）国外品种

国外主要是日本品种，如日本钢葱、天光一本、寒一本等杂交种，葱白产量较高。

二、栽培方式

栽培方法上，国内外多采用单行等行距栽培方式，行距在60～90cm，株距3～6cm。定植方法有两种：一种是水插法即先水后苗，另一种是干插法即先苗后水。大小苗分开定植，亩定植2万～3万株。整个栽培周期培土3～4次，集中采收。目前国内大葱的平均产量为亩产4 000～5 000kg。传统的栽培模式，土地利用率不高，水肥浪费严重。在移栽、培土、收获环节中需要大量人工，这严重背离了我国的国情实际。随着社会发展，土地资源、淡水资源紧张，人工成本高，这些严重制约了传统农业的发展，也是制约大葱产业发展的瓶颈性难题。

三、主推的大葱栽培模式介绍

新型的大葱栽培新模式（双行半培土栽培模式）包含合理种植密度、有效的追肥时间与数量、灌水适宜期和适当灌水量、半培土栽培、机械化开沟等集成。

在一个大葱种植沟内按适当的株行距定植两行大葱，并在两行大葱间使用专利产品“大葱栽培装置”减免培土量（图5－4），创新配套用地、施肥、浇水技术，有效提高利用率，实现大幅度节肥、节水和增产（图5－5）。

四、适应此模式的栽培关键技术

（一）育苗

1. 土壤选择

大葱忌重茬，避免与洋葱、韭菜、大蒜连作。应选择轻黏质

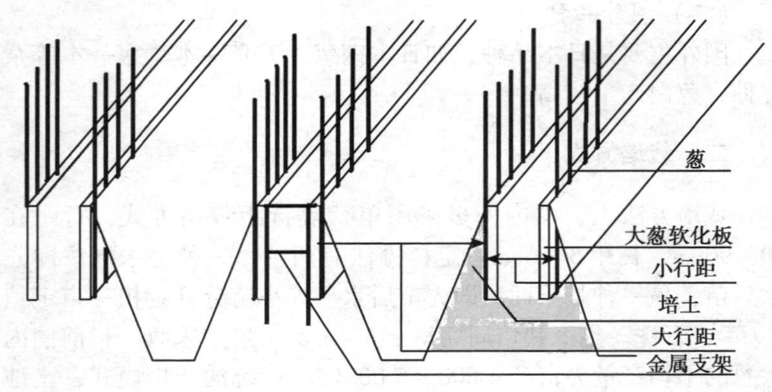

图 5-4　大葱双行栽培示意图

或中性富含有机质、土层深厚、排灌方便的地块。

2. 施肥整地每亩施入充分腐熟有机肥 2 000kg、磷酸二铵 15kg。深翻后耙碎、整平、作畦，畦宽 1.2m，长度不限。

3. 播种时期

春季定植的大葱，上年秋季播种。适宜播期 9 月 18 ~ 25 日，冷秋宜早，暖秋宜晚。时间掌握好，过早容易冬前苗过大，超过三叶一芯或苗高超过 10cm，苗龄过大，出现春化现象，就是第二年，定植后，出现抽薹、开花现象，影响大葱的正常生长。过晚出现苗小、苗弱，容易发生冻害，造成死苗现象发生。

夏季定植的大葱，当年春季播种。适宜播期 3 月 15 日至 4 月 5 日，宜早。

4. 播种方法

条播、撒播均可。亩用种量 1 ~ 2kg，播后及时浇水。

条播（图 5 - 5），沟距 12 ~ 15cm，种子均匀撒入沟底，覆土 0.5cm，踩实。

撒播，整平畦面，均匀漫撒种子，覆土 0.5cm，踩实。

图 5－5　大葱条播

5. 苗田管理

秋播大葱苗在 11 月初浇足冻水，第二年 4 月初浇返青水，同时亩施尿素 10kg。水后 2 天左右全田喷施 800 倍液施田补除草剂。视土壤墒情及时浇水，依葱苗长势结合浇水施肥 1～2 次，每次亩施尿素 10kg 左右。

春播大葱苗，出苗前喷施 800 倍液施田补除草剂，水肥管理以促为主，及时施肥浇水。

6. 日本大葱品种育苗时特殊要求

育苗的过程中，应注意防寒保温。日本气候为温带海洋性气候，冬天不冷，所以在寒冷地域育苗，应当采用一些保护性的措施，最为简单的是，用农用塑料薄膜覆盖。

（二）移栽定植技术

1. 整地施肥

每亩施入充分腐熟有机肥 4 000kg，撒施氮、磷、钾复合肥 25kg。深翻。南北向开大葱种植沟，沟距 100cm，沟施氮、磷、钾复合肥 25kg/亩。深翻沟底，使土肥混匀，耙平。

2. 定植时间

依苗情春大葱在5月10～15日，夏大葱在6月20日前。

3. 定植方法

采用水插法，每个大葱种植沟内定植2行大葱，行距26cm。春葱株距7cm、夏葱株距5cm。大小苗分开定植。

4. 生产田的田间管理

（1）追肥浇水。立秋后大葱进入快速生长期，配合浇水分3次追肥，浇水均在26cm窄行行距内完成。第一次追肥在8月20日左右，亩施尿素15kg，硫酸钾10kg。第二次追肥在9月5日左右，亩施尿素20kg，硫酸钾20kg。第三次追肥在9月20日左右，亩施尿素15kg，硫酸钾10kg。结合病虫害防治叶面喷施0.2%磷酸二氢钾液2次。

（2）培土。大行采用传统方法培土，分3次进行。培土时间依大葱叶鞘伸长高度及浇水时间灵活掌握，注意每次培土不要埋过心叶。26cm窄行使用大葱免培土栽培装置，随着大葱的生长，逐渐加高大葱免培土栽培装置即可（图5－6）。

（三）病虫害防治

1. 病害防治

（1）大葱紫斑病。70%代森锰锌800倍液、64%杀毒矾600倍液，交替使用，连喷2～3次。

（2）大葱灰霉病。70%甲基托布津600倍液喷雾或40%嘧霉胺悬浮剂800倍液喷雾，每隔7～10天一次。

2. 虫害防治

（1）斑潜蝇、葱蓟马。5%阿维菌素乳油4 000倍液喷雾；20%灭蝇杀单1 500倍液喷雾。

（2）夜蛾。52%的农地乐乳油1 000～1 500倍液喷雾；5%的高效氯氰菊酯乳油1 500～2 000倍液喷雾。

图 5-6　大葱免培土栽培装置

（四）采收方式

1. 分次采收

适用春葱，7 月中旬以后，隔行采收。

2. 一次性采收

10 月中旬至 11 月初，全田集中采收。

第四节　嫁接法防治温室番茄病害栽培技术

在番茄设施栽培中，由于受土地资源、棚室条件的限制，人们栽培习惯和对栽培高效益的追求，导致番茄产区连年种植，棚室内的轮作倒茬很难实现，根结线虫等土传病害的发生日趋严重，造成产量下降 20% ~30%，严重时可减产 50%，制约了番茄的生产。同时由于多年连作，土壤的连作障碍（土传病害、土壤养分不均衡、过量使用化肥土壤次生盐渍化等）愈发严重，影响了番茄的产量和品质。番茄嫁接栽培是防止土传病害、克服保护地土壤连作障碍的最有效的技术途径。

一、育苗技术

俗话说“壮苗三分收，苗差一半丢”。可见，育苗在番茄生产中起着至关重要的作用。苗育好了，不仅病虫害少，而且产量高，收益也好。

（一）品种选择

1. 砧木选择

选择原则：嫁接亲和力好，共生亲和力强，根系发达、抗逆性强、丰产的砧木品种。好的砧木品种是提高嫁接质量与效果的重要基础。目前最适合的抗根结线虫的砧木品种是由廊坊市农林科学院 2008 年育成的 F1 代杂交种“科砧 1 号”（图 5－7）“科砧 2 号” 和“科砧 3 号”。

图 5－7　‘科砧 1 号’番茄抗病砧木

2. 接穗的选择

选择原则：高产、优质，适应性强，抗病性强，符合当地市场的需求的番茄品种。粉色、高桩、大果番茄。如：1857 菜都 3

号。其亩产量可达到 1 万～1.25 万 kg。绿色小果番茄如：绿宝石等。

（二）播种育苗

1. 营养土的配制

（1）营养土配制原则。营养土的成分必须能充分保证砧木及接穗苗期的营养需求。具有营养全面，土质疏松、透气，保水保肥强，无病原菌、草籽和虫卵等特点。

（2）营养土配方。生产上可采用全营养无土育苗基质，即草炭土：蛭石＝2：1，添加适量三元复合肥，充分混匀。

2. 种子处理

病毒病发病较重的地区用 10% 的磷酸三钠浸种 20～30min，清水冲净。真菌性病害发生较严重的地区用 50% 的多菌灵可湿性粉剂 500～600 倍液浸种 20～30min，搓洗干净，然后换清水浸种 3～4h，捞出，包好，放于 28～30℃ 的环境中催芽。2～3 天后 70% 的种子露白即可播种。无病害或病害较轻的地区，也可采用干籽直播。

3. 适期播种

（1）播种时间。根据定植时期来确定，定植时期减去嫁接苗总苗龄期即为适宜的播种时期。一般而言，温度较高的季节播种育苗，苗龄较短，定植期向前推 45 天左右。温度较低季节播种的，随外界气温的降低，苗子生长越慢，达到适期苗龄的时间越长。定植期向前推 60 天左右。通常 4 月中旬至 9 月底播种的，砧木比接穗早播 3～5 天，其余时间播种的，砧木比接穗早播 5～7 天。

（2）播种方法。采用穴盘点播法。将装好基质的盘摞成摞用脚踩，然后将每个盘平放于地面。进行播种，每穴一粒。播后盖蛭石，浇透水。冬季育苗浇水后采用塑料薄膜覆盖，利于增温保湿。夏季育苗，浇水后采用报纸覆盖，保湿降温。不可用薄膜覆盖，容易灼伤而死苗。

4. 播种后，嫁接前管理

主要是温度、湿度管理及防治病害的发生。

(1) 温度管理。播种后，两叶一心前温度要稍低，通常保持在20~25℃即可。两叶一心后温度要稍高，以促进生长，一般为25~30℃。三片真叶时，温度保持在25℃左右即可。

(2) 湿度管理。出苗后，根据基质的含水量和外界的天气情况进行浇水，通常采用早洒水，晚补水，水浇透即可。二叶一心时，土壤湿度75%左右，三叶一心时，土壤湿度保持在65%左右。

(3) 病害防控。番茄苗期主要病害是猝倒病、立枯病、早疫病、病毒病。为预防这些病害的发生苗子刚一露头就采用72.2%普力克水剂400倍液或75%百菌清粉剂600倍液喷淋。发病前或发病初期，喷施41%聚砹·嘧霉胺800~1 000倍液或38%噁霜嘧铜菌酯水剂800倍液，噁霉灵每小袋对一喷雾器水800倍液喷雾，每隔3天一次。

(4) 营养补充。冬季苗龄较长，基质营养不充足时，发现叶片发黄时，及时补充营养成分，进行叶面追肥，或者50g尿素（先用水溶解）对一喷雾器水，或者使用氨基酸类叶面肥，在晴天上午喷施。

二、嫁接技术

（一）适时嫁接

1. 苗子的要求

砧木植株达到真叶4~5片、株高15cm以上、茎粗0.4~0.5cm，接穗健壮植株真叶3~4片、茎粗0.3~0.5cm时为最适嫁接期。

2. 嫁接时间的要求

夏、秋嫁接选择阴天或晴天的傍晚进行；冬季嫁接选择早晨进行。

（二）嫁接前的准备

1. 苗子管理

嫁接前1天，将接穗苗子及砧木苗子浇一次小水。同时用疫霜灵等内吸性农药随水冲入或进行叶面喷施。

2. 小拱棚的搭建

根据育苗盘的多少，搭建塑料薄膜覆盖的小拱棚，小拱棚的四周起成5~8cm高的小垅。

（三）嫁接方法

1. 斜切贴接法

当接穗幼苗具3~4片真叶时，将幼苗从土中拔起，并尽可能减少伤根。砧木处理方法：砧木保留基部1~2片真叶，用刀片按30°倾斜角从上到下斜切一刀，截去上部茎叶和嫩梢，切口长1cm；接穗处理方法：选与砧木茎粗接近的接穗，保留上部2~3片真叶，按30°倾斜角用刀片从下到上斜切去除下部茎叶，切口长1cm。最后要将接穗与砧木的切口对齐后用嫁接夹紧密固定。嫁接夹的一侧与接穗接触，另一侧与砧木接触（图5-8）。

2. 劈接法

当接穗幼苗具3~4片真叶时，将幼苗从土中拔，并尽可能减少伤根。砧木处理方法：保留基部2片真叶，去除上部生长点及嫩梢。然后在第一片真叶以下2~3cm处横切砧木茎，去掉上部，再由茎中间纵向劈开，纵切深度1~1.5cm。接穗处理方法：自第1真叶以下2cm处，切除胚轴及根部，保留上部2叶1心，在第3片真叶以上1cm处削成楔形，楔形的大小及长度与砧木相同。接穗与砧木伤口切好后，随即将接穗插入砧木中，然后用嫁接荚（夹子的夹口方向与切口方向平行）进行固定（图5-9）。

图 5－8　斜切贴接法嫁接的植株

图 5－9　劈接法嫁接的植株

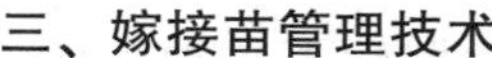

三、嫁接苗管理技术

（一）嫁接后前3天管理

嫁接后，立即移入拱棚中（图5－10），用地膜直接盖在嫁接苗上，向穴盘底部浇水，水深2～3cm。傍晚，揭去苗上的地膜。不让直射光照射嫁接苗，只给散射光。晴天，在温室上或拱棚上遮阴。

图5－10 小拱棚覆盖塑料薄膜

（二）嫁接后4～6天的管理

当幼苗心叶不再萎蔫或有新叶长出时，温度要适当降低，白天温度24～26℃，夜间温度15～18℃。适度通风、降温，并逐步增加光照，若发现苗子见光后萎蔫，要用遮阳网进行回遮阴。待光照强时，嫁接苗也不萎蔫时，便不再使用遮阳网。

（三）嫁接后6～10天的管理

每天要进行通风排湿，通风量由小渐大，以通风后嫁接苗不萎蔫为度。若通风后，发现嫁接苗出现萎蔫，及时将风口关小。

(四) 嫁接苗成活后的管理

10天后嫁接苗开始生长，去掉小拱棚转入正常管理阶段，白天温度25℃左右，夜间温度15℃左右。定植前5~7天要加强通风，降低温度，进行炼苗。6~7片真叶时就定植。

成熟期的温室蕃茄嫁接植株见图5-11。

图5-11 成熟期的温室番茄嫁接植株

四、栽培技术

(一) 定植前的准备

1. 温室处理

提前半月扣棚密封，保持55℃高温闷棚，杀死地表及棚架上病源菌。用硫磺粉与敌敌畏，拌上锯末，分堆点燃，密闭一昼夜，放风无味后再定植。温室放风口要用防虫网，封严，阻止蚜虫、白粉虱迁入。棚室内张挂黄板，每亩20~30块。

2. 整地、施肥、做畦、铺膜

每亩施入腐熟鸡粪10~15m^3，磷酸二铵50kg、磷酸钾50kg。深耕30~40cm，整细耙平。作畦采用高畦或瓦垄畦。垄高

15cm，宽 80～90cm，垄距 30～40cm。铺设地膜棚，垄上与垄下铺设白色的塑料薄膜。

（二）定植

株距平均 33cm。棚室前部光照较好，易密植，株距 30cm。棚室后部株距 35～36cm，中间取平均值 33cm，每亩定植 3 000～3 500株。采用大小行定植，大行距 70cm，小行距 50cm。定植高度以不埋住接口为准。定植前或定植缓苗后去掉嫁接夹。

（三）定植后管理

1. 温度管理

番茄生育适宜的温度为白天 22～25℃，夜间 10℃以上。缓苗期，白天最高可到 30～32℃，夜间 15℃以上。结果期，白天 22～25℃，夜间 10～16℃为宜。

2. 水分管理

（1）定植后结果前。定植时浇一次透水，直到植株第一穗果 80% 长到核桃大小时，根据天气状况选择晴天上午进行浇水。从第一花序开花到第三花序开花之间，严格控制浇水，除非中午生长点萎蔫，可顺沟浇小水。

（2）头茬果水分管理。当第三花序开花时，第一果穗的果实进入发育膨大期（核桃或鸡蛋大小）此时开始浇水，水量要能渗透土层 15～20cm，寒冷季节，此后要控制浇水，以防地温降低。

（3）二茬果及以后水分管理。依据“浇果不浇花”的原则，天气转暖的情况下，选晴天的上午浇水，3 月以后，10～15 天浇水一次。

3. 追肥管理

（1）头茬果追肥。每次结合浇水追施氮磷钾复合肥 30～40kg，同时追施氨基酸类冲施肥，在第二和第三穗果膨果期同样施入上述肥料，在生长中后期可叶面喷施 0.2% 的磷酸二氢钾补充营养。晴天的上午补施二氧化碳气肥。果实始收时，基本枝的生长势开始下衰，一般亩用硝酸铵和磷酸二铵各15kg。或者用氨基酸类冲施肥也可。

（2）二茬果及以后追肥。此期与头茬果相比，土壤供肥能力下降，植株长势减弱，对水肥的需求量较大。施肥的重点是根施氮钾肥结合叶面喷施。二茬果及以后的每茬果均亩次结合浇水追施氮磷钾复合肥40～50kg，也可叶面喷施0.2%的磷酸二氢钾补充营养。

4. 植株调整

单蔓整枝。第一次整枝在株高15cm左右时进行。以后随着叶芽的出现及时抹去。第4、5穗花蕾出现后，植株长到一定的高度时，在穗上留2～3片叶摘心，打尖。生长中后期打掉下部的老叶、病叶并带出室外。

5. 蘸花保果

（1）蘸花最佳时间。一般是花瓣与花柱及雄蕊组成的花柱为黄色时进行蘸花最好。

（2）药剂配制。将10ml适乐时对1.5～2.5kg水，取适量加入2,4－D、坐果灵等药剂进行蘸花。加入适乐时可有效预防灰霉病的发生。

（3）蘸花方法。每穗上的花蕾有3～5个为喇叭口期时进行药剂喷施。喷药时，一手的两个手指夹着花序，整个手掌将花序后的叶子全部挡住，另一手拿喷壶，将药液喷于花序上。注意不要喷到叶子上，否则叶子容易扭曲变形。

6. 疏花疏果

为保障产品质量，去掉病虫果、畸形果，保留大小一致、果形周正的果实。大果型品种每穗选留3～4个，中果型品种每穗留4～6个。

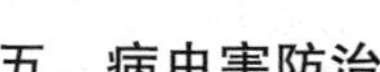

五、病虫害防治

（一）虫害防治

番茄害虫主要有蚜虫、白粉虱、棉铃虫茶黄螨。

培育无虫苗，防止蚜虫、白粉虱带入温室，消灭前茬和温室周围的虫源。当温室内发现蚜虫、白粉虱时，采取以虫治虫的生物学防治方法，以丽蚜小蜂控制白粉虱的危害。也可采用22%敌敌畏烟雾剂500g/亩或用虫菌一扫光（香港生产）每亩一桶，共12包。密闭封口，在下午放草帘子，之前进行熏蒸。当发现顶尖叶子畸形与扭曲时，特别是叶子向下卷曲时，即为茶黄螨地为害症状。可用1.8%阿维菌素2 000～3 000倍液进行喷施，7～10天一次，连喷2次即可。

（二）病害防治

番茄病害主要有早疫病、晚疫病、叶霉病、灰霉病、病毒病等。

1. 病害防治

首先选择抗病品种，实行轮作，加强栽培管理，增强植株抗性。生长期内，为预防病害的发生，采用百菌清等烟熏剂与安泰生（丙森锌）等药剂，烟熏与喷药相结合，每7天交替使用一次。

2. 化学防治

（1）病毒病防治。消灭蚜虫、白粉虱，防止传毒。培育无毒壮苗，避免高温干旱，均匀供水，防止过干过湿。发病初期，及时剔除病株。发病后，使用抗毒丰、植病灵、病毒A或者用病毒灵20～30片，对一喷雾器水等进行喷雾防治。

（2）叶霉病、灰霉病、早疫病防治。用应急克救急，3天后喷布10%的多抗霉素（宝丽安）1 000～1 500倍液。或世高（苯醚甲环唑）800～1 200倍液进行叶面喷施。

（3）晚疫病防治。发现晚疫病，及时采用噁霉灵，霜霉威、腈霜唑、阿米多彩或银法利，根据药剂说明进行叶面喷施。

（4）温室内病害。若温室内病害种类较多，可采用几丁聚糖（优霜）与速克灵（腐霉利）或新密霉酯（菌核净）与霜霉疫净，对植株进行喷雾防治。

第五节　韭菜设施栽培技术

一、栽培设施及栽培时间

生产优质高效韭菜应采用网棚（图5－12）、塑料棚（图5－13）和温室（图5－14）3种设施。

图5－12　韭菜网棚栽培

（一）网棚栽培

采用露地网棚栽培，种植季节为4月下旬至10月中旬生产韭菜；采用塑料棚栽培，种植季节为在3月上旬至4月中旬、10月下旬至12月上旬期间生产韭菜；采用温室栽培，种植季节为12月中旬至2月下旬。

（二）塑料棚栽培

春提前生产，选用商品性好、食用品质优秀、适应性强的品

图 5－13　韭菜塑料棚栽培

图 5－14　韭菜温室栽培

种，如“廊韭 6 号”“廊韭 9 号”“优宽 1 号”等。

秋延后生产，选择抗寒性强、商品性好、不回根的优良品种，如“廊韭 9 号”“平韭 5 号”“平韭 6 号”“胜利雪韭”等。

（三）温室栽培

春节前上市的，选择抗寒性强、商品性好、不回根的优良品种，如“廊韭 9 号”“平韭 5 号”“平韭 6 号”“胜利雪韭”等。

春节和春季后上市的，选用商品性好、食用品质优秀、适应性强的韭菜优良品种，如“廊韭 6 号”“廊韭 9 号”“优宽 1 号”等。

二、育苗

(一) 育苗时间与播种量

播种时间，4 月上旬至 6 月中旬育苗，宜早不宜晚。每亩育苗田用种量 5kg，培育 10 亩生产田定植用秧苗。

(二) 整地施肥做畦

苗床基肥选用优质腐熟有机肥，与适量复混肥配合施用。中等肥力条件下，每亩撒施腐熟优质猪粪 $8m^3$ 或腐熟的优质鸡粪 $5m^3$ “撒可富”复合肥 40kg 或韭菜专用复混肥 50kg。如当时没有优质腐熟有机肥，可撒施“撒可富”复合肥 80kg。土壤墒情差的地块，播种前应先浇地造墒，再施基肥，精细整地后做成畦心宽 1.5m 左右、长度 10m 的平畦，作为育苗畦。

(三) 播种方式、方法

1. 采用干籽直播

播前，先镇压一遍育苗畦，后开播种沟。沟宽 10cm 左右、沟距 20cm；播种时，将种子与 2～3 倍沙子（或过筛炉灰）混匀后，均匀撒在播种沟内，覆盖开沟时搂起的细土，厚度达 1cm 左右；播后，再镇压一遍。或用韭菜专用播种机精细播种。

2. 除草剂的应用

播种完毕，及时浇一次透水；2～3 天后，每亩育苗田，用 30% 除草通乳油 100～150ml，或 48% 地乐胺乳油 180～200ml，对水 50kg 均匀喷撒地表。喷药时应倒退行走，严防重复或漏喷。

3. 覆薄膜

4 月播种的育种田，喷施除草剂后应覆盖黑色或白色地膜保墒、提温。5 月份或 5 月后播种，应慎用地膜覆盖，加强管理，防止晴天膜下高温烫种。当播种畦中有 1/3 幼苗出土时，撤去覆盖的地膜。

（四）苗期管理

（1）从出土到齐苗期间，7 天左右浇一小水；齐苗后到苗高 20cm 期间，10 天左右浇一次水，秧苗生长期间，当秧苗长势变弱？生长缓慢时，应结合浇水及时追施尿素 6 ~ 10kg/亩，方法是撒施后及时浇水，或浇水后在水面上均匀撒施。

（2）高温多雨季，注意排水防涝。当降大雨或暴雨后，须及时排除积水，防止秧苗倒伏、腐烂、死苗现象发生。

（3）定植前不收割，以培育健壮秧苗。出苗 20 天后，如田间又出现单子叶杂草，可喷施 5% 精喹禾灵乳油 50 ~ 60ml/亩 或 10.8% 高效盖草能乳油 40 ~ 60ml/亩等除草剂，减少人工投入、简化田间操作，严防草害发生。

三、移栽定植

（一）定植

网棚韭菜定植过早，秧苗经历高温多雨季，缓苗慢、死苗率高；定植过晚，有效生长和积累养分的时间短，冬季死苗多，来年产量低。应在 8 月 8 ~ 31 日期间，选择无雨天气定植。

塑料棚和温室韭菜定植，日历苗龄 100 天后，均可定植。

（二）秧苗整理与预处理

起苗后，淘汰弱苗、病苗和杂株，将健壮秧苗的根茎对齐，剪去叶尖部分和须根末梢部分，保留 10cm 长叶片和 4 ~ 5cm 长的须根。为防止虫体带入韭菜棚室内，用 2% 阿维菌素乳油 2 000倍液对预定植的韭菜进行蘸根，待秧苗根系表面的药液晾干后再定植。

（三）施肥、整地

每亩施入腐熟优质堆肥 10 ~ 18m^3，或腐熟的优质鸡粪 8 ~ 10m^3，分别混配 15：15：15 的三元复合肥 75kg 作基肥。

（四）定植

按照事先标示的定植行和定植位置进行栽植。一般3～6株/簇，行距25cm，簇距7～11cm，深度以韭菜秧苗叶鞘露出地面1～2cm为宜。每亩地定植150 000～200 000株。

（五）定植后管理

（1）定植后及时浇一次透水；缓苗前，经常保持土壤湿润，一般地块6天左右浇一水；缓苗后查苗、补苗，土壤经常保持间湿间干状态。

（2）追肥及浇水。韭菜生长过程中及时追肥。第一次追肥，在缓苗后30天左右进行，亩追施尿素8～10kg；第二次追肥，施用15：15：15的氮磷钾复合肥30kg。一般定植当年追肥2次。在以后的生产过程中，每次收获2～3天后，及时追肥浇水。

四、栽培环境调控

（一）春提前与秋延后栽培

利用塑料棚进行春提前生产，应在12月10日前扣棚膜。白天，通过开闭风口调节棚内温度，以棚内最高温度不超过30℃为宜，夜晚密闭棚室保温；秋延后生产，应在10月20日前扣棚膜，初期大放风，随后逐渐减少放风量，掌握白天棚内最高温度不超过25℃。

（二）温室栽培

利用温室主要进行冬茬生产。主要在春季前上市的，应在11月上旬覆盖草帘或保温被，白天最高温度控制在25℃，夜间不低于3℃。主要在春季和春季后上市的，应在收割前60天覆盖草帘或保温被，每天坚持昼揭夜盖，白天最高温度控制在25℃，夜间不低于3℃。

（三）网棚生产

同露地生产。

五、病虫害防治

（一）虫害防治

韭菜害虫主要有迟眼蕈蚊、种蝇、葱蝇、蓟马、黑蚜、黄条跳甲、斑潜蝇、韭菜蛾8种。

（1）采用糖醋酒液诱杀成虫，用红糖、食醋、白酒、饮用水、99%敌百虫晶体3∶3∶1∶10∶0.6的比例配成溶液，在地面每亩生产田放置4~6盆，随时添加，保持器皿中溶液不干。

（2）采取生物农药防治方法消灭害虫，用高效低毒的生物农药清除网棚中的害虫。可采用2%“新科”乳油4 000倍或3.2%“甲维盐·氯”1 500倍和10%“蚜克西”可湿性粉剂1 500倍混合均匀，仔细、全面地喷洒秧苗、地表、棚架和支柱等处，连续喷施3遍，间隔期10天。

（二）病害防治

病害以灰霉病、疫病、锈病等为主。

1. 灰霉病防治

发病初期，用50%的速可灵可湿性粉剂1 500倍液、50%的扑海因可湿性粉剂1 000倍液或50%多菌灵500倍液喷雾，交替用药，7天喷雾一次。发病时，用50%速克灵可湿性粉剂1 000倍液50%扑海因可湿性粉剂800倍液喷淋，连喷2次。

2. 疫病防治

发病时，用60%烯酰吗啉可湿性粉剂2 000倍液、64%杀毒矾可湿性粉剂500倍液或72.2%普力克水剂600~800倍液喷雾，每5天喷1次，连喷2~3次。

3. 锈病防治

用16%三唑酮可湿性粉剂1 600倍液，隔10天喷1次，连续喷撒2次。

（三）药剂施用要求

收割前10天之内，禁止在韭菜植株上喷施杀虫剂、杀菌剂。

第六节　马铃薯春茬地膜覆盖栽培技术

马铃薯属茄科多年生草本植物（图5－15），块茎可供食用，是全球第三大重要的粮食作物，与小麦、玉米、稻谷、高粱并称为世界五大作物，其块茎中含有大量的淀粉，还含有蛋白质、多种维生素、无机盐和微量元素等，营养价值很高。我国是世界马铃薯总产最多的国家。2015年，我国将启动马铃薯主粮化战略，推进把马铃薯加工成馒头、面条、米粉等主食，马铃薯将成为稻米、小麦、玉米外的又一主粮。

一、品种选择

北京、天津和河北中部地区春茬马铃薯宜选择早熟、抗逆、抗病、优质的马铃薯品种。如费乌瑞它、金冠、郑薯6号、丰收3号、荷兰薯15号等。

图5－15　马铃薯

二、播种前准备

（一）种薯贮藏

10 月下旬至 11 月底购种，购种时选择表皮光滑、柔软、皮色鲜艳、无病虫、无冻伤的地段茎，剔除病薯、烂薯、畸形薯。将挑好的种薯装在袋子里，将袋子码放在室内或贮藏窖内，室内或贮藏窖内温度保持在 2 ~4℃，温度低时覆盖麻袋片或草帘等保温材料防寒。

（二）催芽切块

1. 催芽

播前 15 ~20 天开始催芽。催芽前将种薯从袋子中倒出，剔除病薯、烂薯，室内温度逐渐升高到 15 ~20℃后，将好种薯堆放，2 ~3 层为宜，放到散射光下催芽。种薯堆放期堆放过程中，要经常上下翻动，使其均匀见光，待种芽长到 5mm 左右时，芽由白色变成绿色时，即可切块播种。

2. 切块

在播种前 1 ~3 天，对种薯进行切块。切块前刀具要用 75% 酒精或 30% 来苏尔浸润 10min 消毒，以防刀具带菌。切块时可采取两种方法，方法一：纵切法。即自薯顶至脐部纵切，然后横切。方法二：斜切法。即从脐部开始，按芽眼顺序螺旋向顶部斜切。无论采取哪种切块方法，切块大小要均匀一致，每块重 25g 左右、留 1 ~2 个芽眼。为促进伤口愈合、减少烂暑，将切好的种块，表面沾一层草木灰。也可将切块放在通风处，使伤口尽快愈合。切好的薯块切忌堆堆以防腐烂。

（三）整地做畦

1. 地块选择

选择土壤疏松、排灌方便、富含有机质的壤土或沙壤土。前茬最好种植的是禾谷类作物，避免与茄科、块根、块茎类作物连作。

2. 精细整地

整地宜早不宜晚，一般结合秋耕整好地或春季解冻时抓紧整地。整地时每亩施入优质有机肥 5 000kg、尿素 15kg、磷酸二铵 15kg、硫酸钾 20kg，将肥料均匀撒于地面。深翻土地30 ~ 40cm，细耙整平，起垅，垄间距 50cm，垄高 10 ~ 15cm、宽 70 ~ 80cm。

三、适时播种

(一) 播种时间

3 月上旬播种，时间宜早不宜晚。

(二) 播种方法

每垄2 行，行距 60cm、株距 25cm 或行距 70cm、株距 20cm，保持密度在 4 000 ~ 4 500 株/亩。播种穴深 10cm 左右，每穴一块，种芽朝下或朝上均可。种芽朝下，根长苗壮，薯少块大，出苗晚 2 ~ 3 天；种芽朝上，根短苗较弱，薯多个小，出苗早 2 ~ 3 天。播后撒毒饵防治地下害虫，亩用 0.1 ~ 0.2kg 乙草胺封闭除草。然后覆膜，膜宽 90cm。

四、田间管理

田间管理的原则是“先蹲后促”。生长前期控制水肥，防止植株疯长。

(一) 苗期管理

1. 破膜引苗

播种后 20 天左右，即有苗露土，每日上午 9 时前，仔细检查，遇芽拱土及时将芽上的地膜扎眼、抠破放风，引苗出膜，以防烤苗。待苗长到 10cm 高时，将苗周围的膜用土压严，以保水压草。

2. 查苗定苗

4 月上中旬，幼苗基本出齐后进行查苗、定苗。对种薯因病腐烂的，要把烂薯连同周围土壤全部挖除后再换新土补苗。补苗可选备用壮株带土移栽，并视天气温度状况破膜。

（二）发棵期管理

此期易出现秧势太旺情况，需要合理应用生长抑制剂。为了更好地控制植株长势，抑制植株茎叶的营养生长，使营养物质转向块茎的生殖生长，为高产稳产打基础，可用矮壮素或缩节胺进行喷施调控，一般在晴天下午进行。

（三）结薯期管理

5 月初开花，上中旬马铃薯开始结薯、膨大，以块茎生长为主，进入结薯期。在开花期后 10 天左右块茎膨大最快。

1. 浇水施肥

进入结薯期，要尽早揭去地膜，亩施硫酸钾复合肥 30kg。进行一次培土，根据墒情浇水 2～3 次，收获前须一直保持土壤湿润。浇水时不要大水漫灌，以防引起薯块腐烂。

2. 调控植株

如发现有徒长现象，要进行压蔓，把茎蔓向左右分开压弯压折；也可用矮壮素进行喷施调控，同时叶面喷施磷酸二氢钾。

3. 去秧增产

收获前 1 周，将已黄化的秧子压倒，促使茎叶养分流入块茎，以提高产量。收获前 7～10 天停止浇水，促使薯皮老化，有利于运输和贮藏。

五、病虫害防治

马铃薯主要病害为软腐病、青枯病、晚疫病和病毒病，虫害主要有蚜虫、金针虫、蛴螬、蝼蛄。应选用脱毒、抗病品种，并施足基肥，在生长期合理进行水肥管理，提高植株抗病能力。在病虫害发生初期，及时使用高效、低毒、残留期短的内吸新型广谱杀菌剂和杀虫剂进行防治。

（一）病害防治

（1）防治软腐病、青枯病。可喷施链霉素800～1 000倍液，5～7天喷药1次，连喷2～3次。

（2）防治晚疫病。可喷施瑞毒铜60%可湿性粉剂700倍液加25%瑞毒霉可湿性粉剂800倍液，5～7天喷药1次，连喷2～3次。

（3）防治病毒病。可用病毒神液对水喷雾，5～7天喷药1次，连喷2～3次。

（二）虫害防治

（1）防治蚜虫。可用啶虫脒、噻嗪铜等对水进行喷施防治。

（2）防治金针虫、蛴螬、蝼蛄。可用辛硫磷100～150g拌细土20kg，撒入土中防治。或用80%敌百虫可湿性粉剂500g加水溶化后和炒熟的麦麸20kg拌匀作毒饵，于傍晚撒在幼苗根的附近地面诱杀。如地下虫害较重时，可用辛硫磷等药剂灌根。

六、及时收获

6月上旬，在高湿雨季来临之前及时进行采收。采收时选择晴天上午，土壤干燥时收刨。

第七节　芹菜日光温室高产栽培技术

一、品种选择

京津冀地区栽培的芹菜主要有本芹和西芹2种。常用的本芹品种有津南实芹、天津白庙芹菜、北京铁杆芹菜等。西芹品种有文图拉、高优他、佛罗里达、帝王等。

二、适期育苗

（一）育苗前的准备

1. 苗床的选择

选地势高、排灌方便、土壤肥沃的地块作为育苗场所。

2. 整地作畦

将地面清理干净，每亩施入充分腐熟的有机肥 $5m^3$，氮磷钾复合肥50kg，施肥前将肥料充分混匀，均匀撒于地面，深翻、耙平，镇压，然后做成1～1.5m的畦。

3. 搭建遮阴棚

芹菜育苗正值炎热的夏季，雨水也较多，为了遮阴防雨，要在畦的顶部搭建一个遮阴设施，可以根据实际地块选择适合的方法，一般是在育苗畦上用双层塑料膜搭成高1.8m左右的伞形，膜的上部覆盖遮阳网。

（二）播种育苗

1. 育苗时期

6月底7月初开始育苗，苗龄70天左右。

2. 育苗方法

采用干籽直播，亩用种量150～180g。将1份种子与10份细沙土混匀。播种前将畦面浇透水，水完全渗入后用板将畦面刮平，然后把掺了细土的种子均匀撒于畦面上。每平方米播种1.5g，播后覆盖一层厚0.5cm细潮土。

（三）苗床管理

1. 播后苗前管理

小水勤浇，保持地面湿润。浇水要在晴天的早晨或傍晚进行。雨后及时排出积水，浇过堂水，浇水后1～2天，畦面喷施除草剂。每亩用48%的氟乐灵乳油150～175g进行地面喷洒，喷除草剂时将地面喷严。

2. 出苗后管理

（1）水分管理。一般播种后10天左右苗出齐，齐苗后要根据天气，土质，视墒情浇水，浇水需在早晨或傍晚进行。严防晴天的中午浇水，否则水温升高太快，苗子容易被蒸烫而死。浇水掌握的规律是苗子2叶一心前，晴天每天浇一小水；随着苗子长大，浇水间隔延长，苗子长到4~5叶时每5~7天浇水1次。遇到大雨天气，若畦内有积水，要及时排出，排水后浇跑马水降低地温，补充氧气。

（2）病害防治。苗期易发生猝倒病和立枯病，齐苗后立即喷药。采用72.2%的普力克800倍液或瑞苗清（30%甲霜 噁霉灵水剂）2 000倍液叶面喷施，交替使用，每7~10天喷施1次，连喷2~3次。

（3）及时间苗。幼苗第一片真叶展开时，进行第一次间苗，间去过密苗、病苗、弱苗等，苗距3cm见方。当苗子长到3~4叶进行第二次间苗，定苗，苗间距8~10cm。

（4）后期壮苗。由于芹菜苗龄较长，苗期浇水次数多，往往造成苗子生长后期苗黄，苗弱，此时要给苗子补充营养，采用每喷雾器水（15kg）加入20g磷酸二氢钾和10g尿素进行叶面喷施，喷后3~5天叶色转绿。

三、合理定植

（一）定植前的准备

每亩施入充分腐熟的有机肥4m^3，磷酸二铵40kg，深翻土壤，整平地面，做成1.0~1.5m的畦，南北走向为宜。

（二）定植时期及方法

（1）定植时期。当苗高15cm以上，5~6片真叶时即可定植。一般6月上旬育苗的8月20日左右定植，7月上旬育苗的9月15日前后定植。

（2）定植方法。采用先水后苗单株定植法。定植前大小苗分开，定植畦浇透水，畦面水未完全渗干时，用小竹木棍或一字形螺丝刀按本芹株行距 10cm × 10cm，西芹株行距 20cm × 25cm 戳坑，将芹菜苗的根部按入坑中，深度以不埋没心叶为宜。也可采用先苗后水单株定植法。即先将苗单株定植好后，再浇水。

四、定植后的管理

（一）温度管理

霜冻前覆盖好棚膜，为避免夜温高引起植株徒长，覆膜后，前期棚温较高，需要将底脚围裙揭开，打开后部通风口昼夜通风。当室内最低气温低于 5～8℃时夜间要覆盖草帘，草帘要早揭晚盖。当白天室内温度高于 25℃时开风口进行放风，室温低于 15℃时关闭风口。白天温度保持在 18～22℃，夜晚温度保持在 8～10℃。日光温室中栽培的芹菜见图 5－16。

图 5－16　日光温室中栽培的芹菜

（二）水肥管理

定植后 1～2 天浇缓苗水，然后蹲苗，当株高 15～20cm 时，结合浇第一次水，每亩追施三元复合肥 15kg。于晴天中午均匀撒在畦面上，边追肥边浇水，浇水量要淹没心叶，防止化肥伤心叶。浇水后要及时通风放湿气，以后每 5～7 天浇一次水。当株高达 35cm 以上时，随着天气变化，逐渐减少浇水次数。30 天后进行第二次追肥，追肥以速效氮肥为主，每亩追施尿素 10kg，可先将肥料溶于水中，随水冲入畦内。收获前 10 天停止肥水供应。

（三）中耕除草

定植缓苗后进行中耕松土 1～2 次，中耕深度 3cm。目的是清除田间杂草，促进根系发育，进行有效蹲苗，为丰产打下基础。当植株将畦垄封严时，不再进行中耕。

五、病虫害防治

农业防控与生物相结合的措施。培育壮苗，合理密植，科学灌溉，悬挂黄色粘贴板，实行 2 年以上的轮作。进行化学防控时，优先采用粉尘法、烟熏法，在干燥晴朗天气也可喷雾防治，注意轮换用药，合理混用。

（一）病害防治

芹菜的病害主要有茎基腐病、斑枯病及疫病。

1. 茎基腐病

缓苗后 7 天左右就有发生，15 天左右发生最严重。如果在芹菜定植前 3 天或定植缓苗后 4～5 天用瑞苗青 2 000倍液加 72% 农用链霉素 3 000倍液，各喷一次可将此病防住。一旦发现病株及时挖除并撒入石灰消毒，减少或暂停浇水，同时用拿敌稳 3 000倍液每亩用药量为 4～5 喷雾器。将喷头拧下，顺根部喷淋。

2. 斑枯病（图 5－17）

烟剂薰棚，用 45% 百菌清烟剂或扑海因烟剂，每亩 110g 分

散 5～6 处点燃，熏蒸一夜，每 9 天左右一次。或用 72.2% 的普利克 800 倍液或拿敌稳（50% 戊唑醇和 25% 肟菌酯）3 000倍液喷施，20 天左右喷一次，一般喷 2 次就可治愈。

图 5－17　芹菜斑枯病

3. 疫病

烟剂熏棚，用速克灵烟剂或 45% 百菌清烟剂，每亩 110g 分散 5～6 处点燃，熏蒸一夜，每 9 天左右一次。也可用 30% 醚菌酯水剂 1 000倍液或苯甲嘧菌酯 1 200倍液进行叶面喷淋，15 天左右喷一次，连喷 2 次即可。

（二）虫害防治

芹菜发生的主要虫害有蚜虫、白粉虱及蝼蛄。

1. 蚜虫、白粉虱

（1）物理防治。温室通风口处用尼龙网纱防虫，黄板诱杀白粉虱、蚜虫。

（2）药剂防治。10% 吡虫啉可湿性粉剂 1 500倍液，6～7 天喷一次，连续 2～3 次。

2. 蝼蛄等地下害虫防治

施撒毒饵防治。先将饵料（秕谷、麦麸、豆饼、棉籽饼或玉米碎粒）5kg 炒香，而后用 90% 敌百虫晶体 30 倍液 0.5kg 拌匀，每亩施用 2.5kg 左右，在傍晚撒施。

六、及时采收

芹菜要适时收获。过早收获会影响产量。过晚收获叶柄的养分会向根部转移，使叶柄质地变粗，纤维增多，甚至出现空心，从而降低品质，影响产量。通常定植后 100 天根据市场行情可采收上市。

第八节　棚室茼蒿周年高产栽培技术

茼蒿，别名蓬蒿、蒿菜、蒿子秆、春菊，属菊科菊属，为一年生或二年生绿叶类蔬菜。茼蒿属于半耐寒性蔬菜，食用以嫩叶嫩茎为主，所含的纤维组织较少，品质较优。茼蒿不仅营养丰富，并且具有良好的药用价值，有清血、降压、润肺、清痰等功效。另外，由于其气味独特，可驱避病虫害。茼蒿容易种植，北方地区只要设施得当，温度保持在 10℃以上，周年均可栽培。

棚室茼蒿周年高产栽培技术，采用日光温室或四季棚室进行栽培，年产 5～7 茬。每茬亩产 1 000～2 000kg，产品的质量好，效益高。实现了产品的均衡供应，有利于订单农业的实现（图 5－18）。

一、茬口安排

选择前茬为非甘蓝、白菜类蔬菜（否则茼蒿的根部会呈现红色）的棚室，周年连茬种植 5～7 茬后，为防止同类病害的发生，增强土壤肥力，改良土壤结构，利于下茬茼蒿周期性栽培的优

图 5－18　棚室茼蒿

质、高产，应与茄果类蔬菜等进行倒茬轮作。

二、品种选择

寒冷季节种植应选择抗病高产，抗逆、耐寒性强、品质优、耐储运、符合市场消费习惯的小叶茼蒿品种。如蒿子秆、小叶茼蒿、精选小叶茼蒿、清香小叶茼蒿等。

其他季节生产应选择抗病高产，抗逆、耐热性强、符合市场消费习惯的大叶茼蒿品种。如大叶茼蒿、板叶茼蒿、金菊茼蒿等。

三、适期播种

（一）播种前准备

欲种植茼蒿的棚室，每亩施入充分腐熟的优质农家肥 2 000～3 000kg、磷酸二铵 20kg 左右，充分混匀，均匀撒于地面，将土地深翻 20～30cm，整细耙平，作畦，畦宽 1.0～1.5m，镇压。

（二）适时播种

1. 播种时间

寒冷季节种植茼蒿，其播种期为收获时期向前推算55～60天即为适宜播种期，其他季节种植采用收获期向前推算35～40天即为适宜播种期。

2. 种子用量

不同的播种方式，用种量不同。撒播每亩用种量为4.0～4.5kg，条播法种植亩用种量为3.0～3.5kg。

3. 播种方法

采用撒播或条播。撒播时将种子与相当于种子用量3～5倍的细沙混合均匀，撒播，撒播后进行浅搂划，采用小水浇透，严禁大水冲灌。条播时在畦内按10～15cm的行距开沟，沟深1cm，沟宽5～6cm，然后将种子均匀播于沟内，覆平，小水浇透。

四、田间管理

（一）播后苗前管理

1. 水分管理

夏、秋季节，播种后视畦面干湿程度进行浇水，浇水时要小水勤浇，保持畦面见干见湿。其他季节浇水相对较少，为提高地温，当畦面略干时再进行浇水。

2. 温度管理

外界气温较高的季节，棚室内室温白天保持在22～29℃，夜间保持在18～25℃。当气温高于29℃时，打开顶风口与底风口，晴朗的天气，同时覆盖遮阳网进行遮阴；当室内气温低于22℃，关闭顶风口与底风口。外界气温较低的早春及寒冷的冬季，播种后畦内覆盖塑料薄膜，棚室内室温白天温保持在22～25℃，夜间保持在10℃以上，当畦面上有30%露头时，揭去畦面上薄膜覆盖物。

(二) 出苗后管理

1. 及时间苗

间苗进行1~2次，当茼蒿幼苗2叶一心时进行第一次间苗，及时间去小苗、弱苗、病苗，同时拔除田间杂草，苗株距控制2cm见方，当苗长到3~4片真叶时，进行第二次间苗，苗间距4cm见方即可。

2. 温、湿度管理

(1) 温度管理。早春及冬季，白天温度保持在16~25℃，夜间温度保持在10~18℃。通过增减覆盖物，开关风口等措施对棚室内的温度进行调节。夏、秋季节，白天温度保持在18~29℃，夜间温度保持在10~18℃。温度过高，可通过加大通风口和棚室顶端覆盖遮阳网对棚室内的温度进行调节。

(2) 湿度调节。适当通风，降低棚室内湿度，一般棚室内湿度保持在70%~80%为宜，湿度过大易造成茎叶产生病害而腐烂。尤其在棚室风口关闭或覆盖遮盖物的季节，清晨要进行放湿气，放湿气的时间依外界气温而定，一般不要超过15min。

3. 水肥管理

外界气温较低的早春季节，茼蒿全生育期浇2次水，在苗高3cm时开始浇第一水，苗高10~15cm时，浇第二水，结合浇水每亩追施尿素10~15kg，直至采收前不在浇水施肥。若这个时期进行浇水，茼蒿易发生倒伏现象而影响茼蒿的质量。外界气温较高的夏秋季节出苗后只要地面干燥就浇小水，当苗高达9~12cm，结合浇水每亩追施尿素10~15kg，以后视土壤墒情随时浇水，当苗高长到13~15cm时可进行叶面喷施氨基酸微肥。每采收一次要追肥一次，每次亩用尿素10~20kg，以勤施薄肥为好。两次采收施肥间隔期应在7~10天以上，以确保产品质量。

寒冷的冬季（冬季茬口），播种前浇一大水，播种后的生长期不在浇水，直至收获前 3 天浇一次水。

五、病虫害防治

茼蒿的主要病害有猝倒病、细菌性叶斑病。虫害主要有潜叶蝇、蚜虫等，采取农业防治与化学药剂防治相结合的防治方法。

（一）农业防治

防虫网与黄板配合使用，顶部和底部通风口处用 30～40 目尼龙纱网密封，棚室的进口处挂门帘。室内悬挂黄色黏虫板，每亩悬挂 20～25 块（图 5－19）。

图 5－19　棚室内黄板（黏虫板）的放置

（二）化学药剂防治

化学药剂防治以防为主，可在保护地休闲期采用高温闷棚或药剂熏蒸等方式进行棚室消毒，也可交替使用百菌清与腐霉利烟熏剂，用量 200～300g/亩。还可以用百泰进行叶面喷施，每隔 7～10 天一次，即可有效预防病害的发生。无论使用何种药剂，严禁收获前 10 天内用药。

（1）猝倒病的防治。可用 72.2% 的霉威水剂 800 倍液与

15%噁霉灵水剂 1 500倍液喷雾防治，连续防治 2 ~3 次，间隔期 5 ~7 天。

（2）叶斑病的防治。可喷施农用链霉素 1 000倍液防治，连续防治 2 ~3 次，间隔期 5 ~7 天。

（3）潜叶蝇的防治。及时喷施灭蝇胺，每亩 70g，7 ~10 天用药 1 次，喷 3 ~4 次即可。

（4）蚜虫与白粉虱的防治。可用 10% 吡虫啉 1 200 ~1 500 倍液进行喷雾防治，7 ~10 天用药 1 次，喷 3 ~4 次即可。

六、及时采收

茼蒿一般生长 40 ~50 天，长到 25 ~30cm 左右时可进行采收，采收分两种方式即可大株分期、分批采收，也可连根拔出捆成把。如果想进行多次收获，在主茎基部留 2 个叶，割去上部，割后进行浇水追肥，促进侧枝再生，侧芽萌发长大后，进行割收。割收时还可再次基部留 1 ~2 片叶，割去上部，收后浇水施肥，采收，直到开花为止。

第九节　日光温室黄瓜栽培技术

黄瓜是葫芦科甜瓜属一年生攀援性草本植物，起源于喜马拉雅山南麓印度北部至尼泊尔附近地区。黄瓜营养价值丰富，食用方法多以嫩果供食，可鲜食和凉拌，还可炒食或加工盐渍、糖渍、酱渍等。设施栽培蔬菜黄瓜面积最大，节能日光温室冬春茬黄瓜单产，最高已经突破 2.5 万 kg/亩，而一般每亩只有 5 000 ~8 000kg，可见增产潜力极大。

一、茬口安排（表5－1）

表5－1　黄瓜设施栽培茬口安排　　单位：月、旬

茬口	播种期	定植期	收获期
日光温室冬春茬	12上至12下	1下至2上中	2下/3上至5/6
日光温室秋冬茬	8中至9初	9中下	10中下至1
日光温室冬茬	9中至10中	10中至11中下	11上至5/6
大中棚春提前－单膜	2上中	3下至4初	4下至6/7
大中棚春提前－三膜	1中下	3上	4初至6/7
大棚秋延后	7下直播	—	9下至11上
小棚春提前	2中下	4上	5上至7
地膜双覆盖春提前	2中下	4上	5上至7

二、日光温室冬春茬黄瓜栽培技术

（一）栽培季节

一般于12月中下旬至1月上中旬播种，2月上中旬至3月初定植，3月上中旬至6月拉秧。

育苗期处于冬季，结瓜期处于春季和初夏季节。

（二）栽培难点

（1）培育壮苗。育苗期正值一年中最寒冷的季节，必须注意防寒保温，保证幼苗正常生长发育。

（2）灾害性天气的预防。特别是连阴雨天气。

（3）合理温光水肥管理。保证营殖平衡，延长采收期，以获早熟丰产。

（4）加强病虫害的综合防治。日光温室内小气候具有高湿的特点，利于许多病原菌侵染。否则，病害一旦暴发，将损失

惨重。

（三）栽培技术要点

1. 选用适宜的优良品种

（1）选择品种的原则。

①抗逆性强：要求具有耐低温弱光又耐高温高湿的特点。

②早熟性好：要求第一雌花节位较低，瓜码较密，单性结实能力强（节成性好）。

③抗病性强：对病害的抗性或耐性不低于中等水平。

（2）常用品种：博美 16、冬美 39、津优 35 号、津优 38 号等。

2. 培育适龄壮苗

（1）播种前的准备。

①温室准备。在温室使用前 15 天左右，对棚内地面喷施 10% 多百粉尘剂，每亩 1 千克。然后深翻土壤，封闭温室。

②苗床准备。在温室内设育苗床。为提高室内温度，可铺设地热线育苗或室内生炉火，还可采用酿热温床育苗。方法是：先在温室内按所需苗床大小挖深 30 厘米的床坑，底部铺 20 厘米的新鲜牲畜粪，加温水，以脚踩见水、抬脚又不见水为宜，湿度为 65% ~75%，盖上塑料布。育苗床应在播种前 15 天准备好。

③营养土准备。营养土要求疏松、肥沃、细碎，无病菌、虫卵和杂草种子，清洁卫生无污染，含有机质 10% 以上，碱解氮 120 ~150mg/kg。培养土一般用充分腐热优质肥 5 ~6 份，3 ~4 年内未种植过瓜类作物的肥沃园土 4 ~5 份配制而成。如果黏性大，可加入 1 份细沙，在每立方米培养土中加入腐熟粉碎的干鸡粪 15 ~25kg。园土和鸡粪先分别过筛，然后按比例充分混匀。培养土配制好后，装入上口直径 8 ~10 厘米的纸桶或塑料营养钵，再置放苗床中。

（2）播种。

①浸种催芽。每亩用黄瓜种子 150 克、黑籽南瓜 1.5 千克。播前都用55℃的温水浸种，种子倒入水中不停地搅动至水温下降到30℃以下，再浸泡4～6 小时。浸泡后的种子用清水冲洗2～3 遍，纱布包好，放在 28～30℃的温度下催芽。催芽过程中早、晚各用30℃温水淘洗 1 次，50%左右的种子露白即可播种。

②苗床准备。床内铺1 层 8 厘米厚的洁净沙，每平方米用50%多菌灵可湿性粉剂 800 倍液喷洒床上，盖地膜 2 天后播种。

③播种方法。黄瓜比黑籽南瓜早播种 5～7 天，黄瓜株行距3cm×3cm，黑籽南瓜株行距 5cm×5cm。种子横向平摆、上覆1.5～2cm 细沙，浇透水后苗床盖膜，播种后室内白天温度控制在28～30℃，夜间保持15℃，土温在25℃左右。出苗后立即降温以防徒长，砧木第一片叶展开、接穗真叶顶心时为嫁接适期。

（3）苗床管理。

①温度管理。见表 5－2。

表 5－2　黄瓜苗床温度管理指标

生育阶段		气温（℃）		地温（℃）		管理特征
		昼	夜	昼	夜	
第一阶段	播种至出苗	25～30	22～25	20～25	20～22	高
第二阶段	齐苗至子叶展开	24～25	13～16	17～20	15～18	低
第三阶段	移苗至缓苗	25～30	17～20	20～25	17～20	高
第四阶段	缓苗至炼苗	24～25	12～15	18～22	14～17	低
第五阶段	炼苗至定植	18～20	12～14	17～18	10～12	锻炼

②水分管理。在播种前或移苗时浇透水。苗床干旱缺水：应进行补水。

（4）黄瓜嫁接技术与方法。

①嫁接方法：a. 靠接法，b. 顶插接法。

注意事项：刀到口要快，切口要平滑；切口防止杂菌污染；管理好温湿度，并进行遮光。防止打蔫；砧木下胚轴应稍长些，避免黄瓜近地面处胚轴生不定根影响嫁接效果。

②播种量：亩用苗需种量黄瓜（150g），黑籽南瓜（1.2～1.5kg）。

③播种时期：靠接法，黄瓜应比黑籽南瓜早播4～5天；顶插接法，南瓜应比黄瓜早播4～5天。

④嫁接适期：黄瓜第一片真叶展开，砧木南瓜真叶出现。嫁接注意事项：刀到口要快，切口要平滑。切口防止杂菌污染。管理好温湿度，并进行遮光，防止打蔫。砧木下胚轴应稍长些，避免黄瓜近地面处胚轴生不定根影响嫁接效果。

⑤嫁接后苗床的管理。

a. 嫁接后的前3天的管理：湿度，密闭小拱棚保湿，使空气的相对湿度达到95%以上。温度，地温22℃以上，气温白天25～28℃，夜间18℃以上。光照，遮花阴。

b. 第4～7天的管理：湿度，小拱棚开始放风，风口由小到大，放风时间由短到长至逐渐撤掉小拱棚，空气的相对湿度保持85%～90%。温度，地温18℃以上，气温白天25～28℃，夜间18℃以上。光照，逐渐加大见光量，延长见光时间至撤掉遮光物全天见光。

c. 第8～13天的管理：空气相对湿度保持在80%～85%；温度，地温16℃以上，气温白天28～32℃，夜间14～18℃以上。光照，早掀苫，晚盖苫，尽量延长见光时间。

d. 第13天以后的管理：当接穗开始生长时，开始断根。断根前一天喷50%多菌灵800～1 000倍液，断根的当天上午10点至下午2点要适当遮阴，以防由于暂时缺水造成接穗过度萎蔫而死。一般遮阴1～2天即可。断根后一般不再浇水，土壤相对湿度保持在75%～80%，白天温度26～28℃，夜间温度12℃为宜，定植前 5 ~7 天进行低温炼苗，白天苗床温度 28 ~30℃，夜间逐渐降到 8℃。

(5) 苗期病害防治。常见的侵染性病害种类：猝倒病、立枯病、霜霉病、灰霉病等。主要与苗床湿度过大、温度过低或床土带菌过多有关。可对种子消毒、床土消毒、出苗后定期灌药防治土传病害、并注意放风排湿。常见的生理障碍种类：不出苗烂籽、种子带帽、根系不发、寒根、沤根等。主要与床温过低、土壤过湿、播种过浅（造成带帽）或过深（出苗慢）、土壤肥害或碱害有关。管理不当形成的苗如徒长苗：植株细高，叶片博大色浅。老花苗：苗期过长，叶片深绿色暗无光泽，植株矮小。花打顶苗：植株顶部雌花团聚。适龄壮苗的形态特征：日历苗龄35 ~45 天。3 ~4 片真叶，株高 10 ~15cm。茎粗节短，叶厚有光泽，绿色，根系粗壮发达洁白，全株完整无损。

3. 定植前的准备

(1) 温室消毒 一般每100m^2 温室面积用硫磺粉 20g，敌敌畏 50g，锯末 500g 混匀后点燃，熏烟，密闭 24h 以上。此项工作应在育苗以前完成。

(2) 整地施肥。定植前应施足底肥，以有机肥为主。一般每个温室（80m^2）要施入腐熟的鸡粪 14 ~16 方，磷酸二铵、硫酸钾各 25kg。

(3) 整地做畦。施入基肥后，深翻土壤 40cm，耙平整细，起陇作畦，南北向宽窄垄（大小垄），见图 5 ~20。

4. 定植

(1) 定植期。选在阴尾晴头的晴天上午。确定定植日期的生理指标：以根毛发生的最低温度 12℃为依据。

测定方法：

①距温室前沿 30 ~40cm 处，10cm 地温连续 3 ~4 天稳定在 12℃以上时，方可定植。

②若定植后扣小拱棚或者地膜，可在10cm地温稳定在10℃左右时定植（图5－20）。

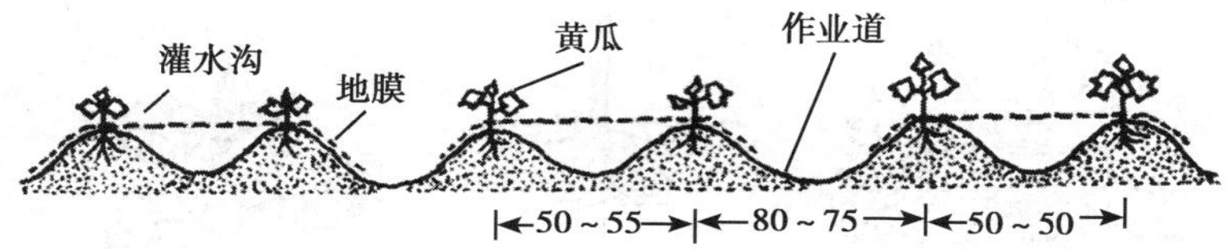

图5－20　日光温室冬春茬黄瓜的宽窄行（大小垄）整地定植（单位：cm）

（2）株行距及密度。株距：28～30cm，密度：3 300～3 500株/亩。

（3）栽植方法。方式一：覆地膜→开穴→摆苗→点水→封沟。方式二：开沟→摆苗→引水浇沟→水渗后封沟→覆地膜。

定植时注意事项：大小苗分栽；避免散坨伤根过重；浇暗水以利缓苗发棵；栽植宜浅不宜深（“黄瓜露坨，茄子没脖”）；栽后扣小棚，保温防寒促发棵；保持膜面清洁，保证地膜覆盖效果。

5. 根瓜采收前的管理

从定植至根瓜采收前，是黄瓜根系生长、茎叶生长、开花坐瓜的时期。通过肥水管理，灵活掌握促控技术，保证茎叶生长和发根，保证坐瓜，防止徒长、花打顶、根瓜坠秧等问题，协调营殖平衡关系。

根据生长特点，可划分为以下3个时期。

（1）定植后——缓苗（图5－21）。

a. 管理关键：增温保温促缓苗。

b. 管理温度：定植后，一般掌握白天气温28～30℃，不能超过35℃，夜间22～20℃，地温18℃以上。

c. 水分管理：定植后暗沟浇水，以浇透垄背为宜。

d. 管理措施：棚膜密闭，不放风。可加设小拱棚。不盖地膜的应中耕松土，以提高地温。晴天适当晚揭早盖草苫。

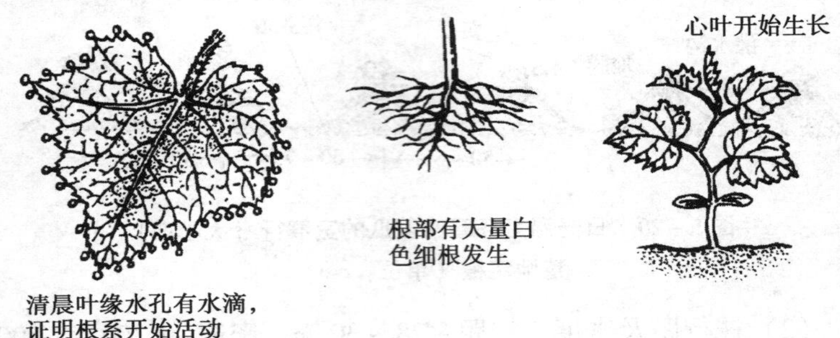

图 5－21　黄瓜定植后缓苗的特征

(2) 缓苗后——根瓜坐住前。根瓜坐住前以促根控秧为主。主要管理措施如下。

a. 温度管理：一般白天温度控制在 25～30℃，夜间温度 15～13℃，地温不低于 10℃。

b. 水分管理：缓苗后（定植后 6～10 天）轻浇缓苗水，膜下暗灌。

c. 营养管理：若秧苗长势差且黄弱，可叶面施肥。

d. 植株调整：吊蔓和整枝。吊蔓，当黄瓜蔓长 30cm 以上时，及时用塑料绳或麻绳进行吊蔓。吊蔓后将嫁接夹取下。此项工作在 11：00～16：00 进行为宜。整枝主要是去侧枝、除雄花、除卷须、随时去除幼小的畸形瓜和黄化果，随时去除病叶、枯叶。黄瓜的整枝如图 5－22 和图 5－23 所示。

(3) 根瓜坐住——根瓜采收前。根瓜坐住的特征是瓜长 10cm、瓜把发黑。根瓜坐住后，瓜条开始迅速膨大。生长中心从营主向营殖并进的转折时期，把握适时转折和营殖平衡。这个时期管理的关键是适时适量地供给肥水。

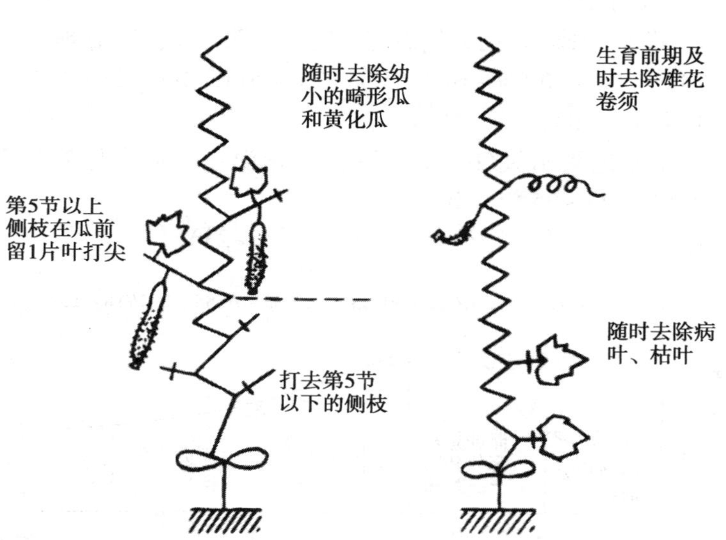

图 5－22　黄瓜的整枝

管理措施：开始浇水追肥。浇灌时期在根瓜坐住后或者根瓜采收前后，依墒情和植株长势而定。浇灌量宜小不宜大。注意不能提前灌水，防止疯秧。追肥时期应结合根瓜水冲施速效性化肥，追施量宜小不宜大，一般尿素 10～20 kg/亩、硫酸铵 20～30kg/亩。若底肥不多，还可开沟施入饼肥或复合肥、磷酸二铵。

6. 结瓜期管理

气候季节正值 3～5 月期间，室外温度回升，天气变化频繁。日照从阴晴频繁变化逐渐转为日照充足，茎叶生长和果实生长同步进行。通过对日光温室的温、光、水、肥、气五大环境因子调控，协调秧果生长平衡关系，加强病虫害综合防治，延长结果期，以获得早熟丰产。

（1）初瓜期至盛瓜期的管理。

①温度管理。

a. 管理原则：依据天气而定，进行“四段变温”管理

晴天：28～30℃5～6h≯35℃//25～20℃//18～15℃，4h//13～10℃≮5～6℃

阴雨或连阴雨天气，适当降低管理温度，加强保温防寒。18～22℃ ≯23～25℃ //10℃ ≮5～6℃。

晴天“四段变温”管理日进程（图5－23）

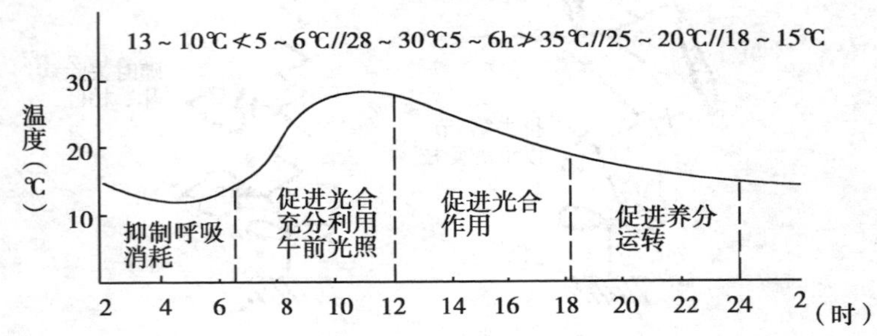

图5－23 黄瓜一天内“四段变温管理”的温度指标

b. 管理措施：放风调节温度；草苫早揭晚盖。若是天气阴沉、寒流过重，可以不揭草苫。密切注意天变化，避免高温伤害和低温伤害。

②追肥管理。

a. 需肥特点：喜肥又不耐肥。

b. 追肥原则：少施勤施

c. 具体方法：“隔水追肥”或“水水带肥”。每亩次硝酸铵15～20kg，或尿素10～15kg。还可追施1～2次磷钾肥。如磷酸二铵15～20kg/亩次，硫酸钾10～20kg/亩次。此外，可配合叶面施肥。注意设施栽培追肥禁用碳酸氢铵。

③水分管理。

a. 需水特点：喜湿怕旱不耐涝。大水漫灌易造成沤根和室

内高湿，死秧和病害蔓延。

b. 缺水干旱，植株长势锐减，化瓜严重或瓜条生长极其缓慢。灌水原则：宜“小水勤浇”，保证土壤湿度80%～90%。具体方法：浇水间隔，初瓜期7～10天/水（地膜覆盖15天/水）；盛瓜期（4月以后）3～5天/水。浇水时间，宜在晴天上午。中午高温期、下午、傍晚或阴雨天不能浇水。浇水量，初瓜期只浇小沟。盛瓜期（4月以后）大沟小沟同时浇灌。临时空秧时，应适当停水。

④光照调节。结瓜期保证充足的光照，是日光温室成败的基本条件，也是产量效益高低的关键。增强光照的措施：

a. 改善温室采光性能：保证合理的采光角度、采用无滴长寿薄膜、覆盖新膜、经常擦膜面等。

b. 保证良好的群体通风透光性能：合理定植密度，及时上架、及时绑蔓，合理肥水供应防止茎叶徒长田间郁蔽中后期及时摘除老叶病叶。

c. 室内北侧张挂聚酯镀铝反光幕，晴天中午在距反光幕前2m以内的水平地面，光强增加50%以上，晴天气温增加2℃；阴天增加10%～40%，温度增加1℃。进入中后期（4月），及时撤掉，防止日灼。

d. 及时揭盖草苫：3～4月天气转暖，尽量早揭晚盖，谷雨节前后撤苫。特殊情况如阴雨天气白天尽量揭苫见散射光，且不可连续几天不揭苫；连阴乍晴可采取“揭揭盖盖”，配合回苫措施，逐步转入正常管理。发现萎蔫，可喷洒清水应急。

⑤植株调整。绑蔓（引蔓上架）、落蔓（图5－24）、摘心、摘除老叶、病叶、卷须、侧枝、雄花、多余的雌花畸形瓜等。

（2）结瓜后期的管理。满架摘心后，进入结瓜后期。此期管理的重点是加强管理，防早衰，延长结瓜期，增产增值。主要管理措施：加强通风，降温排湿：28～32℃ <35℃//15～20℃。

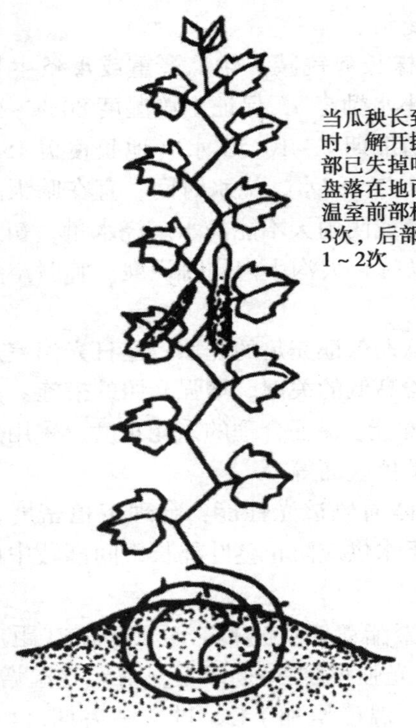

图 5－24　黄瓜的落蔓

5 月以后，扒大风口、昼夜通风、放底角风、开后墙风口方对流风。傍晚浇水降低室内温度。摘心后控水促结回头瓜。回头瓜坐住后，再浇水，并追一次钾肥，适量追施氮肥。植株衰老，瓜条大量畸形，应及时拉秧清园。

(3) 病虫害防治。常见病虫害有病原菌病害，常见的有霜霉病、细菌性角斑病、细菌性缘枯病、灰霉病、黑星病、枯萎病、炭疽病、白粉病、疫病、菌核病等 20 多种，防治措施应建立预防为主，配合及时治疗的综合防治措施，以霜霉病和角斑病

为防治中心。常见的生理病害有低温寒害或冻害、高温强光伤害、肥害、药害、缺素症、化瓜、畸形瓜等，应及时分析原因，对症解决。虫害主要有蚜虫、温室白粉虱、茶黄螨等，应及时除治。综合防治原则：应选用抗病或者耐病品种；加强管理，进行生态防治；配合药剂防治。

7. 采收

果实生长过程，正常情况下，花后 10 天采瓜；冬季或早春，气温低、光照较弱，约需 15 天左右才能采瓜；如遇阴天较多、室内温度低、光照弱，20 天才能采瓜。

采瓜原则与技术：摘瓜宜在早晨以利增重和鲜嫩喜人。初瓜期，特别是根瓜宜早采摘，防止坠秧。盛瓜期宜在浇水之前采瓜，以利操作。秧弱时宜摘早摘小，秧壮时宜摘大瓜；秧上雌花或幼瓜多时宜摘早摘小，反之，宜摘大瓜。防止漏采坠秧。看市场行情采瓜，价格高时及时采收上市。

三、日光温室越冬茬黄瓜栽培技术

（一）栽培季节

一般于 9 月中旬至 10 月中旬播种，10 月中旬至 11 月中下旬定植，11 月上中旬至 12 月下旬始收，直至来年春末夏初结束，若管理得好，采收期可延长至 7 月。

（二）栽培特点

采收上市期在元旦、春节和早春，市场价格高，经济效益显著；属于高投入高技术高产出茬口。

（三）栽培技术要点

1. 采用优型节能日光温室

成功的基础，进一步改善保温和采光性能如：采用无滴长寿保温三层复合膜、坚持每年入冬换新膜、经常清扫膜面灰尘减少遮光、室内北侧张挂反光幕、严冬覆盖双苫或加盖纸被、室内多层薄膜覆盖、配备加温设备。

2. 选择适宜的品种和播期

选择适宜的品种：要求耐低温能力强，常用新泰密刺、山东密刺、津优35号等。

播种适期为9月中旬至10月中旬。播种过晚，株龄过小，春节前后不能形成批量产品，产量低效益低；播种过早，株龄偏大，冬期抗低温能力差，不利于越冬生产。

3. 嫁接换根，培育适龄壮苗

参见日光温室冬春茬黄瓜育苗内容。

适宜苗龄：生理苗龄为3~4片真叶、苗高10~13cm；日历苗龄为30~40天。

4. 大量增施有机肥，大小垄地膜覆盖暗灌栽培

（1）深翻土壤，增施有机肥。腐熟有机肥8~10m^3/亩+磷酸二铵50kg/亩+钾肥20kg/亩或者腐熟细碎饼肥300~500kg/亩。腐熟有机肥2/3撒施，其余1/3与其他肥料沟施。

（2）大小垄地膜覆盖栽植。窄行距60cm，窄行间沟10~15cm，用于膜下浇水；宽行距80cm，宽行间沟宽30cm，用于行走和操作。双行畦面覆地膜（可在根瓜采收前覆膜，以便中耕松土）。

（3）栽植密度。3 300~3 500株/亩。株距27~29cm。

（4）栽植日期。10月中旬至11月中旬。宜选在阴尾晴头天气栽苗。栽后浇定植水。

5. 定植后精细管理

管理原则：前期以促根控秧为主。结瓜期要保瓜保秧，加强特殊天气管理和病虫害综合防治，防止早衰，延长采收期。

管理技术：

（1）缓苗期。原则：缓苗期密闭保温促进缓苗。掌握标准：气温25~32℃//17~14℃；地温15~18℃以上。

（2）发棵期。原则：缓苗后至根瓜坐住前以“促根”“控秧”为主。

管理内容：小沟浇缓苗水，水后中耕松土促发根，不要急于扣地膜。气温 25 ~ 30℃//16 ~ 10℃ ≮8℃。管理温度不宜过高。张挂反光幕，改善温室内后部群体的光照状况。吊蔓及引蔓 5 ~ 6 叶甩蔓时吊蔓。因生长期长，主蔓可达 50 ~ 70 节，吊蔓绳应预留余量以备结瓜中后期沉秧落蔓。S 型引蔓上架，并使龙头高度一致，维持均匀长势，便于统一管理。整枝——主蔓坐瓜前，下部侧枝全部摘除，主蔓坐瓜后长出的侧枝瓜前留一片叶摘心。摘叶——及时适当地摘除老叶、病叶、雄花、侧枝、卷须、畸形瓜、多余瓜、病瓜等，以减少养分消耗。

（3）结瓜期。生长特点：结瓜初期正值严冬（11 月中下旬至 2 月上旬），光照差、温度低，而且经常“晴三阴四”，有时甚至连阴雾 7 天以上，易受寒害或病害，生产风险较大。结瓜盛期进入早春 2 ~ 3 月，天气变化无常，经常出现连阴寡照、寒流等灾害性天气，易引起化瓜、病菌侵染，甚至被迫拉秧。结瓜后期春季和初夏，气候转暖，光照充足，植株进入生育中后期，应加强病虫害防治，合理进行温光水肥管理，防止早衰，延长采收期。

管理内容：

①温度管理。四段变温管理，结瓜初期，晴天：23 ~ 26℃ ≯30℃//22 ~ 20℃//19 ~ 16℃ ≯20℃//12 ~ 10℃ ≮5 ~ 6℃。阴天：尽量保温。连阴天过长，注意保温防寒，必要时临时生火。盛瓜期，晴天：25 ~ 32℃ ≯35℃//30 ~ 20℃//18 ~ 16℃//12 ~ 10℃，阴天：18 ~ 22℃//10℃ ≯8℃。久阴乍晴，要逐渐揭苫见光，防止叶片萎蔫。春末夏初以后，光照增强，要加强通风，防止高温危害。

②水肥管理。浇水：初瓜期，严冬和早春，植株生长缓慢，

结瓜量小，需水量小，一般 10 ~ 15 天 1 水。膜下暗灌，只浇小沟。选晴天上午浇水，忌下午和阴天浇水。盛瓜期，春天到初夏，5 ~ 10 天 1 水。宽窄沟全浇。追肥：嫁接换根的瓜秧，生育期长，总需肥量大。虽然南瓜根系耐肥吸肥能力强，但是每次追肥量也不宜太大。因为冬季黄瓜生长量不大，又不能多浇水，如果追肥量过大，易造成土壤溶液浓度过高，还易诱发微量元素缺乏症。所以追肥原则仍为少施勤施。初瓜期 15 ~ 20 天 1 肥，每亩次硝酸 7 ~ 10kg 或者尿素 10kg。盛瓜期水带肥，6 ~ 10 天 1 次，每亩次尿素 15kg。可配合追施 1 ~ 2 次磷酸二铵，每亩次尿素 20kg。整个结瓜期可多次叶面喷肥。

③病虫害综合防治。冬茬黄瓜生长期可长达 7 ~ 10 个月。防病保秧、延长瓜秧寿命，是其丰产高效的根本。见日光温室冬春茬黄瓜栽培技术病虫害的防治。

同时坚持放风排湿，搞好生态防治。放风具有防止高温、排出湿气、排出有害气体、补充室内 CO_2 的作用。严冬和早春坚持中午放风排湿，宜采用放风排湿筒，其排湿效果好，还可防止冷风直接吹向室内。春季加大放风量，放顶风和腰风。配合夜通风排湿技术。入夏季节，放对流风。

第十节　工厂化杏鲍菇二次出菇技术

杏鲍菇工厂化生产一般只收一潮菇，然后废菌包直接还田做肥料或为有机肥的辅料。大棚栽培工厂化杏鲍菇废菌包即在适宜的自然温度条件下，在蔬菜管棚或建造简易的大棚内进行杏鲍菇废菌包再次栽培出菇，以提高废菌包利用率，帮助农民增加收入。

一、出菇时间安排

杏鲍菇出菇的适宜温度应在12～16℃，在自然条件下栽培，通过对大棚采取加盖、遮阴等措施，来调节大棚的增温、降温、通气、光线、保湿，以达到杏鲍菇生长对温、光、水、气的要求。杏鲍菇二次出菇生产的时间一般可以安排在11月到翌年的3月。

二、菇棚的准备

根据当地的实际条件，杏鲍菇废菌包栽培的菇棚，可以是标准日光暖棚，也可以是春秋棚。标准日光暖棚长度要求在30m左右，宽度在6～8m。春秋棚，其走道中间离顶不低于2m，宽不小于4m。大棚顶上要加盖塑料薄膜和遮阳网，棚内需搭建小环棚。

三、栽培技术工艺

（一）土地平整作畦

在菌包埋土前7天，要除去棚内的草和杂物，整平土地，然后作畦80～100cm宽，深15cm，畦与畦之间留60cm作为走道。6m宽大棚可以起3条畦，4m宽大棚可以起2条畦。挖起的土敲碎放在走道上，土块直径大小不要超过1.2cm。

（二）浇水预湿土壤

在废菌包埋土前2～3天，在畦内和挖起的土壤上浇一些水，以增加土的湿度。水的用量要确保用于覆盖的土在覆土时手握成团，撒地可散。

（三）废菌包埋土

将废菌包的塑料袋拆掉，剔除有杂菌和细菌感染的菌包，然后将菌包竖排在畦内，以出菇的一面朝下，一排放8～10个菌包，一般每平方米可以放 60 ~ 70 个废菌包。排好后，在菌包的间隙填上土，覆土高出菌包 2 ~ 3cm。

（四）覆土调水

覆土结束后，然后进行喷水，要求把覆土层全部调至饱和状态，调水时要慢，每次喷 $1kg/m^2$ 左右，一般用 1 天的时间调湿覆土层的水分，覆土层调水呈饱和状态。覆土层调水要在菇房通气条件下进行，不喷关门水。调水结束后，菇房要连续通气，使土表的水迹收干。如覆土表面有板结现象，需用工具将覆土表面扒松。

（五）出菇管理

覆土调水结束后 1 ~ 2 天，在畦上搭建小环棚，上面用一层地膜覆盖。

1. 温度调控

菇棚温度宜控制在 12 ~ 16℃，如温度高于 18℃，菇蕾易萎缩死亡，子实体生长快，易开伞，菇质量较差；温度低于 8℃，子实体生产发育十分缓慢，近于停止。为了防止大棚温度超过 18℃或者低于 8℃，如与外界气温多高或过低，大棚和小环棚要通过加盖遮阳网、塑料薄膜，在棚两边摞起薄膜增加通气等措施，来达到增温、保温、降温的效果，尽可能确保菇棚的温度在适宜的范围之内。

2. 湿度调控

小环棚空气湿度要求保持在 85% ~ 90%。当菇体长到 2cm 以上时，湿度可控制在 85% 左右。出菇后一般不再床面上直接喷水，如需增加空气湿度，可以在大棚内空气中喷一些水。

3. 光线与空气调节

杏鲍菇子实体发生和发育阶段均需光照，以 500 ~ 1 000lx 为宜。在小环棚内，要调节好一些散射光。杏鲍菇子实体生长发育期间需充足的氧气，因此，每天要对大鹏和小环棚进行通风换

气，一般要求是外界温度在适宜范围之内时要多通风。

（六）采收

一般覆土调水后 15 天左右，就可以采收第一批菇。当菇盖已平展，尚未卷边时，即可采收。第一批采摘结束后要及时清理清理创面的老根，适当补土，然后喷水，通风，进行出菇管理，再过 7 天左右收第二批菇，第二批菇形要比第一批小。二批菇的单产在 100 ~ 150g/包，覆土栽培的杏鲍菇吃口比较脆嫩，口味鲜美。

四、杏鲍菇二次出菇注意事项

随着温度的下降，杏鲍菇废菌包再覆土出菇正是时候，因此菇农要注意以下事项。

（1）采用蔬菜管棚栽培杏鲍菇废菌包，必须对大棚进行遮阳网覆盖，建议用 95% 透光率的遮阳网进行遮盖，8m × 35m 的蔬菜管棚用 3 ~4 张遮阳网即可。如果遮阳网透光率较高，可适当多加几张遮阳网覆盖，保证大棚内的黑暗度。

（2）杏鲍菇废菌包拿回来之后要及时进行脱袋埋土，如果棚内温度过高，可以先将废菌包脱袋埋土，之后随着大棚温度适宜后再进行调水出菇管理。

（3）杏鲍菇废菌包埋土前，宜将土壤进行预湿一次，埋土后调水要慢，分 2 ~3 次调水结束，让土层充分饱和，另外覆土厚度不可过厚，2cm 即可，泥土不用太细，以增加空气透气性。

（4）废菌包调水结束后，注意棚内温度，如果超过 16℃，及时通风换气，如果低于 12℃，将在大棚内再搭建小环棚，以增加棚内温度。

第十一节　早春小拱棚胡萝卜无公害生产技术

一、茬口安排

胡萝卜全年茬口安排见表5－3。

表5－3　胡萝卜全年茬口安排

茬口	播种期	收获期
早春冷棚	2月上中旬	5月中旬
早春小拱棚覆盖	2月中下旬	5月下旬至6月下旬
春露地	3月中下旬	7～8月
秋露地	7月下旬	10中旬至11月上旬

二、早春小拱棚胡萝卜无公害生产技术

(一) 品种选择

早春小拱棚栽培宜选择抗寒耐热、耐抽薹、品质好、抗性强、产量高的中早熟品种。优良品种有：红芯4号、慕田红光、慕田佳参、卡宴红等。

(二) 播种

1. 土壤选择

选择土层深厚，土质疏松，富含有机质的沙质壤土或壤土，pH值6～8较为适宜。一般选择生茬地，最好选择前茬作物是禾本科粮食作物、豆类的地块。

2. 整地、施肥

早春栽培，冬前深翻土壤进行晒垡，促进养分分解，消灭地下害虫，播种前结合深耕每亩施入腐熟优质有机肥5m^3，加施尿素20kg，磷酸二铵20kg，或者每亩施三元复合肥50kg以上，另

外再施入复合微生物菌肥3kg。施肥要均匀，防止粪肥伤根烧苗。施足基肥的同时使用辛硫磷颗粒剂防治地下害虫。

3. 种子处理及催芽

播前搓去种子上的刺毛，早春栽培时，为保证胡萝卜种子出苗整齐和幼苗茁壮，可先浸种催芽而后再播种，用55℃的温水浸种15min，然后在清水中浸泡4～6h，捞出沥干，用湿布包好（每包种子不超过250g），放在25℃左右的条件下进行催芽，每隔3～4h翻动一次种子，并用清水漂洗，等到70%种子露白时即可播种。

4. 播种

2月中旬播种，主要采取起垄条播，起垄时做成鱼脊形的垄，垄高10～15cm，垄距20cm，垄上种植双行。播种前覆膜升温，播种要均匀，播种深度为1.5cm，镇压，浇一次小水。

（三）田间管理

1. 苗期管理

苗期因处于低温阶段，重点是提高温度，播种后盖膜，尽量提高小拱棚内的土壤温度，最好达到20～25℃。幼苗出土后，及时去掉地膜，白天气温超过25℃放风，低于18℃关闭风口，夜间气温维持在10℃以上。在1～2片真叶展开时，结合放风，去除病弱苗、拥挤苗，进行间苗。在4～5片真叶时进行定苗，株距一般中小型品种8cm，大型品种10cm。结合定苗进行中耕除草。当外界气温不低于15℃时，昼夜通风，并逐渐撤掉拱棚。

2. 叶簇生长期

定苗后浇一水，并随水施腐熟鸡粪500kg或者尿素10kg、硫酸钾10kg。5～6叶后进入叶簇生长盛期，这一时期要适当控制水分供应，控制地上部生长，结合中耕除草进行中耕蹲苗。

3. 肉质根膨大期

蹲苗期一个月左右结束，进入肉质根膨大期，要保证水分供应，不能过干过湿，以免产生裂根、糠心。生长期浇水 4～5 次，结合浇水施两次肥，第一次在肉质根开始膨大时追肥，使用充分腐熟的饼肥 150kg 或人粪尿 1 500kg。15 天后进行第二次追肥，追施饼肥和人粪尿量为第一次追肥量 1/3，硫酸钾 10kg。（注意：胡萝卜对鲜厩肥和土壤溶液浓度过高都很敏感，易发生叉根，应避免施用鲜厩肥或过量施肥）。

（四）收获

胡萝卜成熟时表现为叶片不再生长，不见新叶，下部叶片变黄。5 月下旬至 6 月上旬胡萝卜成熟时要及时收获，过早过晚采收影响胡萝卜的商品性状和产量。

（五）病虫害防治

胡萝卜病害主要是软腐病、黑斑病，虫害主要是蛴螬、蝼蛄、白粉虱、蚜虫等。

1. 软腐病防治

①可采用轮作，雨后排水；施用腐熟有机肥。

②及时防治地下害虫。

③发现病株随时拔除，并用石灰处理病穴。

④药剂防治。发病初期喷施农用硫酸链霉素 4 000倍液或 50%琥胶肥酸铜可湿性粉剂 500 倍液、77%可杀得 2 000干悬浮剂 500 倍液进行喷雾防治，每隔 7～10 天一次，或者 77%可杀得 2 000干悬浮剂 400 倍液进行灌根防治。

2. 黑斑病防治

①无病株采种。

②播前种子消毒。用种子重量 0.3%的 50%福美双可湿性粉剂或 70%代森锰锌可湿性粉剂拌种。

③实行 2 年以上轮作。

④及时清除病残体，适当增加灌水，促进生长，增强抗病力。

⑤药剂防治。发病初期喷施75%百菌清可湿性粉剂600倍液，50%扑海因可湿性粉剂1 000～1 500倍液、58%甲霜灵—锰锌可湿性粉剂400～500倍液、50%甲基托布津500倍液，每7～10天防治一次，连续喷洒2～3次。

3. 蝼蛄、蛴螬防治

①施用充分腐熟有机肥。

②灯光诱杀。设置黑光灯诱杀成虫。

③合理灌溉。蛴螬在过干或过湿条件下，卵不能孵化，幼虫致死，成虫的繁殖和生活力受影响，所以在不影响胡萝卜生长的情况下进行合理灌水。

④毒饵诱杀。用90%敌百虫30倍液0.15kg，拌炒香麦麸5kg制成毒饵，每亩撒施毒饵1.5～2.5kg，或90%敌百虫乳油800液灌根，每株灌0.15～0.2kg药液。

4. 白粉虱、蚜虫防治

使用25%扑虱灵2 000倍液，10%万灵可湿性粉剂1 000倍液、10%吡虫啉可湿性粉剂2 000倍液进行喷雾防治，每隔7～10天一次。

第十二节　茄子栽培管理技术

茄子，别名落苏，茄科茄属一年生草本植物。原产于东印度，公元3～4世纪传入我国，在我国已有1 000多年栽培历史，通常认为我国是茄子的第二起源地。茄子适应性强，栽培容易，产量高，营养丰富，又适于加工，是我国人民喜食的蔬菜之一，在我国南北方普遍栽培，近年来设施茄子栽培面积逐渐扩大。

一、品种类型

根据茄子果形、株形的不同，可把茄子的栽培种分3个变种。

（一）圆茄

植株高大，茎直立粗壮，叶片大而肥厚，生长旺盛，果实为球形、扁球形或椭球形，果色有紫黑色、紫红色、绿色、绿白色等。多为中晚熟品种，肉质较紧密，单果质量较大。圆茄属北方生态型，适应于气候温暖干燥、阳光充足的夏季大陆性气候。多作露地栽培品种，如北京六叶茄、北京七叶茄、天津大民茄、山东大红袍、河南安阳大圆茄、西安大圆茄、辽茄 1 号等。

（二）长茄

植株高度及长势中等，叶较小而狭长，分枝较多。果实细长棒状，有的品种可长达 30cm 以上。果皮较薄，肉质松软，种子较少。果实有紫色、青绿色、白色等。单株结果数多，单果质量小，以中早熟品种为多，是我国茄子的主要类型。长茄属南方生态型，喜温暖湿润多阴天的气候条件，比较适合于设施栽培。优良品种较多，如南京紫线茄、杭州红茄、鹰嘴长茄、徐州长茄、苏崎茄、吉林羊角茄、大连黑长茄、沈阳柳条青、北京线茄。

（三）矮茄

又称卵茄。植株低矮，茎叶细小，分枝多，长势中等或较弱。着果节位较低，多为早熟品种，产量低。此类茄子适应性较强，露地栽培和设施栽培均可。果皮较厚，种子较多，易老，品质较差。果实小，果形多呈卵球形或灯泡形，果色有紫色、白色和绿色。如北京灯泡茄、天津牛心茄、荷包茄、西安绿茄等。

二、栽培季节和茬次安排

茄子的生长期和结果期长，全年露地栽培的茬次少，北方地区多为一年一茬，早春利用设施育苗，终霜后定植，早霜来临时拉秧。长江流域茄子多在清明后定植，夏秋季节采收，由于茄子耐热性较强，夏季供应时间较长，成为许多地方填补夏秋淡季的

重要蔬菜。华南无霜区，一年四季均可露地栽培。云贵高原由于低纬度、高海拔的地形特点，无炎热夏季，适合茄子栽培季节长，许多地方可以越冬栽培。茄子设施栽培茬口安排见表5－4。

表5－4　茄子设施栽培茬口安排

茬口	播种期	定植期	收获期
塑料大棚春提前	11月下旬至12月上旬	3月下旬至4上	6月
塑料大棚秋延后	5月下旬至6上旬	7月中下旬	9月
日光温室冬春茬	10月下旬至11月上旬	2月上旬	11月至翌年4月
日光温室秋冬茬	7月中下旬	8月中下旬	9月下旬至翌年3、4月
日光温室越冬茬	9月下旬	11月上旬	12月中旬至翌年7月

三、栽培技术

（一）日光温室冬春茬栽培技术

1. 品种选择

品种选择一方面要考虑温室冬春季生产应选择耐低温、耐弱光，抗病性强的品种，另一方面要了解销往地区的消费习惯。目前主要以长茄和卵茄为主，如西安绿茄、苏崎茄、鹰嘴茄、鲁茄1号、辽茄3号、辽茄4号等。

2. 嫁接育苗

茄子易受黄萎病、青枯病、立枯病、根结线虫病等土传病害的为害，不能重茬，需5～6年轮作。采用嫁接育苗，不但可以有效地防治黄萎病等土传病害，使连作成为现实，而且由于根系强大，吸收水肥能力强，植株生长旺盛，具有提高产量、品质，延长采收期的作用。

（1）砧木选择。目前生产中使用的砧木主要从野生茄子中筛选出来的高抗或免疫品种，如托鲁巴姆、CRP、耐病FV、赤茄等，尤以托鲁巴姆应用最为广泛。

（2）播种。托鲁巴姆不易发芽，可用150～200mg/L的赤霉素溶液浸种48h，于日温35℃，夜温15℃的条件下，8～10天可发芽。播种时由于托鲁巴姆种子拱土能力差，覆盖2～3mm厚的药土即可，二叶一心时移入营养钵中。当砧木苗子叶展平，真叶显露时播接穗。茄子种子发芽较慢，可采用变温催芽的方法，即一天中25～30℃ 8h，10～20℃ 16h交替进行，使发芽整齐，5～6天即可出齐。茄子黄萎病在苗期就能侵入到植株体内，潜伏到门茄瞪眼期发病，播种接穗时必须进行土壤消毒，并用塑料薄膜将育苗营养土与下部土壤隔开，防止病菌侵入。

（3）嫁接。砧木具8～9叶，接穗具6～7叶，茎粗达0.5cm开始嫁接。生产中多采用劈接法，即用刀片在砧木2片真叶以上平切，去掉上部，然后在砧木茎中间垂直切入1.0～1.2cm深。而后迅速将接穗苗拔起，在接穗半木质化处（幼苗上2cm左右的变色带，即半木质化处），两侧以30°向下斜切，形成长1cm的楔形，将削好的接穗插入切口中，用嫁接夹固定好。

（4）接后管理。利用小拱棚保温保湿并遮光，3天后逐渐见光。嫁接10～12天后愈合，伤口愈合后逐渐通风炼苗。茄苗现大蕾时定植。

3. 整地定植

日光温室冬春茬茄子采收期长，需施入大量农家肥作底肥以保证高产，每亩可施入农家肥15 000kg，精细整地，按大行距60cm，小行距50cm起垄，定植时垄上开深沟，每沟撒磷酸二铵100g，硫酸钾100g，肥土混合均匀。按30～40cm株距摆苗，覆少量土，浇透水后合垄。栽时掌握好深度，以土坨上表面低于垄面2cm为宜。定植后覆地膜并引苗出膜外。

4. 定植后管理

定植后正值外界严寒天气，管理上要以保温、增光为主，配

合肥水管理、植株调整争取提早采收，增加前期产量。

（1）温光调节。定植后密闭保温，促进缓苗。有条件的加盖小拱棚、二层幕，创造高温高湿条件。定植1周后，新叶开始生长，标志已缓苗。缓苗后白天超过30℃放风，温度降到25℃以下缩小风口，20℃时关闭风口。白天最低温度保持在20℃以上，夜温最好能保持15℃左右，凌晨不低于10℃。寒流来时，室内要有辅助加温设备。开花结果期采用四段变温管理，即上午25～28℃，下午20～24℃，前半夜温度不低于16℃，后半夜温度控制在10～15℃。夜温过高，呼吸旺盛，碳水化合物消耗大，果实生长缓慢，甚至成为僵果，产量下降。

茄子喜光，定植时正是光照最弱的季节，应采取各种措施增光补光。如在温室后墙张挂反光幕，增加光照强度，提高地温和气温。张挂反光幕后，使温室后部温度升高，光照加强，靠近反光幕的秧苗易出现萎蔫现象，要及时补充水分。

（2）水肥管理。定植水浇足后，一般在门茄坐果前可不浇水，门茄膨大后开始浇水，浇水应实行膜下暗灌，以降低空气湿度。浇水必须根据天气预报，保证浇水后保持2天以上晴天，并在上午10时前浇完。同时上午升温至30℃时放风，降至26℃后闷棚升温后再放风，通过升温尽可能地将水分蒸发成气体放出去。门茄膨大时开始追肥，每亩施三元复合肥25kg，溶解后随水冲施。对茄采收后每亩再追施磷酸二铵15 kg，硫酸钾10kg。整个生育期间可每周喷施1次磷酸二氢钾等叶面肥。冬春茬茄子生产中施用CO_2气肥，有明显的增产效果。

（3）植株调整。冬春茬茄子生产的障碍是湿度大，地温低，植株高大，互相遮光。及时整枝不但可以降低湿度，提高地温，同时也是调整秧果关系的重要措施。定植初期，保证有4片功能叶。门茄开花后，花蕾下面留1片叶，再下面的叶片全部打掉；门茄采收后，在对茄下留1片叶，再打掉下边的叶片。以后根据植株的长势和郁闭程度，保证地面多少有些透亮。生长过程中随时去除砧木的萌蘖。日光温室冬春茬茄子多采用双干整枝，即在对茄瞪眼后，在着生果实的侧枝上，果上留 2 片叶摘心，放开未结果枝，反复处理四母斗、八面风的分枝，只留两个枝干生长，每株留 5~8 个果后在幼果上留 2 片叶摘心。生长后期，植株较高大，可利用尼龙绳吊秧，将枝条固定。

（4）保花保果。日光温室茄子冬春季生产，室内温度低，光照弱，果实不易坐住。提高坐果率的根本措施是加强管理，创造适宜植株生长的环境条件。此外，可采用生长调节剂处理，开花期选用 30~40mg/L 的番茄灵喷花或涂抹花萼和花瓣。生长调节剂处理后的花瓣不易脱落，对果实着色有影响，且容易从花瓣处感染灰霉病，应在果实膨大后摘除。

5. 采收

茄子达到商品成熟度的标准是“茄眼睛”（萼片下的一条浅色带）消失，说明果实生长减慢，可以采收。采收时要用剪刀剪下果实，防止撕裂枝条。日光温室冬春茬茄子上市期，有较长一段时间处在寒冷季节。为保持产品鲜嫩，最好每个茄子都用纸包起来，装在筐中或箱中，四周衬上薄膜，运输时用棉被保温。不要在中午气温高时采收，此时采的茄子含水量低，品质差。

（二）茄子再生栽培技术要点

设施茄子进入高温季节，病虫危害严重，果实商品性差，产量下降。利用茄子的潜伏芽越夏，进行割茬再生栽培，供应秋冬市场。一次育苗，二茬生产，节省了育苗和嫁接所耗的大量人工和费用，通过加强管理，可有效地改善植株的生育状况和果实的商品性，获得较好的经济效益。

1. 剪枝再生

7 月中下旬将选择温室、大棚内未明显衰败的茄子植株，将茄子主干保留 10cm 左右剪掉，上部枝叶全部除去。嫁接的茄子

可在接口上方 10cm 处剪除。

2. 涂药防病

剪除主干后，立即用 50% 多菌灵可湿性粉剂 100g，农用链霉素 100g，疫霜灵 100g，加 0. 1% 高锰酸钾溶液调成糊状，涂抹于伤口处防止病菌侵入。同时，清理田园，喷药防病虫。

3. 重施肥水

剪枝后及时中耕松土，每亩施充分腐熟的农家肥 3 000kg，尿素 20kg，过磷酸钙 30kg。在栽培行间挖沟深施，并经常浇水促使新叶萌发。

4. 田间管理

剪枝 10 天后即可发出新枝，每株留 1 ~ 2 枝，每枝留 1 ~ 2 果即可。新枝在 12 ~ 15cm 长时现花蕾，再过 15 ~ 20 天即可采收。

嫁接的茄子生长势更强，适当稀植后，可进行多年生栽培，即一年剪枝 2 次，连续栽培 2 ~ 3 年。

第十三节　辣椒栽培管理技术

辣椒，茄科辣椒属植物，别名番椒、海椒、秦椒、辣茄。原产于南美洲的热带草原，明朝末年传入我国，至今已有 300 余年的栽培历史。辣椒在我国南北普遍栽培，南方以辣椒为主，北方以甜椒为主。辣椒果实中含有丰富的蛋白质、糖、有机酸、维生素及钙、磷、铁等矿物 质，其中维生素 C 含量极高，胡萝卜素含量也较高，还含有辣椒素，能增进食欲、帮助消化。辣椒的嫩果和老果均可食用，且食法多样，除鲜食外，还可加工成干椒、辣酱、辣椒油和辣椒粉等产品。

一、品种类型

辣椒的栽培种为一年生辣椒，根据果型大小又分为灯笼椒、长辣椒、簇生椒、圆锥椒和樱桃椒5个变种，其中灯笼椒、长辣椒和簇生椒栽培面积较大。

（一）灯笼椒

植株粗壮高大，叶片肥厚，椭圆形或卵圆形，花大果大，果基部凹陷。果实呈扁圆形、圆形或圆筒形。色红或黄，味甜、稍辣或不辣。

（二）长辣椒

植株矮小至高大，分枝性强，叶片较小或中等，果实多下垂，长角形，先端尖锐，常弯曲，辣味强。多为中早熟种，按果实的长度又可分为牛角椒、羊角椒或线辣椒3个品种群，其中线辣椒果实较长，辣味很强，可作干椒用。

（三）簇生椒

植株低矮丛生，茎叶细小开张，果实簇生、向上生长。果色深红，果肉薄，辣味极强，多作干椒栽培。耐热，抗病毒能力强。

二、栽培季节与茬次安排

辣椒露地栽培多于冬春季在设施内育苗，终霜后定植。华南地区一般在12月至翌年1月育苗，2~3月定植。长江中下游地区多于11~12月育苗，3~4月定植。北方地区则于2~4月育苗，4~5月定植。北方地区辣椒定植后很快进入高温季节，阳光直射地面，对辣椒生长发育极为不利，利用地膜、小拱棚等简易设施，提早定植，使植株在高温季节来临前封垄，是露地辣椒栽培获得高产的主要措施。近年来，长江中下游地区和北方地区利用塑料大棚、日光温室等保护地设施，可以周年生产和供应新

鲜的辣椒产品。辣椒设施栽培茬口安排见表5－5。

表5－5　辣椒设施栽培茬口安排

茬口	播种期	定植期	收获期
拱棚春提前	12月下旬至1月下旬	3月下旬至4月上旬	5月上旬至7月下旬
拱棚秋延后	4月下旬至5月中旬	7月上中旬	8月下旬至10上旬
温室秋冬茬	7月上中旬	9月上中旬	10月下旬至翌年1月上中旬
温室冬春茬	9月上旬	11月上旬	1～6月

三、栽培技术

（一）塑料大棚全年一大茬栽培技术

辣椒塑料大棚栽培，可于冬季在日光温室中育苗，春季终霜前1个月定植，由于环境条件适宜，对辣椒的生长发育有利，经越夏一直采收到秋末冬初棚内出现霜冻为止，产品再经过一段时间的贮藏，供应期可大幅度延长。

1. 品种选择

辣椒对光照要求不严格，只要温度能满足要求，很多品种都可栽培，主要根据市场需要选择品种。大果型品种可选用辽椒4号、农乐、中椒2号、牟椒1号、海花3号、苏椒5号、甜杂2号、茄门等品种。尖椒品种可选择湘研1号、湘研3号、保加利亚尖椒、沈椒3号等。

2. 育苗

塑料大棚辣椒早春育苗，可在温室内温光条件较好的地段设置育苗温床，上设小拱棚，昼揭夜盖，以提高苗床温度。播种前先将种子用清水浸6～8h，再用1%的硫酸铜溶液浸5min，取出用清水冲洗干净，对防治炭疽病和疮痂病效果较好。种子置于25～30℃的黑暗条件下，4～5h翻动一次，3～5天即可出芽。每平方米苗床播种量20g左右。1～2片真叶时抓紧分苗，辣椒最好采取容器育苗。定植前10～15天开始加大通风，降温炼苗，日温15～20℃，夜温5～10℃。一般日历苗龄80～100天，门椒现大蕾时即可定植。

3. 整地定植

定植前20～25天扣棚升温。土壤化透后每亩地撒施优质农家肥3 000kg，深翻30cm，使粪土掺匀、耙平。按1.0m行距开施肥沟，每667m^{2}再沟施农家肥2 000kg，三元复合肥25kg，过磷酸钙30kg。按大行距60cm，小行距40cm起垄，小行上扣地膜暖地。

当10cm土温稳定在12℃以上，气温稳定通过5℃以上时方可定植。如有多层覆盖条件，可提早10天左右定植。设施内栽培的辣椒，由于环境条件适宜，生长旺盛，植株较高大，宜采用单株定植。定植时在垄上按株距25cm开穴，逐穴浇定植水，水渗下后摆苗，每穴一株。深度以土坨表面与垄面相平为宜。摆苗时注意使子叶方向（即两排侧根方向）与垄向垂直，这样对根系发育有利。每亩栽苗5 000株左右。

4. 定植后的管理

（1）温光调节。定植后1周内不需通风，创造棚内高温、高湿的条件以促进缓苗。缓苗后日温保持在25～30℃，高于30℃时打开风口通风，低于25℃闭风。夜温18～20℃，最低不能低于15℃。春季听好天气预报，如寒流来临，应及时加盖二层幕、小拱棚或采取临时加温措施，防止低温冷害。以后随着外界气温的升高，应注意适当延长通风时间，加大通风量，把温度控制在适温范围内。当外界最低温度稳定在15℃以上时，可昼夜通风。进入7月份以后，把四周棚膜全部揭开，保留棚顶薄膜，并在棚顶内部挂遮阳网或在棚膜上甩泥浆，起到遮阴、降温、防雨的作用。8月下旬以后，撤掉遮阳网并清洗棚膜，并随着外温的下降

逐渐减少通风量。9 月中旬以后，夜间注意保温，白天加强通风。早霜来临期要加强防寒保温，尽量使采收期向后延迟。

（2）水肥管理。辣椒生育期长，产量高，必须保证充足的水分和养分供应。定植时由于地温偏低，只浇了少量定植水，缓苗后可浇 1 次缓苗水，这次水量可稍大些，以后一直到坐果前不需再浇水，进入蹲苗期。门椒采收后，应经常浇水保持土壤湿润。防止过度干旱后骤然浇水，否则易发生落花、落果和落叶，俗称“三落”。一般结果前期 7 天左右浇 1 次水，结果盛期 4～5 天浇 1 次水。浇水宜在晴天上午进行，最好采用滴灌或膜下暗灌，以防棚内湿度过高。辣椒喜肥又不耐肥，营养不足或营养过剩都易引起落花、落果，因此，追肥应以少量多次为原则。一般基肥比较充足的情况下，门椒坐果前可以满足需要，当门椒长到 3cm 长时，可结合浇水进行第 1 次追肥，每亩随水冲施尿素 12.5kg，硫酸钾 10kg。此后进入盛果期，根据植株长势和结果情况，可追施化肥或腐熟有机肥 1～2 次。

（3）植株调整。塑料大棚辣椒栽培密度较大，前期生长量小，尚可适应，进入盛果期后，温光条件优越，肥水充足，枝叶繁茂，影响通风透光。基部侧枝尽早抹去，老、黄、病叶及时摘除，如密度过大，在对椒上发出的两杈中留一杈去一杈，进行双干整枝。如植株过于高大，后期需吊绳防倒伏。辣椒花朵小、花梗短，生长调节剂保花处理操作困难，因此，生产上很少应用。栽培过程中只要加强大棚内温度、光照和空气湿度的调控，可以有效地防止辣椒落花落果。

（4）剪枝再生。与茄子类似，辣椒也可以剪枝再生。进入 8 月以后，结果部位上升，生长处于缓慢状态，出现歇伏现象，可在四母斗结果部位下端缩剪侧枝，追肥浇水，促进新枝发生，形成第二个产量高峰。新形成的枝条结果率高，果实大，品质好，采收期延长。

5. 采收

门椒、对椒应适当早采以免坠秧影响植株生长。此后原则上是果实充分膨大，果肉变硬、果皮发亮后采收。可根据市场价格灵活掌握。

（二）彩色甜椒栽培技术要点

彩色甜椒又称大椒，是甜椒的一种，与普通甜椒不同的是其果实个头大，果肉厚，单果质量 200～400g，最大可达 550g，果肉厚度达 5～7mm。果形方正，果皮光滑、色泽艳丽，有红色、黄色、橙色、紫色、浅紫色、乳白色、绿色、咖啡色等多种颜色。口感甜脆，营养价值高，适合生食。彩色甜椒植株长势强，较耐低温弱光，适合在设施内栽培。在各种农业观光园区的现代化温室中多作长季节栽培，利用日光温室进行秋冬茬、冬春茬栽培，于元旦、春节期作为高档礼品菜供应市场，经济效益较高。

1. 栽培品种

虽然甜椒有近 300 年的栽培历史，但彩色甜椒只在近几十年才开始发展，绝大部分品种均由欧美国家育成。目前国内栽培较优良的品种有先正达公司的新蒙德（红色）、方舟（红色）、黄欧宝（黄色）、桔西亚（桔黄色）、紫贵人（紫色）、白公主（腊白色）、多米（翠绿色）等品种，以色列海泽拉公司的麦卡比（红色）、考曼奇（金黄色）等品种。

2. 育苗

彩色甜椒种子价格昂贵，育苗时一定要精细管理，保证壮苗率。具体技术措施可参照普通甜椒。如采用穴盘育小苗的日历苗龄为 40～50 天，采用营养钵育大苗的日历苗龄为 60～70 天。

3. 定植

由于彩色甜椒的生长期较长，产量高，因而要施足基肥，每亩分层施入腐熟的有机肥 5 000kg，三元复合肥 25kg。彩色甜椒植株长势强，应适当稀植，日光温室内可按大行 70cm、小行

50cm 做小高畦，畦上开定植沟，沟内按株距 40cm 摆苗，亩栽苗 2 000 ~ 2 300株。

4. 定植后的管理

定植后的温光水肥管理可参照普通甜椒，但整枝方式与普通甜椒有许多不同之处。彩色甜椒整枝一般采用双干整枝或三干整枝，即保留二杈分枝或在门椒下再留一条健壮侧枝作结果枝。门椒花蕾和基部叶片生出的侧芽应疏除，以主枝结椒为主，每株始终保持有 2 ~ 3 个枝条向上生长。彩色甜椒的果实均比较大，而且果实转色需要一定的时间，如果植株上留果过多，势必影响果实的大小，而且果实转色期延长，因此，可通过疏花疏果来控制单株同时结果不超过6 个，以确保果大肉厚。在棚温低于 20℃ 和高于 30℃ 时要用生长调节剂处理保花保果。结果后期植株可高达 2m 以上，为防倒伏多采用塑料绳吊株来固定植株，每个主枝用 1 条塑料绳固定。整个生长期每株可结果 20 个左右。

5. 采收

彩色甜椒上市时对果实质量要求较为严格，最佳采摘时间是：黄、红、橙色的品种，在果实完全转色时采收；白色、紫色的品种在果实停止膨大，充分变厚时采收。采收时用剪刀或小刀从果柄与植株连接处剪切，不可用手扭断，以免损伤植株和感染病害。按大小分类包装出售，为防止彩色甜椒果实采后失水而出现果皮褶皱现象，应采取薄膜托盘密封包装，方可在低于室温条件下或超市冷柜中进行较长时间的保鲜。每个托盘可装 2 ~ 3 种颜色果实，便于食用时搭配。

（三）干辣椒栽培技术要点

我国是世界上干辣椒的主要生产和出口国家，干辣椒是我国出口创汇的主要蔬菜品种之一。在湖南、湖北、四川、贵州等均有专门生产干辣椒的基地。干辣椒以露地栽培为主，其栽培技术要点如下：

1. 品种选择

适合作干椒栽培的品种应具备以下特点：果实颜色鲜红、果形细长、加工晒干后不褪色；有较浓的辛辣味；果肉含水量小，干物质含量高。目前国际市场上较受欢迎的品种有益都红、日本三樱椒、日本天鹰椒、子弹头、南韩巨星、兖州红等。

2. 播种育苗

在无灌溉条件和劳动力缺乏的地区，干辣椒栽培多采用露地直播，可在当地终霜后播种，每亩用种量250～500g。条播，一般掌握在1m^{2}有1～2粒种子的密度即可。但直播易造成幼苗生长不整齐或缺苗断垄，且直播生长期短，植株矮小，后期病毒病发生，减产严重。因此，有条件的最好进行育苗移栽。春季可利用阳畦或小拱棚等简易设施育苗，一般在当地终霜前50天播种，于3叶期分苗至营养钵中，苗龄60～70天。苗期管理同鲜食辣椒。

3. 定植和定植后的管理

宜选择麦茬地等多年未种过茄科作物的生茬地，定植前每亩施入优质农家肥3 000kg，磷酸二铵20kg，草木灰100kg。干椒品种一般株形紧凑，适于密植。干辣椒要增加产量，主要是增加单位面积株数及单株结果数，至于单果重差异不大，因此适当密植是增产的重要措施之一。采用大小行种植，大行距60cm，小行距50cm，穴距25cm，每穴栽2～3株，每亩可栽1.0万～1.5万株。定植缓苗后浇一次缓苗水，然后精细中耕蹲苗。门椒坐住后开始追肥灌水，促进开花坐果和果实成熟。但后期不提倡施大量尿素，而应重视磷钾肥的施用。果实开始红熟后，控肥控水。

4. 采收

为提高干辣椒的质量和产量，应红熟一批采收一批，晒干一批。绝不可过早，否则果实未充分红熟，晒干后易出现青壳或黄壳，影响干椒的商品性。因此，采收时必须从两面看果，确实充

分红熟才能采摘。采收应在午后进行，采下的辣椒立即移至水泥晒场铺放干草帘上晾晒，日晒夜收，5～6 天即可晒干。然后根据收购标准整理、分级、出售。采收大约可持续 3 个多月，共可采收 8～10 次。

第十四节　菜豆栽培管理技术

菜豆，别名四季豆、芸豆、玉豆等，豆科菜豆属一年生蔬菜，原产中南美洲，16 世纪传入中国，我国南北各地普遍栽培。菜豆主要以嫩荚为食，营养丰富，嫩荚中含 6% 蛋白质及丰富的赖氨酸、精氨酸，还含有丰富的维生素 C、胡萝卜素、纤维素和糖等，并适于干制和速冻。

一、品种类型

依主茎的分枝习性一般分为蔓生型和矮生型。

（一）蔓生型

又称“架豆”，主蔓长达 2～3m，节间长，攀缘生长。顶芽为叶芽，属无限生长类型。每个茎节的腋芽均可抽生侧枝或花序，陆续开花结荚，成熟较迟，产量高，品质好。

（二）矮生型

又称“地豆”或“蹲豆”。植株矮生而直立，株高 40～60cm。通常主茎长至 4～8 节时顶芽形成花芽，不再继续生长，从各叶腋发生若干侧枝，侧枝生长数节后，顶芽形成花芽，开花封顶。生育期短，早熟，产量低。

二、栽培季节与茬次安排

我国除无霜期很短的高寒地区为夏播秋收外，其余南北各地均春秋两季播种，并以春播为主。春季露地播种，多在断霜前几天，10cm 地温稳定在10℃时进行。长江流域春播宜在 3 月中旬至4 月上旬，华南地区一般在2～3 月，华北地区在4 月中旬至5 月上旬，东北在4 月下旬至5 月上旬播种。海南和云南一些地区可冬季露地栽培。目前，很多地区利用塑料大棚和日光温室进行反季节栽培，保证了菜豆的周年生产和供应。

三、日光温室早春茬菜豆栽培技术

（一）品种选择

日光温室早春茬栽培可选用早熟至中晚熟的蔓生型品种，如芸丰、架豆王、双季豆、老来少、绿龙、日本花皮豆、特嫩 1 号、超长四季豆等。此期上市越早，价越高，也可选用早熟耐寒的矮生种，如优胜者、供给者、推广者、新西兰 3 号、嫩荚菜豆、农友早生、赞蔓兰诺 79－88 等。

（二）培育壮苗

春茬菜豆的适宜苗龄为 25～30 天，需在温室内育苗。育苗情况下每亩需种子5～6kg（定植密度7 500～9 000株/亩）。育苗用的营养土宜选用大田土，土中切忌加化肥和农家肥，否则易发生烂种。播种前先将菜豆种子晾晒1～2 天，再用种子重量0.2%的50%多菌灵可湿性粉剂拌种，或用福尔马林 200 倍液浸种30min 后用清水冲洗干净。然后将种子播于 10cm×10cm 的营养钵中，每钵播3 粒，覆土2cm，最后盖膜增温保湿。播种前如用根瘤菌拌种，能加快根瘤形成。

播后苗前温度控制在 25℃左右。出苗后，日温降至 15～20℃，夜温降至10～15℃。第1 片真叶展开后应提高温度，日温20～25℃，夜温15～18℃，以促进根、叶生长和花芽分化。定植前1 周开始逐渐降温炼苗，日温 15～20℃，夜温 10℃左右。菜豆幼苗较耐旱，在底水充足的前提下，定植前一般不再浇水。苗期尽可能改善光照条件，防止光照不足引起徒长。幼苗 3～4 片

叶时即可定植。

（三）整地定植

2 月上中旬整地，每亩施入充分腐熟有机肥 5 000kg，过磷酸钙 50kg，草木灰 100kg 或硫酸钾 20kg 作基肥，肥料 2/3 撒施，1/3 集中施于垄下。撒施后深翻 30cm，耙细耙平，然后按大行 60cm，小行 50cm 起垄，垄高 15cm，覆膜。蔓生种按 25cm 距离开穴，矮生种按 33cm 距离开穴，浇定植水，摆苗，每穴 3 株。每亩定植 3 500 ~ 4 000穴，不可过密，否则秧苗徒长，落花、落荚严重，甚至不结荚。

（四）定植后的管理

定植后闭棚升温，日温保持在 25 ~ 30℃，夜温保持在 20 ~ 25℃。缓苗后，日温降至 20 ~ 25℃，夜温保持在 15℃。前期注意保温，3 月份后外界温度升高，注意通风降温。进入开花期，日温保持在 22 ~ 25℃，有利于坐荚。当棚外最低温度达 13℃ 以上时昼夜通风。

菜豆苗期根瘤很少，可在缓苗后每亩追施 15kg 尿素，以利根系生长和叶面积扩大。开花结荚前，要适当蹲苗控制水分，如干旱则浇小水。菜豆浇水的原则是浇荚不浇花。当第 1 花序豆荚开始伸长时，随水追施复合肥，每次每亩施用 15 ~ 20kg。一般 10 天左右浇水 1 次，隔 1 水追 1 次肥，浇水后注意通风排湿。

菜豆主蔓长至 30cm 时，需吊绳引蔓。现蕾开花之前，第一花序以下的侧枝打掉，中部侧枝长到 30 ~ 50cm 时摘心。主蔓接近棚顶时落蔓。结荚后期，及时剪除老蔓和病叶，以改善通风透光条件，促进侧枝再生和潜伏芽开花结荚。

菜豆的花芽量很大，但正常开放的花仅占 20% ~ 30%，能结荚的花又仅占开放花的 20% ~ 30%，结荚率极低。大量的花芽变成潜伏芽或在开放时脱落。主要原因是开花结荚期外界环境条件不适，如温度过高过低，湿度过大或过小或光照较弱，水肥供应不足等原因，都能造成授粉不良而落花。生产中可通过加强管理，适时采收等措施防止落花落荚。如落荚较重，可用5～25mg/L的萘乙酸喷花序，保花保荚。

（五）采收

菜豆开花后10～15天，可达到食用成熟度。采收标准为豆荚由细变粗，荚大而嫩，豆粒略显。结荚盛期，每2～3天可采收1次。采收时要注意保护花序和幼荚。

第十五节　大棚丝瓜栽培管理技术

丝瓜为葫芦科，丝瓜属，一年生攀援植物。食用嫩果，具有清热、化痰、凉血、解毒的功效。成熟果实纤维发达，称“丝瓜络”，具有通经络，清热化痰的功效。丝瓜不仅为传统的中药材之一，同时丝瓜络也是极好的轻工原料和保健制品，在国外市场一直供不应求。随着科技的不断发展，它的用途还将日益广泛。

一、类型与品种

供蔬菜用的丝瓜，在植物学上有两个种，即普通丝瓜和棱角丝瓜。

普通丝瓜：果实为长圆筒形，嫩果无棱，有密毛，皮光滑或具细皱纹，肉细嫩。

有棱丝瓜：瓜为棒形，有明显的棱角。

大棚种植宜选用优质、高产、抗逆性强、适应性广、商品性好的品种，如绿胜3号丝瓜、翠绿早丝瓜、泰安长丝瓜等。

二、丝瓜的育苗

1. 育苗设施

选用日光温室或塑料大棚多层覆盖等设施，采用营养钵或穴

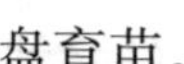

盘育苗。

2. 营养土配制

将3年内未种过瓜类作物的菜园土60%～70%、优质腐熟有机肥30%～40%混合，按每1 000kg混合土加50%多菌灵和50%福美双各0.1kg充分混合均匀，过筛后使用。穴盘育苗一般采用商品瓜类育苗基质。

3. 育苗床准备

营养钵规格为10cm×10cm，播种前2～3天将配制好的营养土装钵；穴盘规格为72孔，播前2～3天用商品瓜类育苗基质装盘。在准备好的床地上将营养钵或育苗盘排放整齐，用塑料薄膜覆盖保墒。

4. 播种

播期一般在1月下旬。播种前将种子用55℃温水浸种30min，冷却后浸泡24h，洗净种皮上的黏液。将处理过的种子放在30～32℃的条件下催芽，每隔12h用温水冲洗1次，沥干水分后继续催芽，待80%种子露白后选择晴天上午播种。每钵或每穴播1粒种子，播种前穴盘或营养钵需先浇透水，将种子芽尖向下平放，然后覆盖1.5～2cm厚的营养土并覆盖地膜。保温条件较差的育苗设施还需要在育苗床下面铺设电热丝，进行地热线加温育苗。

5. 苗床管理

出苗前苗床温度白天保持28～35℃，夜间不低于15℃。苗出齐后至心叶出现前，揭开塑料薄膜，白天温度控制在20～25℃，夜间在12～15℃。第一片真叶出现后，苗床温度保持白天25～28℃，夜间13～18℃。在温度条件许可的情况下，要尽可能地延长幼苗的光照时间。苗期不宜多浇水，但应保持床土湿润，浇水一般安排在早上进行。随着幼苗不断长大，用营养钵育苗的要适当加大苗钵间隙。如幼苗出现脱肥现象，可用0.5%尿素液进行叶面追肥。定植前 5 ~ 7 天，逐渐加大通风量，延长通风时间，进行低温炼苗。

三、大棚丝瓜的定植

1. 整地施肥

定植前结合耕地，每亩施腐熟农家肥 4 000 ~ 5 000kg 或腐熟鸡粪 2 000kg，三元复合肥（15 – 15 – 15）50kg。将所用肥料掺和均匀，铺施后深翻土地 20 ~ 30cm，然后起垄，垄距 1.2 ~ 1.6m，垄面宽 70 ~ 90cm，垄高 10 ~ 15cm，要求垄面平、土壤细碎没有坷垃，给垄面覆盖地膜提温保墒。

2. 定植

当大棚早春丝瓜瓜苗 4 叶 1 心时，选择晴天进行定植。定植前 2 天给育苗床浇 1 次透水。定植时在垄面两侧各向内 15cm 栽植幼苗，大小苗分级定植，并浇透水。实行大小行栽培，大行距 80 ~ 100cm，小行距 40 ~ 60cm，株距 25 ~ 30cm，每亩栽植 3 500株左右。

四、大棚丝瓜的田间管理

1. 控制棚室温度

保持棚室内温度白天 25 ~ 28℃，夜间不低于 15℃。当外界温度最低达 15℃ 以上时，不关通风口进行全天通风。

2. 肥水管理

伸蔓时每亩追施三元复合肥 10 ~ 15kg；开花坐果后每亩追施三元复合肥 25 ~ 30kg；采收盛期每采摘 2 次后，每亩追施三元复合肥 5kg，间隔追施尿素 10kg。在浇足定植水的基础上，一般坐瓜前不浇水，坐瓜后根据墒情适时浇水。

3. 植株调整

蔓长 30 ~ 40cm 时搭架，一般采用平棚支架，棚架高 2 ~ 2.5m。搭架后及时绑蔓上架，摘除第一雌花以下所有侧枝，上

架后一般不再摘除侧蔓。如果主蔓坐瓜少，可留子蔓结瓜，子蔓结瓜后，留 1～2 片叶摘心。结瓜盛期除去老叶、病叶和过多的雄花、卷须，摘除病瓜、虫蛀瓜、畸形瓜。

4. 瓜期管理

（1）去雄花瓜藤上架后要不断进行整枝挖芽和去除适当数量的雄花，丝瓜一般每株只留一条主藤，对其他的侧枝和芽要随时整除。丝瓜是雌雄花同节位着生，雄花数量多，为减少养分的消耗，可将 70% 以上的雄花蕾及时摘去，去雄蕾时要谨防碰伤同节位上的雌蕾。

（2）优瓜去劣瓜每株丝瓜在不同瓜期每期只选留优瓜 1～2 条，选留优质瓜的幼瓜要上下匀称，条型直，瓜柄粗壮不细长，同时在选留的小瓜前几个节位上先暂留一个幼瓜，以争夺养分。当选留的优质瓜长到不会破裂时再除去前面的小瓜。对结下的瓜不能任其搁置在架顶上，应及时放下悬空，若瓜形出现弓形，须经人工整直（可用小石块挂置在花蒂上）。

（3）施肥追肥的合理施用对丝瓜的坐果及充实膨大具重要作用，追肥的施用时间、次数及用量视丝瓜长势和结瓜量多少而定：当第一期幼瓜直径长到 4cm 以上时，须施第一次追肥，亩施纯氮 3kg 左右（折合尿素约 7kg）；过 10 天再亩施纯氮 4～5kg（折合尿素 10kg 左右），以促进丝瓜的膨大与充实；以后每隔 15 天左右追施一次，每次亩用纯氮 4～5kg（折合尿素 10kg 左右）。施肥方法上应以浇施为主，于茎基部 50cm 以外左右轮换施用，以防近根产生肥害。

五、丝瓜主要病虫害的防治方法

丝瓜主要病害为丝瓜霜霉病，主要虫害为瓜卷螟。

1. 丝瓜霜霉病

一般环境条件下不易发生，发病时大量叶片枯死，直接影响丝瓜的产量和质量。防治方法：农业防治和药剂防治相结合。

①农业防治要适当增施磷钾肥，以提高植株的抗病能力。降低田间湿度，做到雨后及时开沟排水，及时摘除老叶等。病害初见时应及时摘除病叶，以减少病菌扩展。

②药剂防治可选500 倍甲霜灵早期灌根，初发病时用 2 000 倍瑞毒霉进行喷雾，每隔 7 天一次，连防 1 ~2 次。

2. 丝瓜卷螟

一年发生数代，以 7 ~9 月发生数量最大，主食叶肉，为害严重，严重时大面积叶片仅留叶脉，严重影响丝瓜产量和质量。

防治方法：可在幼虫盛发时，用氨基甲酸酯类农药防治，如百菌 3 000倍液，杀虫单 1 000倍液防治。

六、采收

丝瓜以嫩瓜供食，因而采收适期较短。采收标准是花冠开始干枯、瓜梗光滑、茸毛减少，表皮有柔软感，瓜表面有光泽。盛花期一般隔天收 1 次，采收时间以上午 9 时前为宜，用剪刀沿果柄中间处剪断，注意轻拿轻放，避免挤压，以免影响商品性。

第六章　蔬菜安全生产管理

第一节　蔬菜安全生产的相关定义

蔬菜是人们一日三餐必备食材，蔬菜安全生产也就成了人们关注的热点，因此，绿色蔬菜应运而生。生产绿色、无污染、安全的蔬菜必须严格遵守“蔬菜安全生产标准化”体系，它是保障蔬菜质量安全的基础，也是蔬菜产业发展的必然要求。蔬菜安全生产标准化包括蔬菜产地环境标准化、蔬菜质量标准化以及蔬菜产后处理标准化三部分内容。

一、蔬菜产地环境标准化

无公害蔬菜生产的首要条件是选择生态环境清洁的产地，远离工厂、医院、城镇垃圾与污水等污染源，做到土壤无污染、水源无污染、空气无污染。蔬菜产地环境标准包括灌溉水质量标准、生产加工用水质量标准、大气质量标准以及土壤质量标准等，这些环境要素必须达到蔬菜安全生产的要求。

由中华人民共和国农业部提出，由农业部环境质量监督检验测试中心（天津）修订的《无公害食品蔬菜产地环境条件》标准。

（一）标准范围

本标准规定了无公害蔬菜产地选择要求、环境空气质量要求、灌溉水质量要求、土壤环境质量要求、本标准适用于无公害蔬菜产地。

(二) 产地选择

无公害蔬菜产地应选择在生态条件良好，远离污染源，并具有可持续生产能力的农业生产区域。

1. 产地环境空气质量

无公害蔬菜产地环境空气质量应符合表 6－1 的规定。

表 6－1　环境空气质量指标

项目		浓度限值	
		日平均	1h 平均
总悬浮颗粒物（标准状态）(mg/m^3)	≤	0.30	—
二氧化硫（标准状态）(mg/m^3)	≤	0.15	0.50
氮氧化合物（标准状态）(mg/m^3)	≤	0.10	—
铅（标准状态）($\mu g/m^3$)		1.50	
氟化物（标准状态）($\mu g/m^3$)	≤	5.00	—

注：日平均指任何 1 日的平均浓度；1h 平均指任何 1h 的平均浓度；
菠菜、青菜、白菜、黄瓜、莴苣、南瓜、西葫芦的产地应满足此要求；
甘蓝、菜豆的产地应满足此要求

2. 产地灌溉水质量

无公害蔬菜产地灌溉水质应符合表 6－2 的规定。

3. 产地土壤环境质量

无公害蔬菜产地土壤环境质量应符合表 6－3 的规定。

表 6－2　灌溉水质量指标

项目		指标
氯化物 (mg/L)	≤	250
氰化物 (mg/L)	≤	0.5
氟化物 (mg/L)	≤	3.0
总汞 (mg/L)	≤	0.001

（续表）

项目		指标
砷（mg/L）	≤	0.05
铅（mg/L）	≤	0.1
镉（mg/L）	≤	0.005
铬（六价）（mg/L）	≤	0.1
石油类（mg/L）	≤	1.0
pH 值		5.5～8.5

表 6－3　土壤环境质量指标

项目 土壤 pH 值	指标		
	<6.5	6.5～7.5	>7.5
镉≤	0.30	0.30	0.60
汞≤	0.30	0.50	1.0
砷≤	40	30	25
铅≤	250	300	350
铬≤	250	200	250
锌≤	200	250	300
镍≤	40	50	60
六六六≤	0.50	0.50	0.50
滴滴涕≤	0.50	0.50	0.50

二、蔬菜质量标准化

生产质量标准要求在蔬菜生产过程中，从育苗、移栽、施肥、病虫害防治等环节要按照相应的操作规程实现标准化生产，包括在肥料使用上要利用生物肥料和有机肥料，病虫害防治实行综合治理，推广高效低毒农药及生物防治技术等。

（一）蔬菜产品质量安全的概念和标准

一般分为有五类，按照安全可靠性从低到高分别为放心菜、无公害蔬菜、一般产品、绿色食品、有机食品。

1. 放心菜

食用后不会造成人类急性中毒的安全菜。采用快速检测方法，这种检测方法有一定的局限性，只能测定有机磷等农药，对含硫的蔬菜不适用。

2. 无公害蔬菜

指产地环境、生产过程和产品质量符合国家或农业行业无公害相关标准，并经产地或质量监督检验机构检验合格，经有关部门认证并使用无公害食品标志的产品。目前，农业部已颁布了199个无公害食品标准，蔬菜产品标准有13个，其检测内容包括农药残留和重金属。

3. 一般产品

指没有特指无公害食品、绿色食品或有机食品的产品，这类产品的衡量标准，通常执行国家或行业标准。同时，在卫生指标的要求上，一般产品比无公害食品要严。

4. 绿色食品

是指遵循可持续发展原则，按照特定生产方式生产，经专门机构认定，许可使用绿色食品标志的无污染的安全、优质、营养类食品。绿色食品对生产环境质量、生产资料、生产操作等均制定了标准。其标准中，农药残留限量值是参照欧盟的指标制定的。

5. 有机食品

有机食品是来自有机农业生产体系，根据国际有机农业生产要求和相应标准加工的，并通过独立的有机食品认证机构认证的农副产品。而有机农业是完全不使用化学肥料、农药、生长调节

剂、畜禽饲料添加剂等人工合成物质，也不使用基因工程生物及其产物的生产体系。

（二）无公害蔬菜农药使用准则

1. AA级绿色食品蔬菜农药使用准则

AA级绿色食品蔬菜系指在生态环境质量符合规定标准的产地，生产过程中不使用任何有害化学合成物质，按特定的生产操作规程生产、加工，产品质量及包装经检测、检查符合特定标准，并经专门机构认定，许可使用AA级绿色食品标志的产品。在生产过程特殊情况下，必须使用农药时，应遵守以下规则。

①允许使用植物源杀虫剂、杀菌剂、拒避剂和增效剂。如除虫菊素、鱼藤根、烟草水、大蒜素、苦楝、川楝、印楝、芝麻素等。

②允许释放寄生性捕食性天敌动物，如赤眼蜂、瓢虫、捕食螨、各类天敌蜘蛛及昆虫病原线虫等。

③允许在害虫捕捉器中使用昆虫外激素，如性信息素或其他动植物源引诱剂。

④允许使用矿物油乳剂和植物油乳剂。

⑤允许使用矿物源农药中的硫制剂和铜制剂。如硫悬浮剂、可湿性硫、石硫合剂、硫酸铜、氢氧化铜、波尔多液等。

⑥允许有限度地使用活体微生物农药，如真菌制剂、细菌制剂、病毒制剂、放线菌、拮抗菌剂、昆虫病原线虫、原虫等。

⑦允许有限度地使用农用抗生素，如春雷霉素、多抗霉素（多氧霉素）、井岗霉素、农抗120等防治真菌病害，浏阳霉素防治螨类。

⑧禁止使用有机合成的化学杀虫剂、杀螨剂、杀菌剂、除草剂和植物生长调节剂。

⑨禁止使用生物源农药中混配有机合成农药的各种制剂。

2. 生产 A 级绿色食品蔬菜的农药使用准则

①允许使用植物源农药、动物源农药和微生物源农药。

②在矿物源农药中允许使用硫制剂和铜制剂。

③严格禁止使用剧毒、高毒、高残留或者具有“三致”（致癌、致畸、致突变）的农药。

④应特别强调，在常规蔬菜生产中习惯使用和正在少量使用的违禁农药，在绿色食品蔬菜生产中必须严禁使用，其中如三氯杀螨醇、氧化乐果、呋喃丹（克百威）颗粒剂、灭多威（万灵）、久效磷及甲胺磷等。各类除草剂和有机合成植物生长调节剂，虽未列出禁用原因，但却不得用于绿色食品蔬菜生产。若绿色食品蔬菜实属必需，在生产基地有限度地被允许使用部分有机合成农药。

⑤应选用低毒农药和个别中等毒性农药。但必须严格控制农药用量、使用浓度、使用次数及最后一次施药距采收的间隔期，每种有机合成农药在一种作物的生长期内只允许使用一次。

3. 无公害蔬菜农药使用原则

防治蔬菜病虫害时，应从蔬菜—病虫害等整个生态系统出发，贯彻“预防为主，综合防治”的方针，以农业防治为基础，综合运用各种防治措施，创造不利于病虫害发生和有利于各类天敌繁衍的环境条件，保持农业生态系统的平衡和生物多样性，减少各类病虫害所造成的损失。应尽量采用生物、物理、生态防治等有效的非化学防治手段，必须使用化学农药时，要采用高效、安全的化学农药，严格执行《农药安全使用标准》和《农药合理使用准则》，不得超出其使用范围，蔬菜中农药残留要符合国家有关卫生标准的规定。

4. 无公害蔬菜农药最大残留限量

无公害蔬菜农药最大残留限量（表 6－4）。

表 6-4　无公害蔬菜农药最大残留限量

通用名称	英文名称	商品名称	毒性	作物	最高残留限量（mg/kg）
马拉硫磷	malathion	马拉松	低	蔬菜	不得检出
对硫磷	parathion	一六零五	高	蔬菜	不得检出
甲拌磷	phorate	三九一一	高	蔬菜	不得检出
甲胺磷	methamidophos	—	高	蔬菜	不得检出
久效磷	monocrotophos	纽瓦克	高	蔬菜	不得检出
氧化乐果	omethoate	—	高	蔬菜	不得检出
克百威	carbofuran	呋喃丹	高	蔬菜	不得检出
涕灭威	aldicarb	铁灭克	高	蔬菜	不得检出
六六六	HCH	—	高	蔬菜	0.2
滴滴涕	DDT	—	中	蔬菜	0.1
敌敌畏	dichlorvos	—	中	蔬菜	0.2
乐果	dimethoate	—	中	蔬菜	1.0
杀螟硫磷	fenitrothion	—	中	蔬菜	0.5
倍硫磷	fenthion	百治屠	中	蔬菜	0.05
辛硫磷	phoxim	肟硫磷	低	蔬菜	0.05
乙酰甲胺磷	acephate	高灭磷	低	蔬菜	0.2
二嗪磷	diazinon	二嗪农，地亚农	中	蔬菜	0.5
喹硫磷	quinalphos	爱卡士	中	蔬菜	0.2
敌百虫	trichlorphon	—	低	蔬菜	0.1
亚胺硫磷	phosmet	—	中	蔬菜	0.5
毒死蜱	chlorpyrifos	乐斯本	中	叶类菜	1.0
抗蚜威	pirimicarb	辟蚜雾	中	蔬菜	1.0
甲萘威	carbaryl	西维因，胺甲萘	中	蔬菜	2.0
二氯苯醚菊酯	permetthrin	氯菊酯，除虫精	低	蔬菜	1.0

（续表）

通用名称	英文名称	商品名称	毒性	作物	最高残留限量（mg/kg）
溴氰菊酯	deltamethrin	敌杀死	中	叶类菜 果类菜	0.5 0.2
氯氰菊酯	eypermethrin	灭百可，兴棉宝，塞波凯，安绿宝	中	叶类菜 番茄	1.0 0.5
氰氰戊菊酯	flucythrinate	保好鸿，氟氰菊酯	中	蔬菜	0.2
顺式氯氰菊酯	alphacyperme-thrin	快杀敌，高效安绿宝，高效灭百可	中	黄瓜 叶类菜	0.2 1.0
联苯菊酯	biphenthrin	天王星	中	番茄	0.5
三氟氯氰菊酯	cyhalothrin	功夫	中	叶类菜	0.2
顺式氰戊菊酯	esfenvaerate	来福灵，双爱士	中	叶类菜	2.0
甲氰菊酯	fenpropathrin	灭扫利	中	叶类菜	0.5
氟胺氰菊酯	fluvalinate	马扑立克	中	蔬菜	1.0
三唑酮	triadimefon	粉锈宁，百理通	低	蔬菜	0.2
多菌灵	carbendazim	苯并咪唑44号	低	蔬菜	0.5
百菌清	chlorothalonil	Danconi12787	低	蔬菜	1.0
噻嗪酮	buprofezin	优乐得	低	蔬菜	0.3
五氯硝基苯	quintozene	—	低	蔬菜	0.2
除虫脲	diflubenzuron	敌灭灵	低	叶类菜	20.0
灭幼脲	—	灭幼脲三号	低	蔬菜	3.0

注：未列项目的农药残留限量标准各地区根据本地实际情况按有关规定执行

三、蔬菜采后处理标准化

在采收、储运、加工过程中要符合相应的标准。蔬菜标准的制定需要综合各个产品的信息，在广泛分析、对比的基础上制定生产标准。

（一）采收质量要求

GG001　茄子的采收质量

形态	具有同一品种特征，果形均一周正，果面光滑，无裂纹，无疤痕，无畸形，无灼伤
质地	质地鲜嫩，果肉硬实，不脱水，无皱缩，无空腔，无僵果
色泽	着色均一，果实表面有光泽，具有该品种特有色泽 无褪色斑，无黑心
味道	具有该品种特有的风味，无异味
成熟度	生长健壮，果实丰满，种子少且未成熟
杂质	无泥土及其他外来污染，无杂质
其他	无病虫害，无机械伤，无冷害，无冻害，无腐烂，无灼伤

GG002　黄瓜的采收质量

形态	具有同一品种特征，果形均一，弯曲度小于2cm，瓜身粗细均匀，无尖头、尖尾或中间细缩现象，无断裂、无疤痕，无畸形
质地	顶花、带刺，新鲜脆嫩，果肉厚实，不脱水，不萎蔫，无皱缩，无空腔，无腐烂，果肉未出现肉质静脉
色泽	具有该品种特有色泽，色泽均一，无色泽变暗或黄化现象，无褪色斑
味道	瓜味浓郁，嗅或尝均有其特有味道，无因栽培和污染造成的不良气味和滋味
成熟度	生长充实，果实幼嫩，种子少且未发育
杂质	无泥土及外来污染，无杂质
其他	无病虫害，无机械伤，无冷害，无冻害，无腐烂，无灼伤

GG0016　青椒的采收质量

形态	具有同一品种特征，果形均一周正，果面光滑，果蒂不脱落，果柄不过长，无裂纹，无疤痕，无畸形，无灼伤
质地	新鲜脆嫩，果肉厚实，不脱水，无皱缩，无空腔，无僵果

（续表）

形态	具有同一品种特征，果形均一周正，果面光滑，果蒂不脱落，果柄不过长，无裂纹，无疤痕，无畸形，无灼伤
色泽	着色均一，果表面有果蜡光泽，具有该品种特有色泽，无褪色斑，无黑心 青甜椒特有的色泽：翠绿，无黄化红熟现象 黄甜椒特有的色泽：嫩黄，无青绿红熟现象 红甜椒特有的色泽：深红，无青绿现象
味道	椒味道浓郁，微甜，无异味
成熟度	果实生长充实，种子少且未成熟
杂质	无泥土及外来污染，无杂质
其他	无病虫害，无机械伤，无冷害，无冻害，无腐烂

GF0025　西红柿、樱桃西红柿的采收质量

形态	具有同一品种特征，果形均一，果面光滑，无裂纹，无疤痕，无畸形
质地	质地鲜嫩，果肉厚实，不脱水，无皱缩，无空腔，无僵果
色泽	西红柿着色均一，无绿肩，果实特有红色扩展程度75%以上，果蒂部为绿色 樱桃西红柿着色均一，果实红熟或具有该品种特有色泽，无色斑
味道	番茄味道浓郁，无异味
成熟度	果实生长充实，种子少且未成熟
杂质	无泥土及外来污染
其他	无病虫害，无机械伤，无冷害，无冻害，无腐烂，无灼伤、无雹伤

GD0031　菜豆、荷兰豆、豇豆的采收质量

形态	具有同一品种特征，豆荚平滑，无裂纹，无疤痕，无畸形。菜豆豆身粗细均匀，弯曲度≤1cm；荷兰豆与甜脆豆豆身规则均匀，具有该品种固有形状；豇豆豆身端直，粗细均匀
质地	质地脆嫩，豆荚果肉厚实，无木质化，不脱水，无皱缩，无空腔

（续表）

形态	具有同一品种特征，豆荚平滑，无裂纹，无疤痕，无畸形。菜豆豆身粗细均匀，弯曲度≤1cm；荷兰豆与甜脆豆豆身规则均匀，具有该品种固有形状；豇豆豆身端直，粗细均匀
色泽	色泽翠绿均一，无褪色斑
味道	有该品种特有的味道，无异味
成熟度	果实幼嫩，豆形无凸起，种仁不膨大，豆荚无纤维、不开裂
杂质	无泥土及外来污染
其他	无病虫害，无机械伤，无冷害，无冻害，无腐烂，无灼伤

（二）采收注意事项

①尽量避免机械损伤。

②选择适宜的采收的天气（晴天上午露水已干）。

③分期采收。

（三）蔬菜储运、加工过程要求

1. 采后处理

对各类蔬菜的“净菜”要求：

①香料类，包括葱、蒜、芹菜等，不带泥沙、杂物，但可保留须根。

②块根（茎）类，包括芋头、洋芋、姜、红白萝卜等，去掉茎叶，不带泥沙。红白萝卜可留少量叶柄。

③瓜豆类，包括节瓜、白瓜、青瓜、冬瓜、南瓜、苦瓜、丝瓜、金瓜、豆角、荷兰豆等，不带茎叶。

④叶菜类，包括白菜、卷心菜、芥菜、茼蒿、生菜、菠菜、苋菜、西生菜、西洋菜、芥蓝、藤菜、小白菜等，不带黄叶，不带根，去菜头或根。

⑤花菜类，包括菜花、西兰花等，无根，可保留少量叶柄。

⑥芽菜类，包括大豆芽、绿豆芽等，去豆衣。

2. 催熟

主要是针对某些季节栽培的少数蔬菜品种，如秋季栽培番茄，后期温度较低，要从生理成熟达到商品成熟，需要进行人工催熟才能完成。目前多采用乙烯利处理，用2 000mg/kg乙烯利浸果，浸后稍晾干，用薄膜覆盖密闭，保持28℃约经过3～4天即可催熟。

3. 绿色食品贮藏与保鲜技术

（1）绿色食品贮藏遵循的原则。

①贮藏环境必须洁净卫生，不能对绿色食品产品引入污染。

②选择的贮藏方法不能使绿色食品品质发生变化化学贮藏方法中选用的化学制剂需符合《绿色食品添加剂使用准则》。

③贮藏时绿色食品产品不能与非绿色食品混堆贮藏。

④A级绿色食品和AA级绿色食品必须分开贮藏。

（2）绿色食品自然冷源贮藏。水果、蔬菜等新鲜食物一般采用低温贮藏或控制气体成分的贮藏方法。常用的方法有：

藏埋或沟藏，窑窖贮藏，通风库贮藏，气调贮藏。

（3）绿色食品低温贮藏保鲜。定义：指低于常温15℃以下环境中贮藏食品的方法。优点：延缓微生物的繁殖速度，抑制酶活性，减弱食品的理化变化，在贮藏期之内能够较好的保持原有的新鲜度、风味品质和营养价值。

低温贮藏的分类：

①冷却食品贮藏：0～10℃。

②冷冻食品贮藏：－18～30℃。

（4）其他贮藏方法。

①绿色食品干燥贮藏。

②绿色食品腌渍和烟熏贮藏。

③绿色食品密封加热贮藏。

④绿色食品化学贮藏（防腐剂、杀菌剂、抗氧化剂）。

⑤食品物理贮藏。

⑥天然果蔬保鲜剂贮藏。

4. 绿色食品运输技术

（1）绿色食品运输基本要求。快装快运，轻装轻卸，防热防冻。

（2）绿色食品运输的工具和设备。公路运输、水路运输、铁路运输、空中运输、集装箱运输等。

第二节　影响蔬菜安全生产的因素

一、蔬菜种植的生产环节

蔬菜种植的生产环节对蔬菜安全生产的影响因素主要是投入品不合格产生的危害。多数菜农违规使用国家禁用的农药、生长调节剂、添加剂等有毒有害投入品，大量、超量或不合理地施用化肥和不按规定要求滥用农药，其有害物质残留于蔬菜中造成农残污染；产地环境污染等。严重影响蔬菜的质量安全问题。

（一）药害及预防

1. 农药质量差

使用了劣质农药或无“三证”（农药登记证、农药生产许可证、农药标准）的农药，导致防治病虫害无效，还对植物产生药害，影响植物生长。

2. 选药、用药不当

（1）分清防治对象的种类。对症选药。

（2）注意用药方法。根据药剂剂型和防治对象的栽培模式，选择适宜的用药方法，防治温室大棚蔬菜病虫害，一般选择烟剂，用熏蒸法效果好。

（3）注意用药时间。选择无风或微风的晴天用药，在清晨露水干后或傍晚用药；要避开中午高温时间段用药，以防植物产生药害和施药人员中毒。

（4）注意用药量。用药量主要是指准确地控制药液浓度、单位面积用药量和用药次数。不宜任意加大或减少，以防产生药害。

3. 农药的残留

农药在田间施用后，只有一小部分作用于病虫害，其余大部分散布于自然环境中，造成了对环境、植物及其产品的污染。我国农药残留也很严重。如2000年春节期间农业部对全国11个省市市售蔬菜、水果中17种农药的检测结果，农药的检出率为32.28%，超标率为25.20%，其中北京、天津、上海、广州、南宁、昆明六大城市蔬菜中农药残留超标率超过50%。1987年，我国香港地区的居民因食用来自广东的蔬菜造成116人中毒。2001年我国出口日本的花椰菜、韭菜等6种蔬菜中农药残留量超过标准值4.3倍。2003年又因出口菠菜中毒死蜱超标被日本和韩国退货。福建出口的茶叶、上海出口的蜂蜜等均因农药残留超标遭到过欧盟的拒收或退货。

长期食用农药超标的农产品，有害物质在人体内积累，能引起慢性中毒和致癌、致畸、致突变的后果，有时还会出现急性中毒，严重的可危及生命。

4. 农药残留的防止措施

农药的残留毒性和环境污染是一个威胁人类健康的严重问题。目前可采取下列措施。

（1）制定农药的禁用和限用规定。我国从1983年开始禁止生产和使用有机氯杀虫剂、有机汞制剂和有机砷制剂，如六六六、滴滴涕、西力生、赛力散等。从2007年1月起对甲胺磷、对硫磷、甲基对硫磷、久效磷、磷胺等5种高毒有机磷农药禁止使用。

（2）制定农药允许残留量。农药允许残留量也称农药残留限度。农产品上常有一定数量的农药残留，但其残留量有多有少，如果这种残留量不超过某种程度，就不致引起对人的毒害，这个标准叫农药允许残留量。它是根据人体每日最大允许摄入药剂量制定的。

（3）制定使用农药的安全间隔期。农药施于植物上，会由于风吹、雨淋、日晒及化学分解而逐渐消失，但仍会有少量残留在植物上，因此规定在植物上最后一次施药离收获的间隔天数，即安全间隔期。不同的农药及不同的加工剂型在不同植物上的降解速度不一样，因而安全间隔期也不同。

（4）发展高效、低毒、低残留的农药。作为一种理想农药的发展方向应该向与环境相容方向发展。对靶标生物的活性强，对非靶标生物的毒性低。例如吡虫啉、抗蚜威等以及昆虫几丁质合成抑制剂。生物制剂如苏云金杆菌、苦参碱、灭幼脲等。

（二）肥料为害

我们一日三餐无法摆脱化肥的危害，为了追求高产，在生产中大量施用化学肥料，化肥中的硝酸物质会被人体细菌还原成亚硝酸盐，这是一种致癌物质。化肥成了我们食物结构中最大的潜在杀手。

1. 影响蔬菜品质

（1）亚硝酸盐含量超标。长期施用化肥的蔬菜，特别是氮肥过量所生产的“氮肥蔬菜”，其茎叶等可食部分，均被硝酸盐严重污染，会使蔬菜中的硝酸盐含量成倍增加，硝酸盐在人体中容易被还原为亚硝酸盐，亚硝酸盐是一种剧毒物质，它能引起人体细胞缺氧。长期食用这种蔬菜，会造成儿童智力下降，并能诱发癌症，危害极大。

（2）不耐贮藏，易腐烂。使用化肥生产的蔬菜，在堆放储存过程中也容易发霉变质，使有毒物质的含量增加。据测定，在

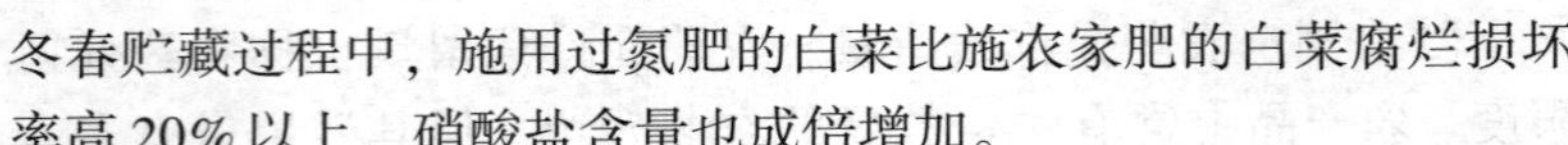

冬春贮藏过程中，施用过氮肥的白菜比施农家肥的白菜腐烂损坏率高20%以上，硝酸盐含量也成倍增加。

2. 土壤结构遭到破坏

(1) 土壤变得板结，肥力下降。菜地长期施用硫酸铵、硫酸钾以及含氮的化肥，使土壤板结，失去柔性和弹性，降低通水透气性能，肥力下降，蔬菜长势差，降低产量。

(2) 引起土壤酸化。长期施用化肥，过磷酸钙、硫酸铵、氯化铵等都属生物酸性肥料，即植物吸收肥料中的养分离子后，土壤中氢离子增多，易造成土壤酸化。

因此，菜地应施用有机肥或其他非化学氮肥，替代化学氮肥，在不影响蔬菜正常生长发育的前提下，尽量以圈肥、鸡粪等腐熟的有机肥和各种饼肥，如棉籽饼、菜籽饼、豆饼、生物菌肥等非化学类肥料，代替化学氮肥，以防止蔬菜污染，减少化学肥料的残留和对土壤造成的污染和破坏作用。

(三) 重金属为害

(1) 肥料中的重金属污染。制造化肥的矿物原料及化工原料中，含有多种重金属放射性物质和其他有害成分，它们随施肥进入土壤造成污染。

(2) 工业“三废”的排放及城市垃圾、污泥。有毒重金属主要指铜、锌、镉、铬，另外还有汽车尾气造成的铅污染等进入土壤，被蔬菜吸收造成污染。

(四) 激素为害

目前，在蔬菜种植中应用植物激素比较普遍。在黄瓜、番茄、西葫芦、茄子、青椒等果类蔬菜生产中，为了提高坐果率、促进果实成熟和提早上市，经常使用各种保花保果的生长调节剂。在蔬菜贮存期间常使用保鲜剂，达到延长保鲜期的目的。滥用激素和保鲜剂，都会使蔬菜产品受到污染，降低其风味和品质。

二、蔬菜的贮运销售环节

蔬菜的贮运销售中也存在众多质量安全问题，刚采摘的蔬菜随意堆放在田间地头，极易造成蔬菜的破损污染；运输过程没有采用冷藏车、严重超载，使车上的蔬菜受到过度挤压，中间区域的蔬菜得不到通风，易产生高温变质；装卸工人的不负责，暴力装卸造成蔬菜的多次污染损坏；批发环节多，有不法商贩以次充好，为增加重量将蔬菜泡水，再次污染；包装贮存过程中不合理或非法使用的保鲜剂、催化剂和包装运输材料中有害化学物等产生的污染。

第三节　蔬菜现行质量安全生产管理的现状

食品质量安全状况是一个国家经济发展水平和人民生活质量的重要标志。蔬菜作为最基本的生活消费品之一，其安全问题不仅关系到国民的健康，并且因蔬菜是劳动密集型农产品，其出口优势、效益优势还将关系到我国农产品在国际市场上的竞争力，因此蔬菜产业做大做强，必须发展生产绿色蔬菜。

一、我国绿色食品发展历程

（一）起步阶段（1990—1993 年）

1990 年，我国绿色食品工程率先在农垦系统正式实施。在农业部设立专门绿色食品管理机构，同时，分批在全国省级农垦管理部门成立了相应的机构；以农垦系统产品质量监测机构为依托，建立起绿色食品、产品质量监测系统；制订了一系列技术标准；制订并颁布了《绿色食品标志管理办法》等有关管理规定。1990 年绿色食品工程实施的当年，全国就有 127 个产品获得绿色食品标志商标使用权。1993 年全国绿色食品发展出现第一个高峰，当年新增产品数量达到217个。

（二）快速发展阶段（1994—1996年）

1993年，中国绿色食品发展中心加入了有机农业运动国际联盟（IFOAM），奠定了中国绿色食品与国际相关行业交流与合作的基础。这一阶段绿色食品发展呈现出5个特点。

①产品数量连续两年高增长。1995年新增产品 达到263个，超过1993年最高水平1.07倍；1996年继续保持快速增长势头，新增产品289个，增长9.9%。

②农业种植规模迅速扩大。1995年绿色食品农业种植面积达到1 700万亩，比1994年扩大3.6倍，1996年扩大到3 200万亩，增长88.2%。

③产量增长超过产品个数增长。1995年主要产品产量达到210万t，比上年增加203.8%，超过产品个数增长率4.9个百分点；1996年达到360万t，增长71.4%，超过产品个数增长率61.5个百分点，表明绿色食品企业规模在不断扩大。

④产品结构趋向居民日常消费结构。与1995年相比，1996年粮油类产品比重上升53.3%，水产类产品上升35.3%，饮料类产品上升20.8%，畜禽蛋奶类产品上升12.4%。

⑤县域开发逐步展开。全国许多县（市）依托本地资源，在全县范围内组织绿色食品开发和建立绿色食品生产基地，使绿色食品开发成为县域经济发展富有特色和活力的增长点。

（三）全面推进阶段（1997年以后）

向社会化、市场化、国际化全面推进阶段（1997年以来）绿色食品社会化进程加快主要表现在：中国许多地方的政府和部门进一步重视绿色食品的发展；广大消费者对绿色食品认知程度越来越高；新闻媒体主动宣传、报道绿色食品；理论界和学术界也日益重视对绿色食品的探讨。同时，加快了绿色食品的市场化进程和国际化进程，1998年，联合国亚太经济与社会委员会，

重点向亚太地区的发展中国家介绍和推广中国绿色食品开发和管理的模式。

二、我国蔬菜质量安全现状及发展趋势

为保证“菜篮子”安全，2001 年 4 月农业部提出了“无公害食品行动计划”，2003 年 4 月推出了无公害农产品国家认证。2007 年 8 月开始，为恢复国际社会对“中国制造”的信心，国务院在全国范围内开展产品质量和食品安全专项整治，在蔬菜质量安全管理上，开展了高毒农药整治行动和农产品批发市场整治行动，重点打击在蔬菜产品中非法添加甲胺磷等禁限用农药成分的违法行为，并将全国大中城市农产品批发市场全部纳入监测范围，重点检查认证农产品的资质、产地认定条件、生产过程和产品质量安全状况。加强产地监测和对进入市场销售认证产品资质的确认。

随着检测对象由农贸市场到生产基地，随着农药检测内容、蔬菜检测品种、批次的增加，发现蔬菜安全问题依然存在。主要表现为：高毒农药屡禁不止，硝酸盐、重金属含量超标普遍，“黑心菜”“有毒韭菜”“青菜用敌敌畏保鲜”“永年大蒜”等事件不时发生，出口贸易安全纠纷增多。最重要的是我国中小城市蔬菜安全保障难度大。

三、影响我国蔬菜质量安全的因素分析

影响蔬菜安全的因素非常复杂，但大致可以从表征因素、过程控制因素、制度因素 3 个方面进行归类。

（一）表征因素

浙江省安全农产品生产保障体系建设研究项目的调查表明，针对蔬菜中三类主要有害化学因素（农药、重金属和硝酸盐）而言，引起质量安全问题的关键风险环节是源头。环境起决定性

作用。工业“三废”的不合理排放和农药的滥用；生产基地污染得不到有效控制；蔬菜投入品如化肥、农药、种子等。农民使用不科学，蔬菜投入品的结构不合理、产品质量不合格均是导致蔬菜污染严重的根本原因之一。

另外，蔬菜生长期短、肥水要求高、病虫害多、病虫种类发展迅速、防治难度大的生产特点及其上市鲜活性要求高、货架期短的需求特点，使蔬菜在农产品中的食用安全隐患大，安全管理控制难度增加。

（二）过程控制因素

（1）生产环节。我国目前80%的菜区生产的主要特点是：农户小规模分散经营方式，加上现有管理政策制定时缺乏对生产者质量提高和质量安全控制技术实践应用的动力等的论证分析，从而使我国现有蔬菜安全管理措施有效性差、成本高。我国蔬菜产品中发现的农药残留，大都因菜农文化素质不高，用药错误造成。

（2）加工环节。我国蔬菜产品的生产加工企业大多规模较小，生产技术条件和基础设施水平较差，生产的产品类型和产品卫生质量都难以满足国内、国际市场的需求。

（3）流通环节。当前我国蔬菜流通渠道多、流通规模小、流通路线长、市场准入门槛低、参加流通的人员复杂及流动性强等。这不仅增加了蔬菜在流通领域被微生物与有害物质污染的可能性，同时也不利于市场信息传递和质量监控。

（三）制度因素

（1）管理体制的协调性不够。我国现行农产品（食品）安全管理实行的是“分段监管为主，品种监管为辅”体制。但总体上，我国政府在构建蔬菜安全管理体系上存在售前行为检查不足，蔬菜进入市场后的监管部门过多，运输中的安全管理成真空地带的状况，蔬菜质量安全管理达到“从农田到餐桌”的全过

程管理还有一段距离。

（2）管理政策实施缺乏受众对象参与。我国的消费者作用没有得到充分发挥。加上目前我国蔬菜市场准入制度不健全，市场认证、竞争管理等缺位，使我国蔬菜安全管理无法建立安全蔬菜的优质优价机制，从而导致现有蔬菜管理政策无法调动菜农对安全蔬菜生产的积极性和促进菜农增强安全产品的自检意识。

（3）法律法规的强制力不足。当前我国蔬菜质量安全管理主要依据2006年11月开始实施的《农产品质量安全法》及其配套法规，但该法是对农产品生产经营的某些主体、某个环节或某些产品进行规制，以生产记录为例，依然未对供应链各环节信息要求、问题产品追溯的实施主体及监管部门责任进行明确划分。

（4）标准体系不健全。问题主要集中在三个方面：一是标准滞后、交叉、重复，个别的甚至是相互矛盾；二是与国际对接程度不高，国际采标率不高，有的标准与国际标准不一致；三是未形成系统的标准体系。目前我国蔬菜质量安全标准缺少生产规程、产地环境、检测方法标准等。

（5）技术经济支撑力薄弱。我国农业科技公关的重点刚开始转向蔬菜质量安全，而与此相对应，要求蔬菜生产技术及相应的检测技术不断更新。但现实中蔬菜生产技术很难满足安全蔬菜产业发展的要求。总之，我国蔬菜生产到上市的整个运作系统中缺乏科学技术的有力支撑。

（6）风险性评价背景资料缺乏。当前我国缺乏食源性危害的系统监测与评价资料。蔬菜中的农药残留以及生物毒素等的污染状况尚缺乏系统监测资料，一些对健康危害大而贸易中又十分敏感的污染物的污染状况及对健康的影响尚不清楚，尚缺乏定点主动监测网络。

第四节 提高蔬菜质量安全生产管理的对策

提高蔬菜质量安全管理，需要全社会的共同参与。

（一）加强对种植户的培训

农户在提高农业与农产品环境质量的过程中起着非常重要的作用。因此，要加强对农户的宣传教育和生产技能培训，增强农户的环保意识，提高农户生产水平。

政府出资，免费对全体农户进行无公害蔬菜生产知识培训，通过技术培训和售后服务传授农药、肥料应用技术，提高农民素质，增强农民环保意识和对无公害产品的认识，普及科学生产知识，提高产品质量。

农户应该主动参加各种形式的文化培训和技能培训，学习农产品质量安全知识和技术等，提高农户个人的文化素质和农业生产水平，诚信生产守法经营，科学合理地进行农业生产活动。

（二）加强对企业的监管控制污染源

（1）工业污染企业。工业污水，二氧化碳和二氧化硫等的过量排放，严重影响了农产品产地环境，直接影响农产品质量。因此，工业企业应该严格按照国家标准进行生产活动，控制废水、废气的排放量，这样不仅有利于企业自身的持续发展，也有利于社会的可持续发展。

（2）农产品生产企业。不仅要注意农业生产中造成的环境污染，比如说农药、化肥的不合理施用和不当处理，还要注意生产过程的标准化，应该严格按照我国农产品质量安全标准进行生产，生产质量达标的农产品。

（三）强化对农产品质量安全的管理

从政府方面来说，要想强化对农产品质量安全的管理，形成良好管理效果，就必须进行事前控制、事中控制和事后控制。

（1）制定相应的环境保护政策。完善相关法律法规；提高土壤修复技术，消减污染物从土壤向农产品迁移积累，提高轻度污染土壤安全生产能力；增加资金投入，加强对农户的教育和技术指导，提高农户环保意识和生产技术水平；广泛宣传环境保护的重要性，从而改善农业生产环境；完善农产品质量检测体系，形成统一标准。

（2）加强对农产品生产过程的检测。要求企业严格按照标准生产。农产品生产过程中，政府应该定期派人去企业生产基地考察，监督企业生产过程，对不按要求进行生产的企业，应该给予严厉惩罚，并通过新闻媒体予以曝光。

（3）加强对农产品质量的监管。政府农产品质量监管部门应该经常对农产品进行监督检查，通过日常打假与专项治理相结合，整顿规范农产品市场。严厉打击制售和使用假冒伪劣农产品的行为。

（四）加强蔬菜安全生产技术推广体系建设

菜农的素质和科技使用水平在很大程度上决定了蔬菜产品的质量和安全水平。如果不尽快提高广大菜农的素质和科学生产的水平，再好的标准、规范和技术都无法转化为现实生产力，推进农业标准化和保障蔬菜产品的质量安全也会落空。鼓励和支持各级农业技术推广机构，开展蔬菜产品质量安全技术服务，组织农业科技人员深入农村，广泛开展蔬菜产品质量安全服务指导，推行标准化生产，推广生态、安全的蔬菜生产技术和投入品，净化产地环境，强化源头控制，规范生产过程，加强生产档案管理，在生产环节改善农产品的质量安全状况。

（五）加强产品认证

认证是生产者产品质量安全保证的勇气表现，也是产品源头追溯的基础。根据我国安全蔬菜实际，蔬菜“三品”能满足不同人群的质量安全需求，在一定时期内有存在的必要，但需进一步推进由基地认证为主向以产品认证为主的转变，严格蔬菜质量认证程序并加强认证监管，提高“三品”认证的社会公信力。

（六）严格实施蔬菜质量安全市场准入

应在健全农产品质量安全管理的法律法规基础上，严格实施蔬菜质量安全市场准入，加重对不安全蔬菜的惩罚力度。

（七）建立财政支持制度

我国还需要在4个方面加强财政扶持。

①大力扶持安全蔬菜检测机构，财政支持产品检验。

②对安全蔬菜供应链中的主要环节应给予适当的财政支持，尤其是对农户从事安全蔬菜生产给予直接支持，对农户安全蔬菜生产技术培训、档案记录、产品送检与质量认证等给予重点支持。

③对追溯实施中的执行成本给予必要的财政补贴。

④重视科学研究在蔬菜安全管理中的作用。组织、调动和协调相关科研资源，增加预算和投入，研制新型农药、有毒有害物质的速测技术、产地环境净化技术、流通中蔬菜保鲜的方法以及对污染、化学危险和泄露的评估方法等，加快绿色蔬菜生产普及进程。

（八）农产品质量安全法律、法规体系建设加强立法

1982年我国出台了《中华人民共和国食品卫生法》（试行）。1995年10月30日获得第八届全国人大常委会第16次会议通过。酝酿多时的《农产品质量安全法》终于2006年11月1日正式开始实施。2013年6月重新修订了《食品安全法》，确立了中国国内食品及进出口食品的监管体系，也将食品安全纳入了法制管理的轨道。目前，与食品安全有关的法律主要包括：《中华人民共和国食品卫生法》《中华人民共和国农业法》《中华人民共和国产品质量法》；与食品安全有关的法规：《中华人民共和国农药管理条例》《中华人民共和国粮食流通管理条例》《中华人民共

和国农业转基因生物安全管理条例》等。

蔬菜质量与农民增收息息相关，提高蔬菜质量是增加农民收入的主要渠道，保障蔬菜质量安全是社会、经济、政治发展的需要，也是实现农业生产可持续发展必由之路。

第七章　蔬菜生产安排

第一节　蔬菜的栽培季节

一、蔬菜的栽培季节

蔬菜的栽培季节是指蔬菜从田间直播或幼苗定植开始，到产品收获完毕所经历的时间。因育苗一般不占用生产田，故育苗期不计入栽培季节。

（一）蔬菜栽培季节确定的基本原则

1. 露地蔬菜栽培季节确定的原则

露地蔬菜生产是以高产优质作为主要目的，因此确定栽培季节时，应将所种植蔬菜的整个栽培期安排在其能适应的温度季节里，而将产品器官形成期安排在温度条件最为适宜的月份里。

2. 设施蔬菜栽培季节确定的原则

设施蔬菜生产是露地蔬菜生产的补充，其生产成本高，栽培难度大。因此，应以高效益为主要目的来安排栽培季节。具体原则是：将所种植蔬菜的整个栽培期安排在其能适应的温度季节里，而将产品器官形成期安排在该种蔬菜的露地生产淡季或产品供应淡季里。

（二）蔬菜栽培季节确定的基本方法

1. 露地蔬菜栽培季节的确定方法

（1）根据蔬菜的类型来确定栽培季节。耐热以及喜温性蔬菜的产品器官形成期要求高温，故一年当中，以春夏季的栽培效

果为最好。喜冷凉的耐寒性蔬菜以及半耐寒性蔬菜的栽培前期对高温的适应能力相对较强，而产品器官形成期却喜欢冷凉，不耐高温，故该类蔬菜的最适宜栽培季节为夏秋季。北方地区春季栽培时，往往因生产时间短，产量较低，品质也较差。另外选择品种不当或栽培时间不当时，还容易出现提早抽薹问题。

（2）根据市场供应情况来确定栽培季节。要本着有利于缩小市场供应的淡旺季差异、延长供应期的原则，在确保主要栽培季节里的蔬菜生产同时，通过选择合适的蔬菜品种以及栽培方式，在其他季节里，也安排一定面积的该类蔬菜生产。

近几年来，北方地区兴起的大白菜和萝卜春种、西葫芦秋播以及夏秋西瓜栽培等，不仅提高了栽培效益，而且也延长了产品的供应时间。

（3）根据生产条件和生产管理水平来确定栽培季节。如果当地的生产条件较差、管理水平不高，应以主要栽培季节里的蔬菜生产为主，确保产量；如果当地的生产条件好、管理水平较高，就应适当加大非主要栽培季节里的蔬菜生产规模，增加淡季蔬菜的供应量，提高栽培效益。

2. 设施蔬菜栽培季节的确定方法

（1）根据设施类型来确定栽培季节。不同设施的蔬菜适宜生产时间是不相同的，对于温度条件好，可周年进行蔬菜生产的加温温室以及改良型日光温室（有区域限制），其栽培季节确定比较灵活，可根据生产和供应需要，随时安排生产。

温度条件稍差的普通日光温室、塑料拱棚、风障畦等，栽培喜温蔬菜时，其栽培期一般仅较露地提早和延后15～40天，栽培季节安排受限制比较大，多于早春播种或定植，初夏收获，或夏季播种、定植，秋季收获。

（2）根据市场需求来确定栽培季节。设施蔬菜栽培应避免其主要产品的上市期与露地蔬菜发生重叠，尽可能地把蔬菜的主要上市时间安排在国庆节至来年的“五一”国际劳动节期间。

在具体安排上，温室蔬菜应以1～2月为主要上市期，普通日光温室与塑料大拱棚应以5～6月和9～11月为主要的上市期。

第二节 蔬菜茬口安排

一、露地蔬菜茬口

(一) 季节茬口

(1) 越冬茬。秋季露地直播，或秋季育苗，冬前定植，来年早春收获上市。

越冬茬是北方地区的一个重要栽培茬口，主要栽培一些耐寒或半耐寒性蔬菜，如菠菜、莴苣、分葱、韭菜等，在解决北方春季蔬菜供应不足中有着举足轻重的作用。

(2) 春茬。春季播种，或冬季育苗，春季定植，春末或夏初开始收获，是夏季市场蔬菜的主要来源。

适合春茬种植的蔬菜种类比较多，而以果菜类为主。耐寒或半耐寒性蔬菜一般于早春土壤解冻后播种，春末或夏初开始收获，喜温性蔬菜一般于冬季或早春育苗，露地断霜后定植，入夏后大量收获上市。

(3) 夏茬。春末至夏初播种或定植，主要供应期为8～9月。夏茬蔬菜分为伏菜和延秋菜两种栽培形式。

伏菜是选用栽培期较短的绿叶菜类、部分白菜类和瓜类蔬菜等，于春末至夏初播种或定植，夏季或初秋收获完毕，一般用作加茬菜。

延秋菜是选用栽培期比较长、耐热能力强的茄果类、豆类等蔬菜，进行越夏栽培，至秋末结束生产。

(4) 秋茬。夏末初秋播种或定植，中秋后开始收获，秋末

冬初收获完毕。

秋茬蔬菜主要供应秋冬季蔬菜市场，蔬菜种类以耐贮存的白菜类、根菜类、茎菜类和绿叶菜类为主，也有少量的果菜类栽培。

（二）土地利用茬口

（1）一年两种两收。一年内只安排春茬和秋茬，两茬蔬菜均于当年收获，为一年二主作菜区的主要茬口安排模式。蔬菜生产和供应比较集中，淡旺季矛盾也比较突出。

（2）一年三种三收。在一年两种两收茬口的基础上，增加一个夏茬，蔬菜均于当年收获。该茬口种植的蔬菜种类丰富，蔬菜生产和供应的淡旺季矛盾减少，栽培效益也比较好，但栽培要求比较高，生产投入也比较大，生产中应合理安排前后季节茬口，不误农时，并增加施肥和其他生产投入。

（3）两年五种五收。在一年两种两收茬口的基础上，增加一个越冬茬。增加越冬茬的主要目的是解决北方地区早春蔬菜供应量少、淡季突出的问题。

二、设施蔬菜主要茬口安排

（一）季节茬口

（1）冬春茬。一般于中秋播种或定植，入冬后开始收获，来年春末结束生产，主要栽培时间为冬春两季。冬春茬为温室蔬菜的主要栽培茬口，主要栽培一些结果期比较长、产量较高的果菜类。在冬季不甚严寒的地区，也可以利用日光温室、阳畦等对一些耐寒性强的叶菜类，如韭菜、芹菜、菠菜等进行冬春茬栽培。冬春茬蔬菜的主要供应期为1～4月。

（2）春茬。一般于冬末早春播种或定植，4月前后开始收获，盛夏结束生产。春茬为温室、塑料大棚以及阳畦等设施的主要栽培茬口，主要栽培一些效益较高的果菜类以及部分高效绿叶蔬菜。在栽培时间安排上，温室一般于 2 ~ 3 月定植，3 ~ 4 月开始收获；塑料大拱棚一般于 3 ~ 4 月定植，5 ~ 6 月开始收获。

(3) 夏秋茬。一般春末夏初播种或定植，7 ~ 8 月收获上市，冬前结束生产。夏秋茬为温室和塑料大拱棚的主要栽培茬口，利用温室和大棚空间大的特点，进行遮阳栽培。主要栽培一些夏季露地栽培难度较大的果菜及高档叶菜等，在露地蔬菜的供应淡季收获上市，具有投资少、收效高等优点，较受欢迎，栽培规模扩大较快。

(4) 秋茬。一般于 7 ~ 8 月播种或定植，8 ~ 9 月开始收获，可供应到 11 ~ 12 月。秋茬为普通日光温室及塑料大拱棚的主要栽培茬口，主要栽培果菜类，在露地果菜供应旺季后、加温温室蔬菜大量上市前供应市场，效益较好。但也存在着栽培期较短、产量偏低等问题。

(5) 秋冬茬。一般于 8 月前后育苗或直播，9 月定植，10 月开始收获，来年的 2 月前后拉秧。秋冬茬为温室蔬菜的重要栽培茬口之一，是解决北方地区“国庆”至“春节”阶段蔬菜（特别是果菜）供应不足所不可缺少的。该茬蔬菜主要栽培果菜类，栽培前期温度高，蔬菜容易发生旺长，栽培后期温度低、光照不足，容易早衰，栽培难度比较大。

(6) 越冬茬。一般于晚秋播种或定植，冬季进行简单保护，来年春季提早恢复生长，并于早春供应。越冬茬是风障畦蔬菜的主要栽培茬口，主要栽培温室、塑料大拱棚等大型保护设施不适合种植的根菜、茎菜以及叶菜类等，如韭菜、芹菜、葛苣等是温室、塑料大拱棚蔬菜生产的补充。

(二) 土地利用茬口

(1) 一年单种单收。主要是风障畦、阳畦及塑料大拱棚的茬口。风障畦和阳畦一般在温度升高后或当茬蔬菜生产结束后，撤掉风障和各种保温覆盖，转为露地蔬菜生产。在无霜期比较短

的地区，塑料大拱棚蔬菜生产也大多采取一年单种单收茬口模式；在一些无霜期比较长的地区，也可选用结果期比较长的晚熟蔬菜品种，在塑料大拱棚内进行春到秋高产栽培。

（2）一年两种两收。主要是塑料大拱棚和温室的茬口。

塑料大拱棚（包括普通日光温室）主要为“春茬→秋茬”模式，两茬口均在当年收获完毕，适宜于无霜期比较长的地区。

温室主要分为“冬春茬→夏秋茬”和“秋冬茬→春茬”两种模式。

该茬口中的前一季节茬口通常为主要的栽培茬口，在栽培时间和品种选用上，后一茬口要服从前一茬口。为缩短温室和塑料大棚的非生产时间，除秋冬茬外，一般均应进行育苗栽培。

第三节　蔬菜生产计划制定

一、生产计划种类

（一）根据计划来源分类

（1）国家下达计划。由国家下达的生产计划。

（2）地方生产计划。由各省、市等地方下达的蔬菜生产计划。

（3）基层单位生产计划。由基层生产单位制定的生产计划。

国家和地方生产计划一般属于指导性生产计划，通常合称为上级下达的生产计划。基层单位生产计划属于实施性生产计划，也称为执行计划。

（二）根据计划时间长短来分类

（1）年度计划。一般从春播开始到冬播结束为止。江南地区为便于安排茬口和年终经济核算，也有从头年冬播到当年秋播为止的。

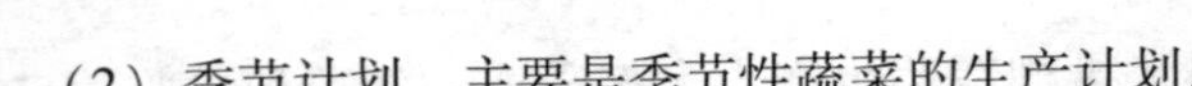

（2）季节计划。主要是季节性蔬菜的生产计划。

二、生产计划的主要内容

（一）上级下达的生产计划

一般分为两大部分。

1. 正文

简述本地上年度计划生产的实绩和存在问题；本年度计划制定的指导思想和具体任务，包括种植面积、上市指标、品种茬口布局的重大调整以及实现本年度计划将采取的重大措施等。

2. 生产计划总任务表

（1）蔬菜分月上市计划。根据消费要求，参考历年分月上市资料，提出本地分月上市计划任务，一般把常年菜田和季节菜田上市计划任务分别列出。

（2）常年菜田生产计划。这是计划的核心内容，包括菜田的面积、复种指数、茬口、品种、面积、上市量、上市时期与质量的要求。计划工作人员根据各品种的一般单产水平，分别统计其总量与上市期。多次采收的蔬菜，要根据其分月分期上市的数量规律，逐月累加试算、调整、平衡，使与分月上市计划任务相符。

（3）季节性菜田生产计划表。要分品种分别落实面积、上市任务。

（4）保护地蔬菜生产计划。包括温室、塑料大棚和中小拱棚、阳畦等主要设施的蔬菜品种、茬口、面积、上市期和上市量。

（5）蔬菜贮存计划任务。包括贮存品种、数量。

（6）蔬菜小品种生产任务表。包括一定数量的花色品种和香辛调味品种的生产面积、上市任务，以满足人们传统习惯、节日需要以及特需。

（7）其他生产计划。主要有种子生产计划。

（二）基层单位生产计划

基层单位生产计划主要是根据上级下达的生产计划，围绕着落实各项生产指标而制定的执行计划，一般应包括以下几项。

1. 蔬菜生产计划总表

（1）蔬菜种植面积和产量计划。根据上级分配的蔬菜品种、面积及产量指标，结合本单位的气候、土壤、生产条件、历年产量水平，估算出下年度的蔬菜品种、面积、产量和预定产值，并与上年度做增减对比。

根据该表能够分析出本单位的土地利用、品种、面积和产量增减情况，是确定其他各项生产指标及核算的基础（表7－1）。

表7－1　某村2011年蔬菜种植面积及产量计划

序号	品种名称	播种面积			产量指标				预定产值	
		2010年（km^2）	2011年（km^2）	增减（%）	2010年（t/km^2）	2011年（t/km^2）	增减（%）	2011年总产量（t）	单价（元/t）	总计（万元）
1	黄瓜	8	7	－12.5	45	48	6.7	336	3 000	100.8
2	番茄	10	11	10	37.5	40	6.7	440	3 500	154
合计										

（2）种植计划及逐月上市计划。根据蔬菜种植面积和产量计划，结合茬口安排，制定出品种、播种面积、计划产量及分月上市量。

（3）茬口安排。根据本单位蔬菜田的分布、面积、土质、地势、前后茬及蔬菜品种特性等情况，将计划种植的蔬菜，按地块安排茬口，保证计划品种面积落实。

2. 计划作业计划

计划作业计划能使生产人员了解各种蔬菜在整个生长时期的

农业技术活动和各项技术指标，便于组织劳力完成作业项目和为生产提供生产资料，还有利于提出合理化建议。

(1) 单项蔬菜逐月技术作业及效率定额。具体内容见表7－2。

表7－2　单项蔬菜逐月技术作业及效率定额

作物种类：番茄；面积：0.27km²；产量：t/km²；总产量：20.25t

作业项目	日期				单位	面积（m²）	效率定额				计划用工					计划用材料		
	起		止															
	月	日	月	日			机	农	畜	数量	机	农	临时工	畜	总计	名称	单位面积用量	总计用量
制作保温苗床	11	20			畦	13		1		3		4.3			4.3	稻草	25（kg/km²）	325 kg
…																		

注：做苗床时，选向阳便于管理的土地，长6.7m，宽1.7m

(2) 育苗计划。按照《单项蔬菜逐月技术作业及效率定额》，按育苗需要逐项按质按量、不违农时地提供生产需要的各项秧苗。

三、生产计划制定原则

制定生产计划应遵循“以需定产，产稍大于销”的原则，根据当地的吃菜人口数量（大多城市按照人均每天消费0.6kg的标准），消费习惯，生产水平等制定生产计划。一些蔬菜产区，还要考虑军工、特需、外贸出口、支援外地等任务，并列入计划中。一些大中城市的蔬菜生产和供应在一定程度上也受到了外来蔬菜的影响，制定计划时，应考虑到这种影响。

制定蔬菜生产计划，必须注意以下几个方面。

①根据当地的生产条件和种植蔬菜种类或品种需要劳力的多少、技术难易程度，确定蔬菜的种植面积，如保护地设施、劳力、水肥等。

②采用新的种植方式或引进新的蔬菜种类或品种，注意地区间的气候条件差异和当地的消费习惯，应在小面积试种取得成功的基础上再逐步发展。

③制定种植计划要为市场周年均衡供应多作贡献。须在季节茬口安排上注意堵淡季，躲旺季，延长供应时期，既有利市场供应，更能提高经济效益。

④蔬菜种类多，季节性强，所以茬口安排比较复杂。在制定计划时，既要充分利用本地区的有效生产季节，注意与前后茬的衔接时间，又要注意合理倒茬，避免同类蔬菜连作，以减轻病虫害的传播和侵染

⑤制定种植计划时，不仅要安排适当的蔬菜种类，又要选择适宜本地条件种植的优良品种。

⑥在制定全年每个季节种植计划的同时，要根据市场变化的需要，正确总结前一年的生产经验与教训。

第八章　设施蔬菜病虫害防治技术

第一节　病虫害的田间调查与预测预报

要实现对园艺植物病虫害的持续控制，必须制定科学合理的综合治理方案，而植物病虫害的调查统计则是实现上述目标的前提和基础。

一、田间调查的内容

病虫害调查一般分为普查和专题调查两类。普查是在大面积地区进行病虫害的全面调查。主要是了解病虫害的基本情况，如病虫种类、发生时间、为害程度、防治情况等。专题调查是对某一地区某种病虫害进行深入细致的专门调查，是有针对性的重点调查。专题调查要在以下内容的基础上进行。

在病虫害防治的过程中，经常要进行以下内容的调查。

（一）发生和危害情况调查

普查一个地区在一定时间内的重点病虫，则可以详细调查记载害虫各虫态的始盛期、高峰期、盛末期和数量消长情况或病害由发病中心向全田扩展的增长趋势及严重程度等，为确定防治适期和防治对象提供依据。

（二）病虫或天敌发生规律调查

专题调查某种或天敌的寄主范围、发生世代、主要习性及不同园艺生态条件下数量变化的情况，为制定防治措施和保护利用天敌提供依据。

（三）越冬情况调查

专题调查病虫越冬场所、越冬基数、越冬虫态、病原越冬方式等，为制定防治计划和开展预测预报提供依据。

（四）防治效果调查

包括防治前与防治后防治区和非防治区的发生程度对比调查以及不同防治措施、时间、次数的发生程度对比调查等，为选择有效防治措施提供依据。

二、田间调查方法

（一）病虫的田间分布类型

病虫在田间的分布型式，常因病虫种类、虫态、发生时期（早期、中期、后期）而不同。也随地形、土壤、被害植物的种类、栽培方式等特点而发生变化。常见的病虫分布型（图 8－1）有以下几种。

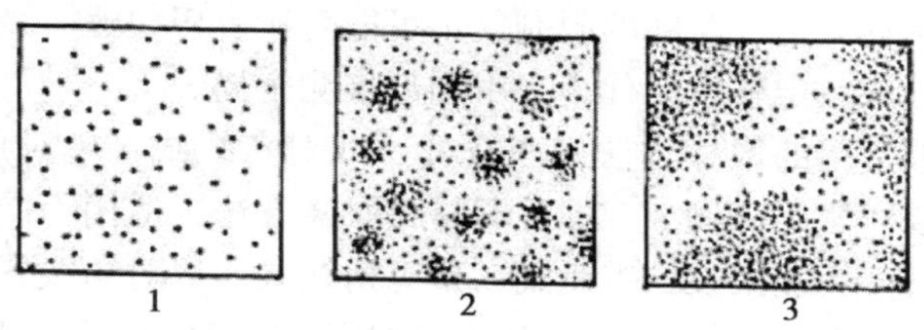

图 8－1　病虫的田间分布类型

1. 随机分布；2. 核心分布；3. 嵌纹分布

1. 随机分布

通常是稀疏的分布，每个个体之间的距离不等，但是较均匀，调查取样时每个个体出现的几率相等。如黄瓜霜霉病的流行期属该类型。

2. 核心分布

是不均匀的分布即病虫在田间分布呈多数小集团，形成核心，并自核心作放射状蔓延。核心之间是随机的，核心内常是较浓密的分布。如马铃薯晚疫病等由中心病株向外蔓延的初期属该类型。

3. 嵌纹分布

属不均匀分布。病虫在田间的分布呈不规则的疏密相同状态。如蚜虫、叶螨初期在田边的点片发生等属该类型。

（二）病虫害的调查方法

1. 调查时期和次数

调查时期根据调查目的来确定。对病虫害一般发生和为害情况的调查，以在病虫害发生盛期为宜。若一次调查几种植物或一种植物的几种病虫害时，可以找一个适中的时期进行。为了测报，就必须一年四季在不同的生育阶段进行系统的调查。例如，越冬调查、发生始期、盛期及衰退期调查等。

2. 取样方法

由于受人力和时间的限制，不可能对所有田块逐一调查，需要从中抽取一定样本为代表，由局部推测全局。

一般常用的取样方法有棋盘式、双对角线式、单对角线式、抽行式取样法等（图 8 -2）。不同的取样方法，适用不同的病虫分布类型。一般来说，棋盘式、单对角线式、双对角线式，适用与随机分布型；抽行式、棋盘式，适用于核心分布类型；Z 形式适用于嵌纹分布型。

3. 取样单位

应根据蔬菜种类及病虫害的特点做相应变化，一般常用的取样单位有以下几种。

（1）面积。常用于调查统计土壤病虫害或苗中的病虫害。如调查 $1m^2$ 单位面积中的虫数或虫害损失程度。若是调查土壤害虫，则应随着害虫种类和发生时期决定挖土取样的层次和深度。

（2）长度。一般用于调查枝干类害虫。如调查蛀干害虫在

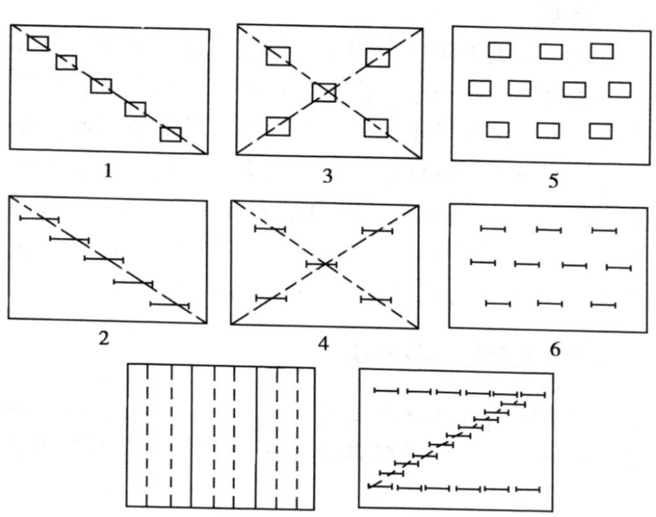

图 8-2　常用的取样方法

1、2. 单对角线式（面积或长度）；3、4. 双对角线式或五点式（面积或长度）；5、6. 棋盘式（面积或长度）；7. 平行线或抽行式；8. "Z" 字形

茎干上呈垂直分布状况时，在植株的上、中、下个取 5 ~ 20cm 的样本，统计害虫种类、虫态、数量，求出平均虫口密度。

（3）植株或植株的某一部分。调查某些病虫害时，可以株为单位。

（4）时间。常用于调查比较活泼的害虫。以单位时间内采得或目测到的虫数来表示发生情况、为害程度等。

（5）其他。对有趋性的害虫，可以用诱集器械为单位，统计 1 支黑光灯、1 个诱蛾器或 1 个草把诱到的虫数；虫体小而活动性大的害虫，可以一定大小口径捕虫网的扫捕次数为单位。这些量都是相对量，并不代表田间的绝对量，但可以估计田间害虫的消长情况。

4. 取样数量

取样的数量取决于病虫害的分布均匀程度、密度以及人力和时间的允许情况。在面积小、作物生长整齐、病虫分布均匀、发生密度大的情况下，取样点可以适当少些，反之应多些。在人力及时间充裕的情况下，取样点可适当增多。一般每样点的取样数量：全株性病虫100~200株，叶部病虫10~20片叶，果（蕾）部病虫100~200个果（蕾）。在检查害虫发育进度时，一般活虫数不少于20~50头，否则得到的数据误差较大。

三、病虫害调查的记载方法

记载是园田病虫害调查的重要工作。通过认真记载，得到大量的数据和资料，为分析总结调查结果作依据。记载要求准确、简明、有统一标准。

园田调查记载的内容，根据调查的目的和对象而定，一般多采用表格形式。对于专题调查，记载的内容则更为详尽。

（一）病虫害普查（踏查）记载方法

普查（踏查）又称概况调查，是指在较大范围内（地区、省、菜田、苗圃、花圃等）进行的调查。按照要求填写植物病虫害普查记录表（表8－1）。目的在于了解病虫害种类、数量、分布、为害程度、为害面积、蔓延趋势以及导致病虫害发生的一般原因。

表8－1　蔬菜病虫害普查记录

调查日期
调查地点
园田概况
调查总面积
受害面积

（续表）

卫生状况									
园艺植物种类	品种	被害面积	为害部位	为害程度	分布状况	寄主情况	天敌种类	数量及寄生率	备注

注：园田概况包括蔬菜种类及品种组成、平均高度、栽植密度、生长期、长势以及地形、地貌等。

分布状态为单株分布（单株发生病虫害）、簇状分布（被害株3～10株成团）、团状分布（被害株面积大小呈块状分布）、片状分布（被害面积达50～100m^2）等。为害程度常分为轻微、中等、严重三级，分别用+、++、+++符号表示（表8-2）。

表8-2　为害程度划分标准

为害部位	病虫害类别	受害程度		
		轻微（+）	中等（++）	严重（+++）
种实	害虫	5%以下	6%～15%	16%以上
	病害	10%以下	15%～25%	26%以上
叶部	害虫	15%以下	15%～30%	31%以上
	病害	10%以下	15%～25%	26%以上
枝梢	害虫	10%以下	10%～25%	26%以上
	病害	15%以下	5%～10%	26%以上
根部茎干	害虫	5%以下	5%～10%	11%以上
	病害	10%以下	11%～25%	26%以上

（二）专题调查（样地调查）记载方法

专题调查（样地调查）又称标准地调查或详细调查。它是在普查的基础上，对主要的、为害较重的病虫种类，设立样地进行专题调查。目的在于精确统计病虫数量、为害程度，并对病虫害的发生环境因素做深入地分析研究。

1. 虫害调查

调查样地确定后，选取一定数量的样株，逐株调查其虫口数，最后统计虫口密度和有虫株率。虫口密度是指单位面积或每个植株上害虫的平均数量，它表示害虫发生的严重程度；有虫株率是指有虫株数占调查总株数的百分数，它表明害虫在园内分布的均匀程度。计算公式分别为：

$$单位面积虫口密度=\frac{调查总活虫数}{调查面积}$$

$$每株（或种实）虫口密度=\frac{调查总活虫数}{调查总株（或种实）数}$$

$$有虫株率（\%）=\frac{有虫数}{调查总株数}\times 100$$

（1）地下害虫调查。园圃在进行播种或定植前，要进行地下害虫的调查。调查时间应在春末、夏初，地下害虫多在浅层土壤活动时期为宜。抽样方式多采用对角线或棋盘式。样坑大小为0.5m×0.5m 或 1m×1m。按 0～5cm、5～15cm、15～30cm、30～45cm、45～60cm 段等不同层次分别进行调查，并填写表8－3。

表 8－3　园圃地下害虫调查

调查日期	调查地点	土壤植被情况	样坑号	样坑深度	害虫名称	虫期	害虫数量	被害株数	受害率（%）	备注

（2）食叶害虫调查。在发生食叶害虫的园圃中选样，调查主要害虫的种类、虫期、数量和为害情况等，样方面积可随机选定。采用对角线法、隔行法，选出样株 10～20 株进行调查。将调查、统计结果分别填入表 8－4。

表 8－4　园圃食叶害虫调查

调查日期	调查地点	样地号	园圃概况	害虫名称和主要虫态	样株号	害虫数					虫口密度（头/株）或（头/m^2）	为害情况	备注
						健康	死亡	被寄生	其他	总计			

2. 病害调查

在普查的基础上，调查园艺植物的发病率和发病指数。

$$发病率（\%）=\frac{病株（叶、果等）数}{调查总株数（叶、果等）数}\times 100$$

$$发病指数=\frac{\sum（各级病叶数\times 各级代表值）}{（调查总叶数\times 最高级代表值）}\times 100$$

采集标本，按病情轻重划分等级见表 8－5。

表 8－5　枝、叶、果病害分级标准

级别	分级标准
0	健康
1	1/4 以下枝、叶、果感病
2	1/4～2/4 枝、叶、果感病
3	2/4～3/4 枝、叶、果感病
4	3/4 以上枝、叶、果感病

叶部病害、种实病害调查：选取样株 5%～10%，随机选取样点，每株选取样本 100～200 个。根据植物种类不同选取样本数量可适当调整。调查数据填入表 8－6、表 8－7。

表 8－6　叶部病害调查表

调查日期	调查地点	样方号	植物种类	病害名称	样株号	总叶数	病叶数	发病率(%)	病害分级					病情指数	备注
									1	2	3	4	5		

表 8－7　种实病害调查表

调查日期	调查地点	植物种类	病害名称	调查种实数	发病种实数	发病率(%)	病害分级					病情指数	备注
							1	2	3	4	5		

四、调查数据的整理

（1）鉴定病虫名称。

（2）汇总、统计室外调查资料，分析病虫流行的原因。

（3）写出调查报告。

（4）调查原始资料装订、归档；标本整理、制作、保存。

五、病虫害预测预报

（一）病虫测报

1. 发生时期的预测

预测病虫为害时期的出现。关键在于掌握好防治的有利时机，确定采取防治措施。病虫发生时期因地制宜，即使是同种病虫、同一地区也常随每年气候条件而有所不同。所以对当地主要病虫进行预测，掌握其始发期（16%～20%）、盛发期（45%～50%）和终止期（80%），对抓住有利防治时机，及时指导防治具有重要意义。

2. 发生数量的预测

预测病虫在当地某一阶段可能发生的数量的多少，联系其危害性的大小，确定是否防治的必要性，以及防治规模和力量的部署。预测时还要参考气候、栽培品种、天敌等因素综合分析，注意数量变化的动态，及时采取措施，做到适时防治。

3. 发生趋势的预测

主要是预测病虫分布区域和发生的面积，以便确定防治地段或田块的排队或制定出不同的防治措施，对迁飞性或扩散性的病虫应对其迁飞扩散的方向和发生区域范围进行预测，及时把病虫控制在蔓延之前。

（二）病虫害预测方法

依据预报依时间的长短，一般分为短期、中期和长期三类。短期预测：根据害虫的前—虫态预测后—虫态所发生时间、数量以及为害情况等，准确性高，对化学防治非常重要。离防治适时 10 天内的预报。近期内病虫发生的动态。中期预测：根据害虫前一世代的发生期，结合气象预报、栽培条件、品种特性等综合分析，预测后—虫态的发生时间、发生数量、为害程度和扩散动向等。对于重点病虫在全面发生期，都应进行中期预测。离防治适期 11 ~ 30 天的预测。长期预测：根据害虫的前一世代来预测后一世代的发生发展趋势，离防治适期 1 个月以上的预测。一般是属于年度或季节性的预测。通常是在头一年末或当年年初，根据历年病虫害情况积累的资料，参照当年病虫害发生有关的各项因素，如作物品种、环境条件、病虫存在数量以及其他有关地区前一时期病虫发生的情况等，来估计病虫发生的可能性及严重程度，供制定年度防治计划时参考。长期预测由于时间长、地区广，进行起来较复杂，须有较长时间的参考资料和积累较丰富的经验，同时对于病虫发生的规律要有较深刻地了解。

1. 害虫发生期预测

(1) 发育进度法。又叫历期推算法。根据当地的气象，再加上一定虫态的历期（各虫态在一定温度条件下，完成其发育所需天数，称历期）等，推算以后虫期的发生期。

(2) 有效积温法。主要用来预测害虫某一虫态的发生时期或害虫发生的世代数以及控制害虫的发育进度。有效积温公式：

$K = N\ (T - C)$

如黏虫卵的发育起点温度是 8.2℃，有效积温度为 67℃，当时的平均气温是 12.2℃，其发育所需的天数根据

$N = \frac{K}{T - C}$公式计算求得：

$$N = \frac{67}{12.2 - 8.2} = 17\ (天)$$

如果第一代产卵始盛期为 6 月 2 日，卵孵化的始盛期是 6 月 19 日。

(3) 物候预测法。物候是指自然界各种生物出现季节的规律性，如燕子飞来、柳絮飞扬等，这些现象反映了大自然气候已达到一定节令的温湿度条件。由于病虫的发生也受到自然界气候的影响，所以它们的某一发育阶段也只有在一定节令时才会出现。由于长期适应的结果，病虫的发生常与寄主的发育阶段相一致，例如，麦茎蜂是在小麦抽穗期产卵；小麦吸浆虫是在小麦抽穗浆期产卵危害；马铃薯晚疫病多在马铃薯现蕾以后才流行；小麦赤霉病主要在小麦扬花时大量发生；小地老虎的发生是桃花一片红，发蛾到高峰等。这些都可作为预测调查和指导防治的重要参考。

2. 害虫发生量预测

(1) 有效基数法。害虫的发生数量通常与前一世代的基数有密切关系。基数大，下一代可能发生重；基数小，下一代可能

发生轻。许多害虫可通过早春调查越冬基数，预测下一代的发生量。常用下列公式计算：

$$P = P_0 \times \left[1 \times \frac{f}{m+f} \times (1 - M)\right]$$

式中：P 为下一代发生量，P_0 为上一代基数，1 为每头雌虫平均产卵量，f 为雌虫所占比例，m 为雄虫所占比例，M 为死亡率。

如甘蓝夜蛾每平方米越冬蛹基数为 0.5 头，雌虫平均每头产卵 700 粒，雌雄比例为 1∶1，死亡率为 85%，其第一代幼虫发生数量为：

$$P = 0.5 \times \left[700 \times \frac{0.5}{0.5+0.5} \times (1 - 0.85)\right]$$

$$= 26.25 \text{（头/m}^2\text{）}$$

（2）形态指标法。根据生物有机体与外界条件统一的原理进行预测，有利无利在一些虫态上表现出来的一些变化，用这些变化预测虫体的大小、体重、脂肪体的多少等。例如：

蚜虫：食料足，气候适宜，数量少时，无翅蚜产生下一代；食料不足，气候不适宜，数量多时，有翅蚜产生下一代。

飞虱：水稻孕穗期，产生短翅型飞虱；水稻穗粒黄时，产生长翅型飞虱。

（3）气候图法。气候图通常以某一时间尺度（日、旬、月、年）的降雨量或湿度为一个轴向，同一时间尺度的气温为另一轴向，二者组成平面直角坐标系。然后将所研究时间范围的温湿度组合点按顺序在坐标系内绘出来，并连成线（点太密时可不连）。由此图形可以分析害虫发生与气候条件的关系，并对害虫发生进行测报。

除气候图外，还可以采用生物气候图和其他方法。

3. 病害预测

(1) 孢子捕捉预测法。对一些病原孢子由气流传播、发病季节性较强，又容易流行成灾的真菌性病害，可用捕捉空中孢子的方法预测其发生的动态。如小麦锈病、玉米大斑病、马铃薯晚疫病、小麦赤霉病等，都可以用孢子捕捉法来预测病害发生的时期和发生的程度。

为了便于了解孢子的密度情况，可以按下式将查到的孢子数换算成以平方米面积为单位的孢子数。

$$1\text{m}^2\ \text{孢子数}=\frac{\text{全玻片孢子数}}{\text{玻片面积（m}^2\text{）}}\times 10\ 000$$

(2) 培养预测法。在病害没有发生前，将作物容易感病或疑为有病部分放在适于发病条件下，进行培养观察，以便提前掌握病害发生的始期。由于病菌的生长、发育和繁殖都要求较高的湿度，所以，通常是用保湿的方法进行培养。一般是在玻璃杯内放少量清水或湿沙，或在培养皿内放一层滤纸加水湿润，然后把要观察的材料插在水或湿沙中，或平放在湿滤纸上，置于适宜温度下培养。逐日检查记载发病情况，借以推测田间可能发病的情况。

(3) 预测圃观察法。在大田外，单独开辟出一块地，针对本地区危害严重的某些病害，种植一些感病品种和当地普遍栽培的品种作物，经常观察病害的发生情况。预测圃里的感病品种容易发病，由此可以较早地掌握病害开始发生的时期和条件，有利于及时指导大田普查。但必须注意与大田的隔离，防止菌原向大田蔓延，造成损失，预测圃内种植当地普遍栽培的品种，可以反映大田的正常病情，了解病情发展的快慢，推断病害可能发生危害的程度，作为指导防治的依据。

对于某些害虫，也可设置害虫预测圃，预测其发生的时期。如萝卜蝇喜在植株大的白菜根际土表产卵，在预测圃里种植一些

早播白菜，引诱成虫产卵，就可以较早地掌握其开始产卵时期，指导大田查卵，做到适时防治。

病虫害的预测方法，是根据不同病虫主要习性、发生特点和多年观察研究的实际经验拟订的，今后仍需在实践中不断改进和提高。为了便于比较分析各地历年积累的资料，对于全国重点病虫的测报方法，有条件的测报站、点，都应按照统一规定进行，对当地的重点病虫每次的观测和调查方法、地点，也应力求一致，这样才有利于更好地掌握病虫的发生发展规律，为生产服务。一般群众性的预测工作，主要是在专业预报站的具体指导下，开展田间的查定工作，即根据病虫发生的某些指标进行检查，用以确定防治田块和防治的有利时机。

第二节　主要蔬菜害虫的识别与防治技术

蔬菜由于其独特的生长季和复杂的栽培模式，害虫发生非常严重，为害蔬菜的害虫种类繁多，下面就重点介绍经常发生并为害严重的害虫。

一、菜蛾

菜蛾又称小菜蛾，其幼虫俗称吊丝虫、两头尖等，分类上属于鳞翅目、菜蛾科。

（一）寄主及为害状

主要为害十字花科蔬菜，也可取食其他野生十字花科植物。幼虫咬食叶片为害。初龄幼虫潜入叶内取食叶肉；2 龄初从隧道退出，使叶片残留表皮出现透明小斑，菜农俗称之为“开天窗”；3 ~4 龄幼虫咬食叶片成孔洞和缺刻，严重时全叶被吃成网状。在苗期常集中为害心叶；在留种株上，为害嫩茎、幼荚和籽粒，影响结实。该虫为我国十字花科蔬菜发生最普遍最严重的害虫之一。

（二）形态识别（图8－3）

（1）成虫。小菜蛾成虫为灰褐色小蛾子，体长6～7mm，翅展12～15mm，前后翅均狭长而尖，缘毛很长，前翅有黄白色波纹，当蛾子静止时，两前翅合拢呈屋脊状，波纹则合拢成3个菱形斑。雌虫较雄虫肥大，腹部末端圆筒状。

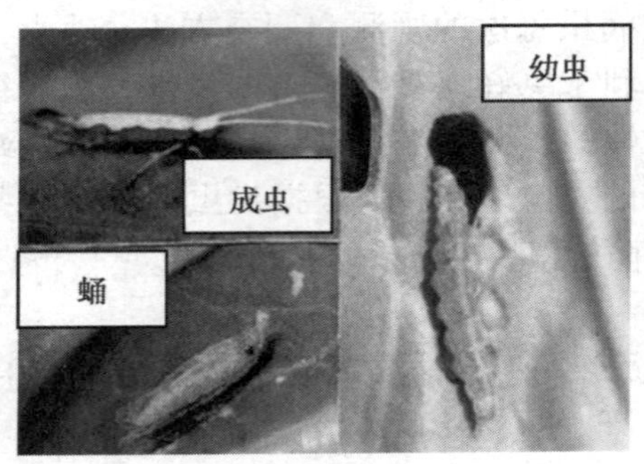

图8－3　菜蛾

（2）卵。椭圆形，稍扁平，长约0.5mm，宽约0.3mm，初产时淡黄色，有光泽，卵壳表面光滑。

（3）幼虫。初孵幼虫深褐色，后变为绿色。熟幼虫体长10～12mm，绿色，纺锤形（故俗称“两头尖”），体上生稀疏长而黑的刚毛，头部黄褐色，前胸背板上有淡褐色无毛的小点组成两个“U”字形纹。臀足向后伸超过腹部末端，腹足趾钩单序缺环。幼虫较活泼，触之，则激烈扭动并后退。

（4）蛹。长5～8mm，黄绿至灰褐色，外被丝茧极薄如网，两端通透。

（三）生活习性

幼虫、蛹、成虫各种虫态均可越冬、越夏、无滞育现象。全年发生为害明确呈两次高峰，第一次在5月中旬至6月下旬；第

二次在8月下旬至10月下旬（正值十字花科蔬菜大面积栽培季节）。一般年份秋害重于春害。小菜蛾的发育适温为20～30℃，在两个盛发期内完成1代约20天。

全年内为害盛期因地区不同而不同，东北、华北地区以5～6月和8～9月为害严重，且春季重于秋季。成虫昼伏夜出，白昼多隐藏在植株丛内，日落后开始活动。有趋光性，以19～23时是扑灯的高峰期。成虫羽化后很快即能交配，交配的雌蛾当晚即产卵。幼虫性活泼，受惊扰时可扭曲身体后退；或吐丝下垂，待惊动后再爬至叶上。小菜蛾发育最适温度为20～30℃。此虫喜干旱条件，潮湿多雨对其发育不利。此外若十字花科蔬菜栽培面积大、连续种植，或管理粗放都有利于此虫发生。

小菜蛾发育适宜温度为20～30℃，通常温暖干旱少雨的年份和天气，十字花科蔬菜大面积连片种植，复种指数高，常为害严重。

（四）防治方法

1. 农业防治

①清洁田园。收获后彻底清除残株落叶，铲除杂草，可有效减少虫源，减轻为害。

②注意品种合理布局，尽量避免小范围十字花科蔬菜连作。

③注意保护和利用天敌。

④因地制宜间套种某些辛香植物（如薄荷等）有助于减轻为害。

2. 物理防治

在发蛾盛期用杀虫灯诱杀，或结合性诱杀是将人工合成的性诱剂（诱芯）吊在水盆（含洗衣粉）上方距离水面1cm处，有效诱蛾期可达1个月以上。也可自制性诱剂，剪取活雌蛾腹部末端，用二氯甲烷等溶剂粗提，利用粗提物如上法置于田间诱蛾。还可用60目塑料或铜纱制成诱捕器，内装入1头未交尾的雌蛾，如上法置于田间诱捕雄蛾。

3. 生物防治

常用药剂：苏云金杆菌（BT 乳剂）、杀螟杆菌、青虫菌等生物制剂喷施（一般含活菌量 100 亿/g 以上，对水 800～1 000倍液），如加入低浓度的菊酯类或有机磷农药，则效果更佳，另外也可喷小菜蛾颗粒体病毒制剂。

4. 药剂防治

贯彻勤查早治原则（3 龄前）常用药剂：25% 快杀灵2 000倍液，（不要使用含有辛硫磷、敌敌畏成分的农药，以免“烧叶”），灭幼脲 1 号、3 号 500～1 000倍液，或农梦特或抑大保2 000倍液。注意交替使用或混合配用，以减缓抗药性的产生。

二、菜粉蝶

鳞翅目，粉蝶科。菜粉蝶（图 8－4）别名菜白蝶，幼虫又称菜青虫（图 8－5）。

图 8－4　菜粉蝶

（一）寄主及为害状

主要为害十字花科蔬菜，尤以芥蓝、甘蓝、花椰菜等受害比较严重。幼虫咬食寄主叶片，2 龄前仅啃食叶肉，留下一层透明表皮，3 龄后蚕食叶片孔洞或缺刻，严重时叶片全部被吃光，只

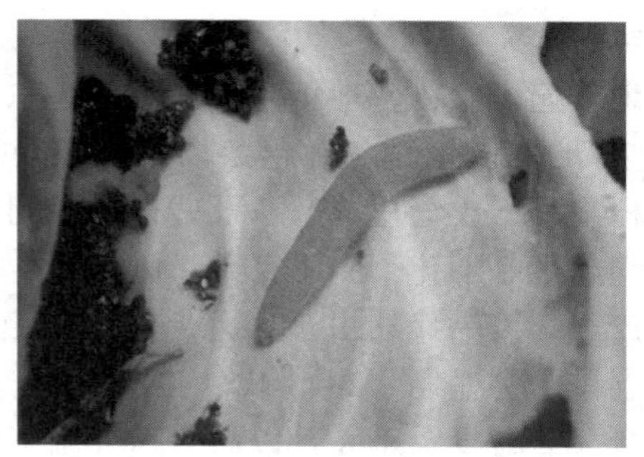

图 8－5　菜青虫（菜粉蝶幼虫）

残留粗叶脉和叶柄，造成绝产，易引起白菜软腐病的流行。菜青虫取食时，边取食边排出粪便污染。幼虫共 5 龄，3 龄前多在叶背为害，3 龄后转至叶面蚕食，4～5 龄幼虫的取食量占整个幼虫期取食量的 97%。

（二）形态识别

（1）成虫。体长 12～20mm，翅展 45～55mm，体黑色，胸部密被白色及灰黑色长毛，翅白色。雌虫前翅前缘和基部大部分为黑色，顶角有 1 个大三角形黑斑，中室外侧有 2 个黑色圆斑，前后并列。后翅基部灰黑色，前缘有 1 个黑斑，翅展开时与前翅后方的黑斑相连接。

（2）卵。竖立呈瓶状，高约 1mm，初产时淡黄色，后变为橙黄色。

（3）幼虫。菜青虫是菜粉蝶的幼虫。幼虫共 5 龄，体长28～35mm，幼虫初孵化时灰黄色，后变青绿色，体圆筒形，中段较肥大，背部有一条不明显的断续黄色纵线，气门线黄色。密布细小黑色毛瘤，各体节有 4～5 条横皱纹。

（4）蛹。长 18～21mm，纺锤形，体色有绿色、淡褐色、灰黄色等。

（三）生活习性

菜粉蝶各地普遍发生，各地年生代数不同。东北、华北1年发生4～5代。各地均以蛹越冬。越冬场所多在受害菜地附近的篱笆、墙缝、树皮下、土缝里或杂草及残株枯叶间。在北方，翌年4月中、下旬越冬蛹羽化，5月达到羽化盛期。羽化的成虫取食花蜜，交配产卵，第一代幼虫于5月上、中旬出现，5月下旬至6月上旬是春季为害盛期。2～3代幼虫于7～8月出现，此时因气温高，虫量显著减少。至8月以后，随气温下降，又是秋菜生长季节，有利于此虫生长发育。所以8～10月是4～5代幼虫为害盛期，秋菜可受到严重为害，10月中、下旬以后老幼虫陆续化蛹越冬。

菜粉蝶成虫白天活动，尤以晴天中午更活跃。成虫多产卵于叶背面，偶有产于正面。散产。初孵幼虫先取食卵壳，然后再取食叶片。1～2龄幼虫有吐丝下坠习性，大龄幼虫有假死性，当受惊动后可蜷缩身体坠地。幼虫老熟时爬至隐蔽处，吐丝化蛹。

菜粉蝶发育最适温为20～25℃，相对湿度76%左右，与甘蓝类作物发育所需温湿度接近，因此，在北方春（4～6月）、秋（8～10月）两茬甘蓝大面积栽培期间，菜青虫的发生亦形成春、秋两个高峰。已知天敌在70种以上，主要的寄生性天敌为广赤眼蜂。

（四）防治方法

1. 物理防治

清洁田园，十字花科蔬菜收获后，及时清除田间残株老叶和杂草，减少菜青虫繁殖场所和消灭部分蛹。秋季收获后深耕细耙，减少越冬虫源。

2. 生物防治

保护和利用天敌昆虫。如广赤眼蜂、微红绒茧蜂、凤蝶金小蜂等天敌。在绒茧蜂发生盛期用每克含活孢子数100亿以上的青

虫菌，或 Bt 可湿性粉剂 800 倍液喷雾。

在幼虫 2 龄前，药剂可选用 Bt 乳剂 500～1 000倍液，或 1%杀虫素乳油 2 000～2 500倍液。

3. 化学防治

由于菜青虫世代重叠现象严重，3 龄以后的幼虫食量加大、耐药性增强。因此，施药应在 2 龄之前。常用药剂：0.6% 灭虫灵乳油 1 000～1 500倍液，20% 灭幼脲悬浮剂 800 倍液；20% 杀灭菊酯 2 000～3 000倍液等喷雾。

三、甜菜夜蛾

（一）寄主及为害状

属鳞翅目、夜蛾科，是一种世界性顽固害虫。对大葱、甘蓝、大白菜、芹菜、菜花、胡萝卜、芦笋、蕹菜、苋菜、辣椒、豇豆、花椰菜、茄子、芥蓝、番茄、菜心、小白菜、青花菜、菠菜、萝卜等蔬菜都有危害。初孵幼虫群集叶背，吐丝成网，在其内取食叶肉，留下表皮，成透明小孔，3 龄后可将叶片吃成孔洞或缺刻，严重时仅余叶脉和叶柄，致使菜苗死亡，造成缺苗断垄，甚至毁种。

（二）形态识别（图 8－6）

（1）成虫。体长 10～14mm，翅展 25～34mm。体灰褐色。前翅中央近前缘外方有肾形斑 1 个，内方有圆形斑 1 个。后翅银白色。

（2）卵。圆馒头形，白色，表面有放射状的隆起线。

（3）幼虫。幼虫体色变化很大，有绿色、暗绿色、黄褐色、黑褐色等，腹部体侧气门下线为明显的黄白色纵带，有时呈粉红色。成虫昼伏夜出，有强趋光性和弱趋化性，大龄幼虫有假死性，老熟幼虫入土吐丝化蛹。

（4）蛹。体长 10mm 左右，黄褐色。

图 8－6　甜菜夜蛾

（三）生活习性

甜菜夜蛾在越冬寄主过冬。越冬寄主等。甜菜夜蛾春卵孵化后先在越冬寄主上生活繁殖几代，到出苗阶段产生有翅胎生，迁飞到棉苗繁殖。当多而拥挤时，迁飞扩散。甜菜夜蛾晚秋气温降低，甜菜夜蛾从迁飞到越冬寄主交尾后产卵过冬。

一年发生 6～8 代，7～8 月发生多，高温、干旱年份更多，常和斜纹夜蛾混发，对叶菜类威胁甚大。

（四）防治方法

1. 农业防治

减少早期虫源，秋耕冬灌，秋收后及时翻耕土地，消灭在浅层土壤中的幼虫和蛹，冻死越冬蛹；对于严重的田块，灌水灭蛹使其不利于化蛹。春季消除路边、地头和田内的杂草，能减少其取食、产卵场所。

2. 物理防治

在成虫始盛期，在大田设置黑光灯、频振式杀虫灯诱杀成虫，同时利用性诱剂诱杀成虫，可大大降低卵密度和幼虫数量。结合田间管理，人工捉虫，挤抹卵块。

3. 生物防治

保护和利用天敌和病原微生物制剂。甜菜夜蛾常见的捕食性天敌有各种蛙类、鸟类、草岭、步甲、瓢虫等。寄生性天敌包括岛甲腹茧蜂、姬蜂、侧沟茧蜂等。

生物制剂主要有 Bt 制剂、多核蛋白壳核多角体病毒等昆虫生长调节剂和绿宝素乳油等抗生素药剂对甜菜夜蛾效果较好。

4. 化学防治

甜菜夜蛾世代重叠严重，抗药性和隐蔽性强，其药剂防治应坚持“防早治小”策略。幼虫孵化盛期为施药防治最佳时期。要加强田间虫情调查，做好预测预报工作。在卵孵化盛期至幼虫 2 龄盛期，立即选用高效、低毒、无公害的化学农药防治，并注意不同药剂间的复配与轮换使用。

于上午 8 时前或下午 6 时后进行喷药效果好，喷药时应针对幼虫为害的部位、叶片正面及反面要喷洒均匀，四面打透。预测发生重的世代，隔 5 天再补施 1～2 次。常用药剂：灭幼脲、抑太保、米满、多杀菌素及茚虫碱等具有特殊杀虫毒理机制的新型药剂。甜菜夜蛾极易产生抗药性，因此易选用不同类别的药剂交替使用，才可达到理想的防治效果。

四、美洲斑潜蝇

（一）寄主及为害状

在我国的热带、亚热带和温带地区都有发生。寄主植物达 110 余种，其中，以葫芦科、茄科和豆科植物受害最重。以幼虫和成虫为害叶片，取食叶肉形成先细后宽的蛇形弯曲或蛇形盘绕虫道，其内有交替排列整齐的黑色虫粪，可导致幼苗全株死亡（图8－7）。幼虫和成虫通过取食还可传播病害，特别是传播某些病毒病，降低叶菜类食用价值。

（二）形态特征（图8－8）

（1）成虫。小，体长1.3～2.3mm，浅灰黑色，胸背板亮黑色，体腹面黄色，雌虫体比雄虫大。

（2）卵。米色，半透明，大小（0.2～0.3）mm×（0.1～0.15）mm。

（3）幼虫。蛆状，初无色，后变为浅橙黄色至橙黄色，长3mm。

（4）蛹。椭圆形，橙黄色，腹面稍扁平，大小（1.7～2.3）mm×（0.5～0.75）mm。

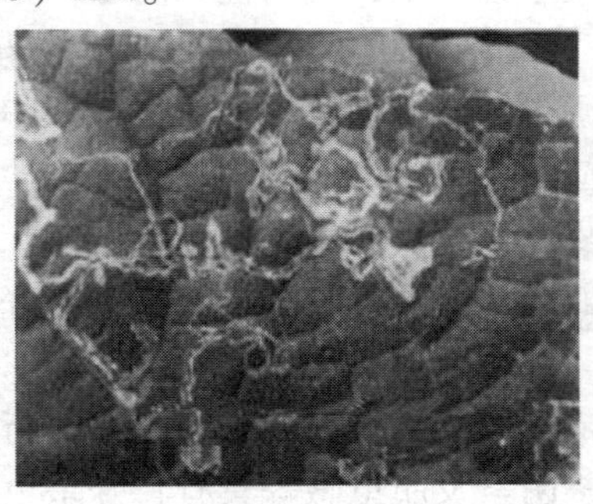

图8－7　美洲斑潜蝇为害状

（三）生活习性

发生代数因地区而异，在南方和北方温室条件下，全年都能繁殖为害，在北方一年可发生10余代，无明显的越冬现象。成虫具有较强的趋光性，有一定的飞翔能力。卵产于叶肉中。初孵幼虫潜食叶肉，并形成隧道，隧道端部略膨大，老龄幼虫咬破隧道的上表皮爬出道外化蛹。主要随寄主植物的叶片、茎蔓以及蔬菜的运输而传播。

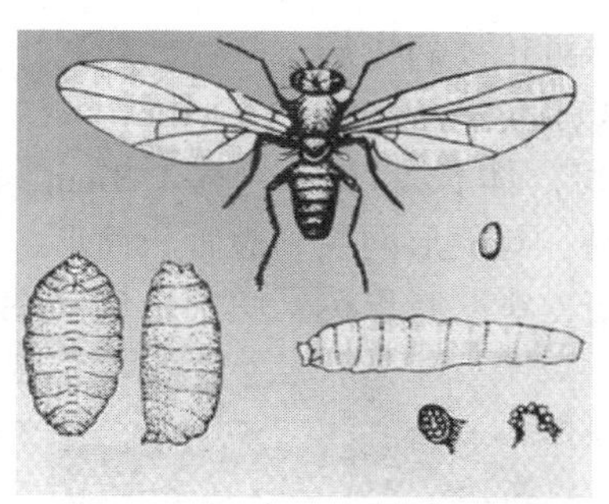

图 8－8　美洲斑潜蝇

（四）防治要点

①在害虫发生高峰时，摘除带虫叶片销毁。

②利用黄板诱杀成虫。

③利用寄生蜂防治。

④与非寄主植物实行轮作。

⑤药剂防治。常用药剂：1.8% 阿维菌素乳油 3 000～4 000 倍液、1% 增效 7051 生物杀虫素 2 000倍液、48% 乐斯本乳油 1 000倍液、50% 蝇蛆净粉剂 2 000倍液、5% 抑太保乳油 2 000倍液等喷雾。

五、菜蚜

为害蔬菜的蚜虫种类很多，主要有桃蚜（图 8－9）、棉蚜、萝卜蚜、甘蓝蚜等，均属于同翅目，蚜科。桃蚜为害重、分布广。

（一）寄主及为害状

白菜、油菜、萝卜、芥菜、青菜、甘蓝、花椰菜、芜菁等十字花科蔬菜，偏嗜白菜及芥菜型油菜。在蔬菜叶背或留种株的嫩梢嫩叶上为害，造成节间变短、弯曲，幼叶向下畸形卷缩，使植株矮小，影响包心或结球，造成减产；留种菜受害不能正常抽薹、开花和结籽。可传播病毒病。

（二）形态识别

无翅胎生雌蚜，体长 2.3mm，宽 1.3mm，绿色至黑绿色，被薄粉。表皮粗糙，有菱形网纹。腹管长筒形，顶端收缩。

有翅胎生雌蚜，头、胸黑色，腹部绿色（图 8－10）。

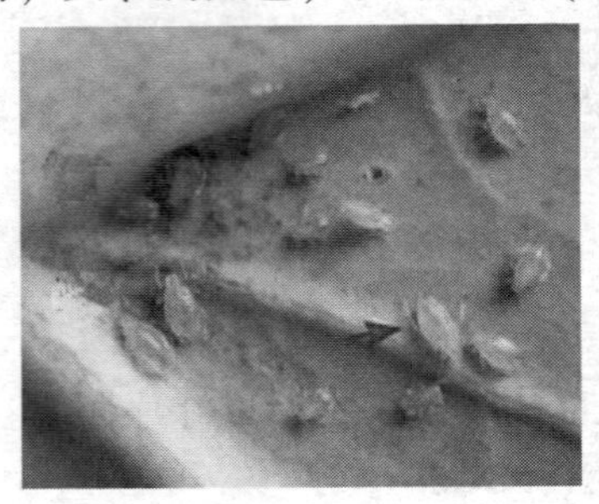

图 8－9　桃蚜

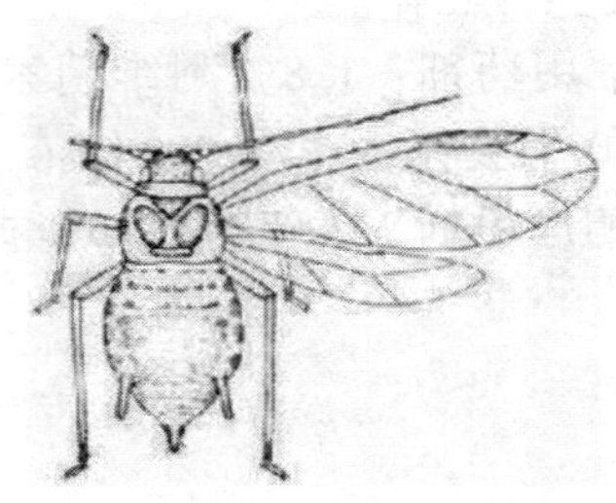

图 8－10　桃蚜的有翅孤雌蚜

（三）生活习性

在温暖地区北方地区年发生 10～20 代。温暖地区或在温室内以无翅胎生雌蚜繁殖，终年为害。长江以北地区在蔬菜土产卵越冬，翌春 3～4 月孵化为干母，在越冬寄主上繁殖几代后产生有翅蚜，向其他蔬菜上转移，扩大为害，无转寄主习性。到晚秋（10～11 月）部分产生性蚜，交配产卵越冬。

（四）防治方法

①选用抗虫品种。

②用黄色诱虫板或银灰色膜驱避蚜虫。

③在点片发生期进行药剂防治，常用药剂有：50%抗蚜威（辟蚜雾）可湿性粉剂1 000～2 000倍液，0.1%苦参素水剂800～1 000倍液，3.2%烟碱川楝素水剂200～300倍液，2.5%功夫乳油3 000倍液等喷雾。

六、温室白粉虱

（一）寄主及为害状

温室白粉虱又叫小白蛾子（图8－11）。属于同翅目粉虱科。能为害多种蔬菜、花卉及作物。成虫和若虫吸取植物汁液，使叶片褪色、变黄、萎蔫，能分泌大量蜜露，污染果实和叶片。

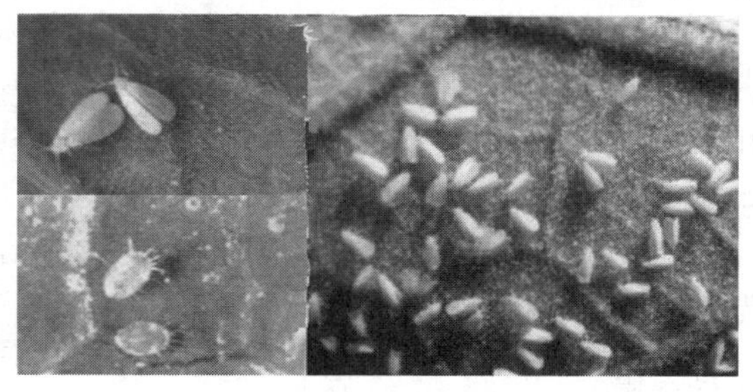

图8－11　番茄温室白粉虱

（二）形态识别

（1）成虫。体长1～1.5mm，淡黄色。翅面覆盖白蜡粉，停息时双翅在体上合成屋脊状如蛾类，翅端半圆状遮住整个腹部，翅脉简单，沿翅外缘有一排小颗粒。

（2）卵。长约0.2mm，长椭圆形，基部有卵柄，淡绿色变褐色，覆有蜡粉。

(3) 若虫。体长 0.3 ~ 0.5mm，长椭圆形，淡绿色或黄绿色，足和触角退化，紧贴在叶片上。

(三) 生活习性

在北方，温室一年可生 10 余代，以各虫态在温室越冬并继续为害。成虫有趋嫩性，白粉虱的种群数量，由春至秋持续发展，夏季的高温多雨抑制作用不明显，到秋季数量达高峰，集中为害瓜类、豆类和茄果类蔬菜。在北方由于温室和露地蔬菜生产紧密衔接和相互交替，可使白粉虱周年发生此虫，世代重叠严重。

(四) 防治要点

①严格检疫。

②尽量避免混栽；特别是黄瓜、西红柿、菜豆不能混栽。

③及时清除枝杈、枯老叶等深埋，以减少种群数量。

④释放丽蚜小蜂或草蛉：当白粉虱成虫在 0.5 头/株以下时，每隔 2 周共 3 次释放丽蚜小蜂成蜂 15 头/头株。

⑤利用黄板诱杀成虫。

⑥药剂防治：当平均每株成虫 3 头时用 3% 天达啶虫脒乳油 1 200倍液、25% 噻嗪酮（扑虱灵）可湿性粉剂 2 000倍液、10% 吡虫啉可湿性粉剂 1 500倍液喷雾。

七、小地老虎

(一) 寄主及为害状

小地老虎又名土蚕，地蚕。属鳞翅目、夜蛾科。分布广，多发生在土壤湿润地区。危害百余种植物，是对蔬菜幼苗为害非常严重的地下害虫，主要为害茄科、豆科、十字花科、葫芦科、百合科蔬菜。咬食未出土的幼苗或从地面截断植株，轻则造成缺苗断垄，重则毁种重播。

（二）形态识别

（1）成虫。体长 17～23mm、翅展 40～54mm。头、胸部背面暗褐色，足褐色，前翅褐色，前缘区黑褐色，外缘以内多暗褐色；后翅灰白色，纵脉及缘线褐色，腹部背面灰色（图 8－12）。

图 8－12　小地老虎成虫

（2）卵。馒头形，直径约 0.5mm、高约 0.3mm，具纵横隆线。初产乳白色，渐变黄色.

（3）幼虫。圆筒形，老熟幼虫体长 37～50mm、宽 5～6mm。头部褐色，具黑褐色不规则网纹；体灰褐至暗褐色，体表粗糙、布大小不一而彼此分离的颗粒，背线、亚背线及气门线均黑褐色；前胸背板暗褐色，黄褐色臀板上具两条明显的深褐色纵带；胸足与腹足黄褐色（图 8－13）。

图 8－13　小地老虎幼虫

(4) 蛹。体长 18～24mm、宽 6～7.5mm，赤褐有光。

(三) 生活习性

年发生代数随各地气候不同而异，愈往南年发生代数愈多；长城以北一般每年 2～3 代，长城以南黄河以北每年 3 代。在生产上造成严重为害的均为第 1 代幼虫。成虫具有远距离南北迁飞习性、趋光性、趋化性和趋枯萎桐树叶等习性，幼虫行动敏捷、有假死习性、受到惊扰即蜷缩成团，白天潜伏于表土的干湿层之间，夜晚出土从地面将幼苗植株咬断拖入土穴、或咬食未出土的种子，老熟幼虫在土壤中化蛹。

凡地势低湿，雨量充沛的地方，发生较多；头年秋雨多、土壤湿度大、杂草丛生有利于成虫产卵和幼虫取食活动，是第二年大发生的预兆；沙壤土，易透水、排水迅速，适于小地老虎繁殖，而重黏土和沙土则发生较轻。

(四) 防治方法

1. 清除杂草

减少卵量。

2. 诱杀成虫

用糖醋液、杀虫灯及枯萎桐树叶诱杀成虫。

3. 诱捕幼虫

用泡桐叶或莴苣叶诱捕幼虫，于每日清晨到田间捕捉；对高龄幼虫也可在清晨到田间检查，如果发现有断苗，拨开附近的土块，进行捕杀。

4. 幼虫 3 龄前用喷雾，喷粉或撒毒土进行防治

(1) 喷雾。每公顷可选用 50% 辛硫磷乳油 1 000倍液，或 2.5% 溴氰菊酯乳油 3 000倍液喷雾。

(2) 毒土或毒砂。可选用 2.5% 溴氰菊酯乳油 90～100ml，或 50% 辛硫磷乳油 500ml 加水适量，喷拌细土 50kg 配成毒土，每公顷 300～375kg 顺垄撒施于幼苗根标附近。

（3）毒饵或毒草。一般虫龄较大时可采用毒饵诱杀。可选用50%辛硫磷乳油500ml，加水2.5～5L，喷在50kg碾碎炒香的棉籽饼、豆饼或麦麸上，于傍晚在受害作物田间每隔一定距离撒一小堆，或在作物根际附近围施，每公顷用75kg。毒草可用90%晶体敌百虫0.5kg，拌砸碎的鲜草75～100kg，每公顷用225～300kg。

八、棉铃虫

又称棉铃实夜蛾、钻心虫等，属鳞翅目、夜蛾科。

（一）寄主及为害状

全国各地均大量发生，主要寄主有番茄、西瓜、青椒等。幼虫取食嫩梢、叶片和果实，叶片被蚕食造成缺刻和孔洞，果实被害后形成大的孔洞，引起枣果脱落。

（二）形态识别

（1）成虫。体长14～18mm，翅展30～38mm。头、胸及腹部淡灰褐色，前翅灰褐色，肾形纹及环状纹褐色，肾形纹外侧有褐色宽横带，基横线、内横线、中横线、外横线不甚清晰，外缘各脉间生有小黑点。后翅淡褐至黄白色，外缘有一褐色宽带，宽带中部有2个淡色斑，不靠近外缘（图8－14）。

（2）卵。长球形，有光泽，初时乳白色或淡绿色，孵化前深紫色。

（3）幼虫。老熟幼虫体长30～42mm，体色因食物及环境不同而变化很大，以绿色和红褐色较为常见，腹部各节背面有许多小毛瘤，上生小刺毛（图8－15）。

（4）蛹。长17～21mm，黄褐色，体末有1对黑褐色刺，尖端微弯。

（三）生活习性

每年发生代数各地不一，内蒙古、新疆每年3代，华北每年

图 8－14　棉铃虫成虫

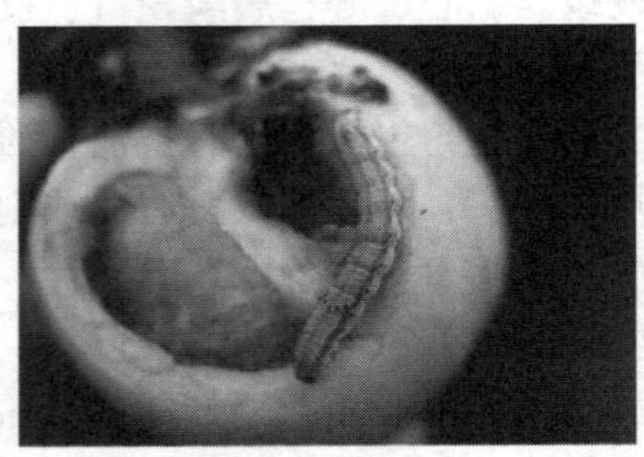

图 8－15　棉铃虫幼虫及为害状

4 代，长江流域及以南地区每年 5～7 代。以蛹在土中越冬。华北地区翌年 4 月中旬开始羽化，5 月上中旬为羽化盛期。第一代主要为害麦类早春作物，第二、第三代为害棉花，第三、第四代为害番茄等蔬菜。第二、第三、第四代均可对枣树造成为害。成虫昼伏夜出，对黑光灯、萎蔫的杨柳枝把有强烈趋性。卵散产于嫩叶或果实上。一般每头雌蛾产卵 100～200 粒，多者可达千余粒，产卵期持续 7～13 天。低龄幼虫取食嫩叶，3 龄后蛀果，蛀孔较大，外面常留有虫粪，老熟后入土化蛹。

（四）防治方法

防治棉铃虫为害枣树的关键，在于全面控制棉田及其他寄主上棉铃虫种群的数量，以减少虫源。

①番茄地附近不种植棉花等棉铃虫易产卵的作物，以减少着卵量。

②利用黑光灯、杨柳枝把或性诱剂诱杀成虫。

③保护利用天敌。棉铃虫的天敌有姬蜂、跳小蜂、胡蜂及多种鸟类等。

④药剂防治的关键时期是从产卵盛期至2龄幼虫蛀果前。常用药剂：25%灭幼脲3号1 500倍，Bt乳剂，HD-1苏云金芽孢杆菌制剂，或棉铃虫核型多角体病毒稀释液喷雾，效果良好。

九、黄守瓜

（一）寄主及为害状

黄守瓜又叫黄油子、瓜叶虫，属于鞘翅目叶甲科。食性广，可为害19科69种植物。几乎为害各种瓜类，受害最烈的是西瓜、南瓜、甜瓜、黄瓜等，也为害十字花科、茄科，豆科等。黄守瓜成虫、幼虫都能为害。成虫喜食瓜叶和花瓣，还可为害南瓜幼苗皮层，咬断嫩茎和食害幼果。幼虫在地下专食瓜类根部，引起腐烂，重者使植株萎蔫而死，丧失食用价值。

（二）形态识别（图8－16）

（1）成虫。体长7～8mm。全体橙黄或橙红色，有时略带棕色，具亮丽的光泽。

（2）卵。卵圆形。长约1mm。淡黄色。卵壳背面有多角形网纹。

（3）幼虫。长约12mm。初孵时为白色，以后头部变为棕色，胸、腹部为黄白色，前胸盾板黄色。各节生有不明显的肉瘤。

（4）蛹。纺锤形。长约9mm。黄白色，接近羽化时为浅黑色。

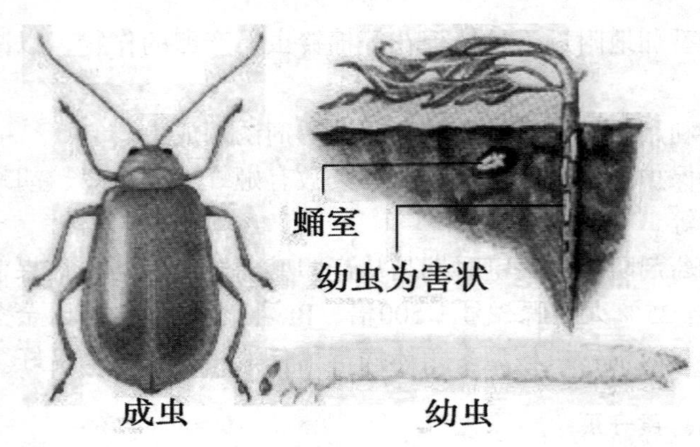

图 8－16　黄守瓜

（三）生活习性

黄守瓜每年发生代数因地而异。我国北方每年发生 1 代。各地均以成虫越冬，常群居在避风向阳的田埂土缝、杂草落叶或树皮缝隙内越冬。翌年春季温度达 6℃时开始活动，10℃时全部出蛰，瓜苗出土前，先在其他寄主上取食，待瓜苗生出 3～4 片真叶后就转移到瓜苗上为害。华北为害始期约为 5 月中旬，成虫于 10 月进入越冬期。

成虫喜在温暖的晴天活动，一般以上午 10 时至下午 3 时活动最烈，有假死性。产卵最喜产在湿润的壤土中。初孵幼虫先为害寄主的支根、主根及茎基，3 龄以后可钻入主根或根茎内蛀食，也能钻入贴近地面的瓜果皮层和瓜肉内为害，引起腐烂。幼虫老熟后，大多在根际附近作椭圆形土茧化蛹。

（四）防治要点

①利用趋黄习性，用黄色诱虫板诱杀。

②瓜菜采收后及时耕地灭蛹。

③药剂防治。常用药剂：瓜苗生长到 4～5 片真叶时，视虫情及时施药。防治越冬成虫可用 50% 辛硫磷乳油 1 000倍液、

2.5%功夫乳油乳油3 000倍液防治成虫。

十、韭蛆

（一）寄主及为害状

韭蛆属双翅目，眼蕈蚊科。主要为害韭菜、大葱、洋葱、小葱、大蒜等百合科蔬菜，偶尔也为害莴苣、青菜、芹菜等，分布于北京、天津、山东、山西、辽宁、江西、宁夏、内蒙古、浙江、台湾等地，是葱蒜类蔬菜的主要害虫之一。以幼虫聚集在韭菜地下部的鳞茎和柔嫩的茎部为害。初孵幼虫先为害韭菜叶鞘基部和鳞茎的上端。春、秋两季主要为害韭菜的幼茎引起腐烂，使韭菜叶枯黄而死。夏季幼虫向下活动蛀入鳞茎，重者鳞茎腐烂，整墩韭菜死亡。

（二）形态识别

（1）成虫。体长2.5mm，全体黑褐色，头小，胸部隆起向前突出把头覆盖在下。

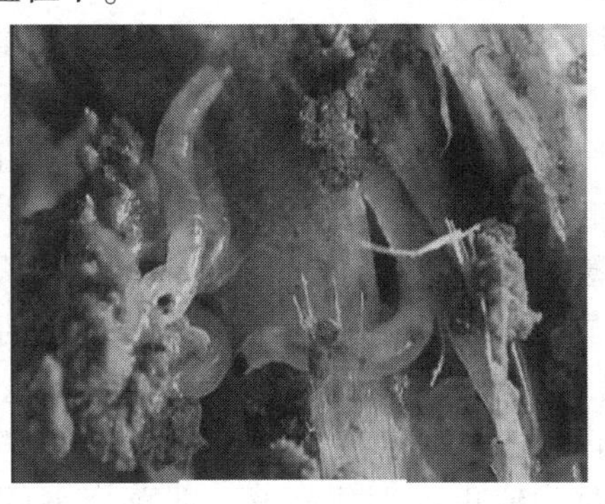

图8－17　韭蛆幼虫

（2）幼虫。黄白色，细长无足，体长7mm，头漆黑色具光泽，前端尖，后端钝圆（图8－17）。

（3）蛹。裸露，初为黄白色，后变黄褐色，羽化前变为灰黑色。

(三) 生活习性

一年发生3~6代，以老熟幼虫或蛹在韭菜鳞茎内及根际表土层中越冬。成虫喜阴湿能飞善走，甚为活泼，常栖息在韭菜根周围的土块缝隙间，畏光、喜湿、怕干，对葱蒜类蔬菜散发的气味有明显趋性。卵多产在韭菜根茎周围的土壤内。幼虫为害韭菜地下叶鞘、嫩茎及芽，咬断嫩茎并蛀入鳞茎内为害。露地栽培的韭菜田，韭蛆幼虫分布于距地面2~3cm处的土中，最深不超过5~6cm。土壤湿度是韭蛆发生的重要影响因素，黏土田较沙土田发生量少。

(四) 防治要点

①结合冬灌或春灌消灭部分幼虫，以减轻为害。

②成虫发生期用糖、醋、水配制诱杀液，比例为1.5∶1.5∶7。

③施用充分腐熟的有机肥料。

④合理密植，改善菜田通透条件，发现受害植株及时清除并集中处理。

⑤药剂防治：a. 防治幼虫：可选用50%辛硫磷乳油1 000倍液、48%乐斯本乳油500倍液、1.1%苦参碱粉剂500倍液灌根。10%灭蝇胺水悬浮剂亩用75g、90g用高压喷雾器顺垄喷药，对韭蛆防治效果显著。蔬菜采收前半个月停止用药，以防农药残留。b. 防治成虫：于成虫盛发期50%辛硫磷乳油1 000倍液、2.5%溴氰菊酯乳油2 000倍液等，茎叶喷雾，上午9时至11时为宜，因为此时为成虫的羽化高峰。韭菜周围的土表亦喷雾周到，尤秋季成虫发生集中、为害严重时应重点防治。

第三节　主要蔬菜病害的识别与防治技术

一、大白菜软腐病

（一）症状识别

常见症状类型有以下3种。

（1）基腐型。植株基部腐烂，外叶萎垂贴地，包球暴露，稍触动即全株倒地，北方菜农俗称之为“脱大挂”。

（2）心腐型。从心叶逐渐向外腐烂，充满黄色黏液，发出恶臭。北方菜农俗称之为“烂疙瘩”或“烂葫芦”。

（3）叶焦型。从叶球顶部叶片开始发病，外叶叶缘焦枯，病叶迅速失水干枯呈薄纸状，北方菜农俗称之为“烧边”。

本病田间多始见于包心期，在采收后贮藏期可继续扩展而造成“烂窖”，病部初呈水渍状半透明，后转呈灰白色，表皮稍下陷，其上渗出污白色细菌黏液（菌脓），内部组织除维管束外则完全腐烂，并散发恶臭味（图8－18）。

图8－18　大白菜软腐病

（二）病原

病原为细菌，称胡萝卜欧氏杆状细菌胡萝卜软腐致病型。

（三）发病规律

大白菜黑斑病病菌主要以菌丝体及分生孢子在病残体、土壤、采种株或种子表面越冬。翌年产生分生孢子，借风雨传播侵染春菜，发病后的病斑能产生大量分生孢子，进行再侵染，秋季侵染大白菜，为害较严重。9～10 月遇连阴雨天气或高湿低温（12～18℃）时易发病。

（四）防治方法

①因地制宜选育和选用抗病品种。

②与非寄主蔬菜轮作，避免连作。

③整地翻晒或盖地膜；高畦深沟栽培；配方施肥，勿施未充分腐熟堆肥；合理密植；间种葱蒜作物。

④抓好防虫治病。生长前、中期应以防地下害虫（50% 辛硫磷 1 000倍液淋施）和防黄条跳甲、菜青虫、小菜蛾等害虫（喷施 2.5% 功夫 4 000～5 000倍液）为中心，减少害虫传病。

⑤及时施药控病。在植株进入包心期加强巡查，一旦发现病株，立即拔除初发病株，对病土用生石灰消毒或淋喷氯霉素、或链霉素或新植霉素 200 单位，或“丰灵”300～500 倍液，或 401 抗生素 500 倍液，或 77% 可杀得悬浮剂 800 倍液，或 50% 代森铵 800 倍液，或 14% 络氨铜水剂 350 倍液，或敌克松 700 倍液，3～4 次，隔 7～10 天 1 次，交替施用，喷足淋透。

二、番茄病毒病

（一）症状特点

番茄病毒病，田间症状有多种（图 8－19）。

（1）花叶型。叶片显黄绿相间或深浅相间的斑驳或略有皱缩现象。

（2）蕨叶型。植株矮化、上部叶片成线状、中下部叶片微卷，花冠增大成巨花。

番茄条斑型病毒病　　番茄病毒性卷叶病

番茄病毒病（蕨叶型）

图 8－19　番茄病毒病

（3）条斑型。叶片发生褐色斑或云斑或茎蔓上发生褐色斑块，变色部分仅处在表皮组织，不深入内部。

（4）卷叶型。叶脉间黄化，叶片边缘向上方弯卷，小叶扭曲、畸形，植株萎缩或丛生。

（5）黄顶型。顶部叶片褪绿或黄化，叶片变小，叶面皱缩，边缘卷起，植株矮化，不定枝丛生。

（6）坏死型。部分叶片或整株叶片黄化，发生黄褐色坏死斑，病斑呈不规则状，多从边缘坏死、干枯，病株果实呈淡灰绿色，有半透明状浅白色斑点透出。

（二）病原

番茄病毒病其病毒病原有 20 多种，主要有黄瓜花叶病毒、烟草花叶病毒、烟草卷叶病毒和苜蓿花叶病毒、番茄斑萎病毒等。

（三）发病特点

病毒主要通过汁液接触传染，只要寄主有伤口，即可侵入，土壤中的病残体、越冬寄主残体、烟叶烟丝均可成为初侵染源。蚜虫为害、农事活动都可传毒。番茄病毒病的发生和环境条件、植株生长势强弱关系密切，植株生长势衰弱，高温、干旱利于发病，氮肥使用偏多或土壤瘠薄、板结，或黏重、排水不良发病重。

(四) 防治要点

①选用抗病品种。

②选留无病种子，培育无病壮苗。

③种子消毒，把种子充分晒干，使含水量降至8%以下，后置于恒温箱内，在72℃条件下处理72h，可杀死种子所带病毒；也可以采用药品消毒法杀灭病毒，一般用10%磷酸三钠水溶液，浸泡20min，捞出后，反复冲洗至干净即可。

④注意消灭蚜虫，在蚜虫点片发生时，用10%吡虫啉可湿性粉剂2 000～2 500倍液或0.4%的杀蚜素水剂200～400倍液，喷雾。

三、番茄晚疫病

(一) 症状识别

主要为害叶、茎、果实及叶部，病斑大多先从叶尖或叶缘开始，初为水浸状褪绿斑，后渐扩大，在空气湿度大时病斑迅速扩大，可扩及叶的大半以至全叶，并可沿叶脉侵入到叶柄及茎部，形成褐色条斑。最后植株叶片边缘长出一圈白霉，雨后或有露水的早晨叶背上最明显，湿度特别大时叶正面也能产生。天气干旱时病斑干枯成褐色，叶背无白霉，质脆易裂，扩展慢。茎部皮层形成长短不一的褐色条斑，病斑在潮湿的环境下也长出稀疏的白色霜状霉（图8－20）。

(二) 病原

本病由疫霉菌侵染所致。本菌属鞭毛菌亚门疫霉属真菌。

(三) 发病特点

番茄晚疫病菌主要以菌丝体随病残体在土壤中越冬，也可在温室番茄上越冬。遇适宜环境条件病菌继续发展，并在病斑上产生孢子囊，借风雨传播，如遇水分即迅速萌发和侵入叶片内，使

图 8－20　番茄晚疫病

叶片发病，由下而上发展形成典型的中心病株。中心病株叶片上产生的孢子囊随气流传播到周围植株上进行再侵染。一般在地面下 5cm 以内的发病重，超过 5cm 深度的发病轻。病原菌多通过伤口、皮孔、芽眼侵入。

菌丝发育温度为 1～30℃，最适温度为 20～23℃；孢子囊形成温度为 7～25℃，最适温度为 18～22℃。相对湿度在 85% 以上。潜育期：18～22℃为 3～5 天。番茄晚疫病在多雨年份容易流行成灾。番茄的不同品种对晚疫病的抗病力有很大差别。地势低洼、排水不育的地块发病重。密度大湿度增加，也利于发病。偏施氮肥引起植株徒长，土壤瘠薄、缺氮或黏土等均使植物生长衰弱，有利于病害发生。

（四）防治要点

①种植抗病品种。目前国内较抗晚疫病品种有渝红 2 号、圆红、中蔬 5 号、中蔬 4 号、佳红、强丰、佳粉 10 号等。

②轮作换茬防止连作。应与十字花科蔬菜实行 3 年以上轮作，避免和马铃薯相邻种植。

③培育无病壮苗。病菌主要在土壤或病残体中越冬，因此，育苗土必须严格选用没有种植过茄科作物的土壤，提倡用营养

钵、营养袋、穴盘等培育无病壮苗。

④加强田间管理。施足基肥，实行配方施肥，避免偏施氮肥，增施磷、钾肥。定植后要及时防除杂草，根据不同品种结果习性，合理整枝、摘心、打杈，减少养分消耗，促进主茎的生长。

⑤合理密植。根据不同品种生育期长短、结果习性，采用不同的密植方式，如双秆整枝的每亩栽2 000株左右，单秆整枝的每亩栽2 500～3 500株，合理密植，可改善田间通风透光条件，降低田间湿度，减轻病害的发生。

⑥农药防治。在出现中心病株后立即喷药（尤其是在中心病株周围100m 内），常用药剂有：波尔多液（0.5：0.5：100）；硫酸铜1 000倍液；65%代森锌、50%敌菌灵；瑞毒霉1 000倍液。每亩喷药100kg，根据天气情况，每隔7～10天喷药一次。

四、黄瓜霜霉病

黄瓜霜霉病的病原属真菌门鞭毛菌亚门假霜霉属，俗称跑马干，是黄瓜最常见的重要病害，也是一种速灭性病害，在适宜发病的环境条件下，病害发展迅速，叶片大量干枯死亡，从发病到流行最快时只需5～7天。此病在全国各黄瓜产地均有分布。

（一）症状识别

主要为害叶片，苗期至成株期均可发病。

苗期子叶染病，先在子叶反面产生不规则褪绿枯黄斑，潮湿时叶背病斑上产生灰黑色霉层，病情逐步发展时，子叶很快变黄干枯。叶片染病，由下部叶片向上蔓延，发病初始时仅在叶背产生水浸状斑点，病斑逐渐扩大后因受叶脉限制呈多角形，叶面病斑褪绿成淡黄色，叶背呈黄褐色，边缘明显，多个病斑可汇合成小片。潮湿时，叶背病斑部生成紫灰色至黑色霜霉层，即病菌从气孔伸出成丛的孢囊梗和孢子囊。病情严重时，病斑连结成片，

全叶变为黄褐色干枯、卷缩，除顶端保存少量新叶外，全株叶片均发病，田间一片枯黄，但病部不易穿孔，不腐烂（图8－21）。

图8－21　黄瓜霜霉病

（二）病原

古巴假霜霉菌，属卵菌门，假霜霉属。

（三）发病特点

以孢子囊在土壤或病残体中，或以菌丝体在种子内越冬或越夏。孢子囊随风雨传播，从寄主叶片表皮直接侵入，引起初侵染。在发病期有多次再侵染。在温室中，人们的生产活动是霜霉病的主要传染源。

黄瓜霜霉病最适宜发病温度为16～24℃，低于10℃或高于28℃，较难发病，低于5℃或高于30℃，基本不发病。适宜的发病湿度为85%以上，特别在叶片有水膜时，最易受侵染发病。湿度低于70%，病菌孢子难以发芽侵染，低于60%，病菌孢子不能产生。

病菌在保护地内越冬，第二年春天开始传播，也可由南方随季风而传播来。夏季可通过气流、雨水传播。在北方，黄瓜霜霉病是从温室传到大棚，又传到春季露地黄瓜上，再传到秋季露地黄瓜上，最后又传回到温室黄瓜上。

（四）防治要点

①精选抗病品种。抗病的黄瓜品种有津研系列黄瓜、沪5号黄瓜、沪58号黄瓜、宝扬5号等。

②选地势高燥、排水性能良好的地块，进行深沟高畦栽培；施足底肥，增施磷钾肥，提高植株抗病能力，生长前期适当控制浇水。

③清理沟系：雨前抓好清理沟系防止雨后积水，雨后修补沟系降低地下水位和棚内湿度。

④中管棚及连栋大棚保护地栽培，要坚持适时通风换气，肥水管理采取轻浇勤浇，浇水施肥应在晴天的上午，并及时开棚通风降湿。

⑤清洁田园：在病害盛发期，掌握5～10天一次摘除下部老叶、病叶，增加田间通风透光，减少再侵染菌源。

⑥在发病初期治疗性防治药剂可选用：72%克露可湿性粉剂1 000倍液（亩用量100g）；69%安克锰锌可湿性粉剂1 000倍液（亩用量100g）；发病前预防性防治可选用大生M-45可湿性粉剂800倍液（亩用量125g）；40%达科宁悬浮剂600倍液（亩用量165g）；56%靠山可湿性粉剂600～700倍液（亩用量150～200g）；64%杀毒矾超微可湿性粉剂1 000倍液（亩用量100g）等喷雾。

五、黄瓜枯萎病

（一）症状识别

黄瓜枯萎病（图8－22），又名萎蔫病、蔓割病、死秧病，由土壤传染。

枯萎病在整个生长期均能发生，以开花结瓜期发病最多。苗期发病时茎基部变褐缢缩、萎蔫碎倒。幼苗受害早时，出土前就可造成腐烂，或出苗不久子叶就会出现失水状，萎蔫下垂。成株发病时，初期受害植株表现为部分叶片或植株的一侧叶片，中午萎蔫下垂，似缺水状，但早晚恢复，数天后不能再恢复而萎蔫枯死。主蔓茎基部纵裂，撕开根茎病部，维管束变黄褐到黑褐色并向上延伸。潮湿时，茎基部半边茎皮纵裂，常有树脂状胶质溢出，上有粉红色霉状物，最后病部变成丝麻状。

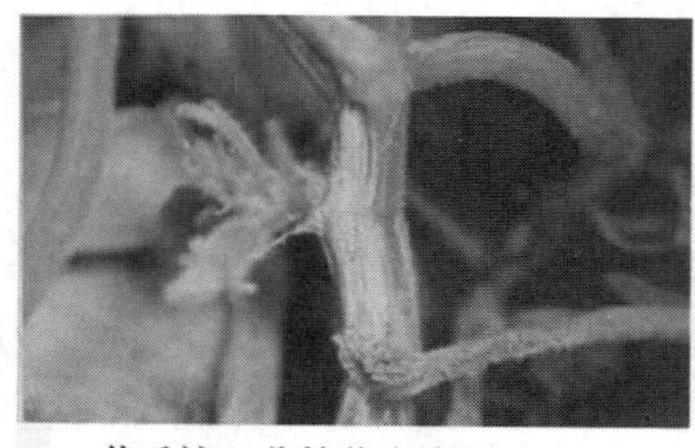

黄瓜镰刀菌枯萎病病茎

黄瓜镰刀菌枯萎病病株

图 8－22　黄瓜枯萎病

（二）病原

为尖镰孢菌黄瓜专化型，属半知菌类真菌。

（三）发病特点

该病菌是真菌引起的病害，病菌以菌丝体、菌核和厚垣孢子在土壤、病残体和种子上越冬，在土壤中可存活 5～6 年或更长的时间，病菌随种子、土壤、肥料、灌溉水、昆虫、农具等传播，通过根部伤口侵入。重茬次数越多病害越重。土壤高湿、根部积水、高温有利于病害发生，氮肥过多、酸性、地下害虫和根结线虫多的地块病害发生重。

（四）防治措施

①获后及时清除病残体，集中深埋。

②用无病新土育苗，采用营养钵或塑料套分苗。

③非瓜类作物实行 5 年以上的轮作。

④汤浸种；嫁接防病；采用地膜栽培；增施有机肥料，雨后

及时排水除湿。

⑤护地黄瓜注意通风透光，增强植株抗病能力。

⑥发现中心病株及时用药：黄瓜发病初期或发病前可用50%多菌灵500倍液、40%的瓜枯宁可湿性粉剂1 000倍液等农药灌根预防和治疗。

六、辣椒炭疽病

（一）症状识别

主要为害叶片和果实，成熟果实和衰老叶片受害更重。叶片发病初期呈褪绿水渍状斑点，并逐渐变成褐色，最后形成边缘为深褐色、中间为浅褐或灰白色的近圆形或不规则形斑，上面轮生黑色小点。发病叶片易脱落，严重时只剩顶部小叶。果实上的病斑长圆形或不规则形，初呈水渍状，后呈褐色、凹陷，有稍隆起的同心轮纹，其上也密生小黑点，病斑的边缘有湿润的变色圈。干燥时病斑干缩，似羊皮纸状，易破裂（图8－23）。

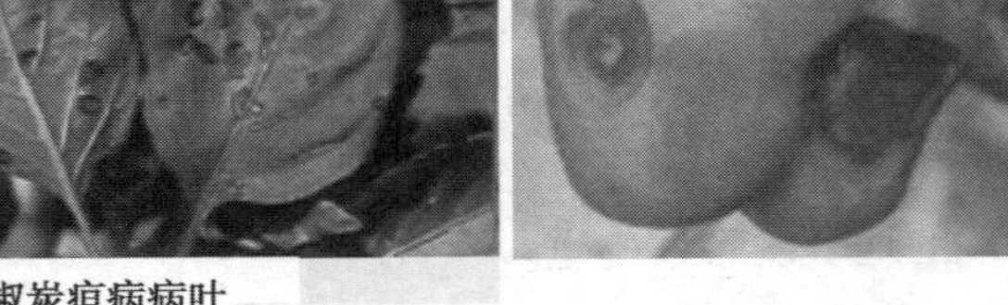

甜椒炭疽病病叶

图8－23　辣椒炭疽病

（二）病原

病原均为半知菌亚门的真菌。

（三）发病特点

炭疽病菌以分生孢子附着在种子表面或以菌丝潜伏在种子内越冬，成为次年初侵染源。分生孢子通过风、雨、昆虫等媒介传播进行再侵染。病菌多从寄主的伤口侵入。而辣椒盘长孢菌还可从寄主表皮直接侵入。

病菌的孢子萌发、侵染要求95%以上的相对湿度，发育温度为12～33℃，最适温度为27℃，如果相对湿度低于70%，则不利发病。在北方往往在高温多雨时发病，夏季雨量大的年份受害重。温暖多雨，植株根系发育不良，地势低洼、土壤黏重、排水不良的地块发病早而重，往往成为发病的中心。

品种间和成熟度不同的果实间具有抗病性差异。有辣味的辣椒品种中辣味强的比较抗病。甜椒类型品种中的铁皮青比双富椒抗病，一般成熟果实易受害，幼果很少发病。

（四）防治方法

①选用抗病品种和温汤浸种。选杭州鸡皮椒、铁皮青等较抗病品种。温汤浸种：用清水洗净种子，然后用55℃温水浸种10min，再移入冷水中冷却，催芽播种。

②进行2～3年轮作，避免与上年辣椒茬相邻种植。

③加强栽培管理，选择排水良好的地块，深耕促进根系发育。

④合理密植，防止日灼和机械损伤。

⑤果实采收后，彻底清除田间病残体，集中深埋，并结合深耕促使病菌死亡。

⑥发现病株及时用1∶1∶200波尔多液，或70%甲基托布津可湿性粉剂1 000倍液、75%百菌清可湿性粉剂500～600倍液、50%福美双可湿性粉剂500倍液、抗菌剂“401”500倍液等喷雾防治。

七、辣椒疫病（图8－24）

（一）症状识别

幼苗染病，茎基部呈水浸状软腐，地上部倒伏，多呈暗绿色，最后猝倒或立枯状死亡。定植后叶部染病，产生暗绿色病斑，叶片软腐脱落。茎染病亦产生暗绿色病斑，引起软腐或茎枝倒折，湿度大时病部产生白色霉状物。果实发病，多从蒂部或果缝处开始，初为暗绿色水渍状不规则形病斑，很快扩展至整个果实，呈灰绿色，果肉软腐，病果失水干缩挂在枝上呈暗褐色僵果。

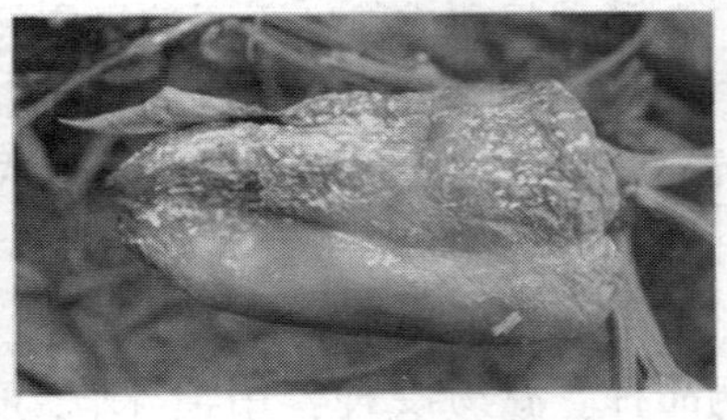

图8－24　辣椒疫病

（二）病原

辣椒疫病的病原是辣椒疫霉菌，属于鞭毛菌的真菌。

（三）发病特点

病菌以卵孢子在土壤中或病残体中越冬，借风、雨、灌水及其他农事活动传播。发病后可产生新的孢子囊，形成游动孢子进行再侵染。病菌生育温度范围为10～37℃，最适宜温度为20～30℃。空气相对湿度达90%以上时发病迅速；重茬、低洼地、排水不良，氮肥使用偏多、密度过大、植株衰弱均有利于该病的发生和蔓延。

（四）防治要点

①选用无病新土育苗或进行苗床消毒。

②注意通风透光，避免高温高湿。

③浅中耕，以降低土壤湿度，增加土壤透气性，提高辣椒根系的抗病力。

④合理灌水。7～8月辣椒开花结果期要特别注意，选择连续有4～5个晴天灌水，要小畦细灌或隔行灌溉，不能大水漫灌。结合浇水施用硫酸铜，每亩1～1.5kg，将硫酸铜均匀撒施地面（可掺些沙土），然后轻灌；或用水溶解硫酸铜，随灌溉水入田间。

⑤喷药防治。发病初期喷洒25%瑞毒霉800倍液；40%疫霜灵可湿性粉剂250倍液喷雾。棚室内可用45%百菌清烟剂熏蒸。

八、马铃薯环腐病（图8－25）

马铃薯环腐病又称轮腐病，俗称转圈烂、黄眼圆，是一种细菌性病害。该病主要侵染马铃薯的维管束系统，进而危害块茎的维管束环，使块茎失去食用和种用价值，对马铃薯生产危害很大，在马铃薯产区均有发生，严重降低产量和质量。

（一）症状识别

轻病薯表面看不出来。纵初薯块可见从脐部开始维管束半环变黄至黄褐色，或仅在尾部稍有变色，薯皮发软，可见尾部皱缩凹陷，重者可达一 圈。严重时，用手挤压病菌，会有乳黄色的菌液溢出，皮层与髓部发生分离。播种重病薯，有的出苗晚，长得慢，多数不能出苗。

（二）病原

属于细菌厚壁菌门，棒形杆菌属。

（三）发病特点

是一种维管束病害，带菌种薯是主要侵染源。环腐病多在现

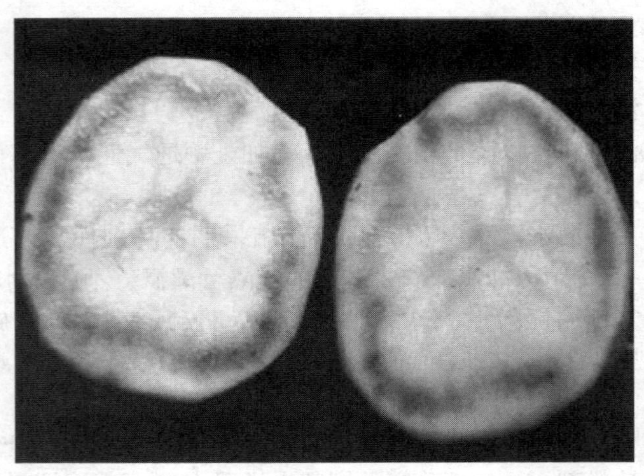

图 8－25　马铃薯环腐病

蕾末期至开花初期发病，病原细菌发育的适宜温度为 20～23℃，在土壤中的生活力不能持久。病菌能够在块茎中生存，播种病薯后，病菌随着薯苗生长，传递到地上茎与匍匐茎内。当土温达 18～22℃时，病害发展最为迅速，但高温能够降低薯块侵染源的传播。

（四）防治要点

①建立无病留种田，生产无病种薯。

②拔除病株与淘汰病薯。

③切刀消毒。为了消灭切刀上的病菌，在切种薯时，应严格实行切刀消毒。消毒的方法有药液消毒和开水消毒两种。

a. 药液消毒：用5%的石碳酸或者75%的酒精，当切到病薯时，将切刀浸入药液中，消毒 5～10min 后再用。

b. 开水消毒：切种薯时，烧一锅（壶）开水，并放入少量盐，将切刀煮沸 5～10min，待冷凉后再用。

这两种方法都能够有效地降低环腐病的发病率。

④整薯播种。由于整薯外面有一层完整的表皮，没有利于环腐病菌侵染的种薯切面，因此可有效地防止环腐病的发生，避免了切刀传病。

⑤药剂浸泡种薯。5%硫酸铜溶液浸泡种薯10min，杀菌效果好。

九、茄子褐纹病

（一）症状识别

茄子褐纹病又称褐腐病、干腐病，是茄子的常见病害，为害茄子的叶、茎、果实，苗期、成株期均可发病，常造成烂叶、烂果，对产量影响很大。

幼苗受害，茎基部出现凹陷病斑，上生黑色小粒点，条件适宜时，病斑迅速扩展，茎基部缢缩变细，造成幼苗猝倒或立枯。茎部产生水浸状梭形病斑，而后逐渐扩大为暗褐色中央灰白色的干腐状溃疡斑，其上散生小黑点，后期皮层脱落，露出木质部，容易折断。病斑较多时，可连结成大的坏死区域。果实发病，表面产生圆形或椭圆形凹陷斑，其上布满同心轮纹状排列的小黑点。发病严重时，果实上布满病斑并相互连接，天气潮湿时病果极易腐烂，有时干缩成僵果而不脱落（图8－26）。

（二）病原

属半知菌亚门，拟茎点霉属。病菌仅为害茄子。

（三）发病特点

病原以菌丝体或分生孢子器在土表的病残体上越冬，也可以菌丝体潜伏在种皮内部或以分生孢子黏附在种子表面越冬。分生孢子在田间主要通过风雨、昆虫以及人工操作传播，通过伤口侵染，有多次再侵染，造成叶片、茎秆上部以及果实大量发病。种子带菌是幼苗发病的主要原因。品种的抗病性也有差异，一般长茄较圆茄抗病，白皮茄、绿皮茄较紫皮茄抗病。

图 8-26 茄子褐纹病

该病是高温、高湿性病害。田间气温 28～30℃，相对湿度高于 80%，持续时间比较长，连续阴雨，易发病。南方夏季高温多雨，极易引起病害流行；北方地区在夏秋季节，如遇多雨潮湿，也能引起病害流行。降雨量和高湿条件是茄褐纹病能否流行的决定因素。

（四）防治方法

①选用抗病品种，一般长茄比圆茄抗病，青茄比紫茄抗病。

②适时采收，发现病叶、病果及时摘除。

③与非寄主植物轮作，或实行无病土育苗。

④种子消毒：播种前用 55～60℃温水浸种 15min，捞出后放入冷水中冷却后再浸种 6h，而后催芽播种。

⑤发病初期，用 40% 福星乳油 8 000～10 000倍液或 10% 世高水分散剂 6 000～8 000倍液，或 58% 甲霜灵·锰锌可湿性粉剂 400 倍液，或 64% 杀毒矾可湿性粉剂 500 倍液喷雾。

第四节　蔬菜病虫害优化防治技术

一、概述

近年来，随着农村经济结构和种植结构的合理化调整，人民生活质量的大幅度提高，中国的蔬菜产业迅猛发展，产值已跃居种植业第二位。由于蔬菜种植面积的不断扩大，为害种类的增加和保护地面积的增加，为病虫害的发生提供了丰富的寄主及良好的生存和越冬条件，造成病虫害的发生面积逐年扩大，为害程度不断加重，情况越来越复杂。这就给蔬菜病虫害的防治造成了困难，虽然防治方法多种多样，但在目前乃至今后相当长的时间化学防治对确保蔬菜的优质高仍起到重要作用。实践证明，化学防治是防治蔬菜病虫害的一条有效途径。但在化学农药的使用过程中，蔬菜产区普遍存在施药次数过多、农药用量过大、施药技术较为落后等问题，久而久之，已经给蔬菜生产带来了一些普遍性的问题，已经引起有关部门和蔬菜生产者的重视：①由于在防治害虫的同时，也杀伤了大量的天敌，致使生态系统平衡破坏，造成某些病虫害再猖獗。②病虫害逐步出现抗药性，并有增强的趋势，使农药的防治效果下降，防治成本提高，经济效益受到影响。③化学防治不当也带来了蔬菜和环境的农药污染等社会公害。针对这些问题，为了合理而科学地使用化学农药，充分发挥化学农药的作用，逐步改善生态系统，实行病虫害的优化防治是个行之有效的途径。蔬菜病虫害优化防治，就是根据特定蔬菜产区蔬菜主要病虫发生及防治现状，以病虫的优势种群为靶标，合理组建防治模式，采取相应的措施，最终达到减少施药次数，降低农药用量，节省防治工本，保护和促进生态系统的相对平衡，减少农药对环境和蔬菜的污染，使化学农药防治更科学、更合理。

二、蔬菜病虫害优化防治的技术

蔬菜病虫害优化防治的技术要点主要有以下 8 个方面。

(一) 加强病虫害预测预报

防治病虫害同对敌人作战一样，必须掌握敌情，做到胸中有数，才能抓住有利时机，做到主动、及时、准确、经济、有效。病虫害的预测预报是同病虫害作斗争时判断病虫情况、制定防治计划和指导防治的重要依据。预测预报工作的好坏，直接关系到病虫防治效果，对保证蔬菜丰收具有重要作用。实践证明，搞好病虫测报，就可以做到防在关键上、治在要害处，达到投资用工少、收效大的作用。群众对于预测预报工作赞扬说："预测预报就是好，病虫发生早知道，关键防治准又巧，省工省药效果好。"

预测预报要认真做好田间"查定"工作。根据各地实施的经验表明，认真开展"两查两定"是行之有效的方法。"两查两定"即根据当地测报站的预测，对主要目标病、虫查田间的病情指数、发生数量，定需要防治的地片；查目标病、虫的传播速度和发育进度，定具体防治适期。

(二) 确定防治指标和防治面积

按照病虫防治指标确定施药地片，充分发挥化学农药的经济效益。蔬菜病虫害的防治必须十分讲究经济效益。治病虫的目的就是为了获取更多的收益，要防止"见病虫就治""无病虫先防"及"治病虫不计成本"等防治方法。病虫优化防治以获取最佳经济效益为出发点，其目的是控制病虫为害，尤其害虫将其种群密度压低到允许经济为害水平以下，并非消灭害虫种群。因此，病虫的防治指标就成为衡量是否需要施药的尺度，确定病虫的防治指标不仅从经济上看是必须的，而且从保护天敌的角度看也是十分必要的。所谓防治指标是指病虫草等有害生物为害后所造成的损失达到防治费用时的种群密度的数值。一般用虫口密度

和病情指数表示。病虫害防治指标目前分国家标准、省（市）级地方标准和生产单位自行使用的经验标准（或称为企业标准）。因此，生产单位应根据各种病虫防治指标所规定的时机进行田间实际调查，然后对照指标，确定需施药防治的面积。

（三）对症下药

要针对防治对象，选择适当的药剂。农药的种类很多，各种药剂都有一定的性能及防治范围，在施药前，应根据防治的病虫种类、发生程度、发生规律、作物种类、生育期选择合适的药剂和剂型，做到对症下药，避免盲目用药。尽可能选用安全、高效、低毒的农药。一般来说杀虫剂只能杀虫而不能防治病害，杀菌剂只能防治病害而不能杀虫，除草剂用来消灭杂草，对害虫和病害都无效。每种药剂都有各自的防治对象，有的药剂使用范围广一些，有的使用范围窄一些，绝没有“万能灵药”。例如氰戊菊酯能防治许多种害虫，但对螨类的防效较差；有些药剂的防治对象范围非常窄，如抗蚜威只用于防治蚜虫类，灭蝇胺只用于防治潜叶蝇；另外还应根据不同的害虫种类选择农药。对食叶性的蔬菜叶面害虫，应选择具有较强触杀、胃毒及熏蒸作用的农药较好；对刺吸式口器的害虫，应选择触杀及内吸作用的农药。因此我们应充分了解农药的性能、有效防治对象，做到对症下药，才能充分发挥农药的药效。

（四）适期用药

要掌握病虫害发生规律，把农药用到“火候上”。抓住关键时刻，适时施药是防治病虫害的关键。要做到这一点，必须了解病虫害的发生规律，做好预测预报工作，选择在病虫最敏感的阶段或最薄弱的环节进行施药才能取得最好的防治效果。不能适期施药，往往造成农药和劳力的极大浪费。通常在病虫发生的初期施药，防治效果较为理想。因为这时病虫发生量少，自然抵抗力弱，药剂容易将其杀死，有利于控制其蔓延危害。因此，掌握各种病虫的施药关键期是十分重要的。

（五）讲究施药方法

采用正确的使用农药方法能充分发挥农药的防治效果，还能减少对有益生物的杀伤和农药的残留，减轻作物的药害。病虫为害和传播的方式不同，选择施药的方法也不同。例如，防治地老虎、蛴螬、蝼蛄等地下害虫，应考虑采用撒施毒谷、毒饵、毒土、拌种等方法；防治气流传播的病害，就应考虑采用喷雾、撒粉或采用内吸剂拌种等方法；防治种子或土壤传播的病害，则可考虑采用种子处理或土壤处理等方法。农药剂型不同，使用方法也不同，如粉剂不能用于喷雾，可湿性粉剂不宜用于喷粉，烟剂要在密闭条件下使用等。

（六）准确掌握用药量

主要是指准确地控制药液浓度、单位面积用药量和用药次数。不宜任意加大或减少。使用农药的药量一定要称量准确，要像给病人吃药那样，不能随意增加或减少。有的人防治病虫害心切，往往随意加大药量与喷药次数，这不仅会浪费药剂，还可能出现药害，加重残留污染，杀伤天敌，甚至容易引起人、畜中毒事故。低于防治需要的用量标准，则达不到防治效果。此外，在用药前还应搞清农药的规格，即有效成分的含量，然后再确定用药量。如常用的杀菌剂福星，其规格有10%乳油与40%乳油，若10%乳油稀释2 000～2 500倍液使用，40%乳油则需稀释8 000～10 000倍液。

（七）轮换用药

长期使用一种农药防治某种害虫或病害，易使害虫或病菌产生抗药性，降低农药防治效果，增加防治难度。例如很多害虫对拟除虫菊酯类杀虫剂，一些病原菌对内吸性杀菌剂的部分品种容易产生抗药性，如果增加用药量、浓度和次数，害虫或病原菌的抗药性会进一步增大。因此，应合理轮换使用不同作用机制的农

药品种。

(八) 合理混用农药

将两种或两种以上对病害、害虫具有不同作用机制的农药混合使用，可以提高防治效果，甚至可以达到同时兼治几种病虫害的防治目的。扩大了防治范围，降低了防治成本，延缓害虫和病菌产生抗药性，延长农药品种使用年限。如有机磷制剂与拟除虫菊酯混用，甲霜灵与代森锰锌混用等。农药之间能否混用，主要取决于农药本身的化学性质，混用后不会产生化学变化和物理变化；混用后不能提高对人畜和其他有益生物的毒性和危害；混用后要提高药效，但不能提高农药的残留量；混用后应具有不同的防治作用和防治对象，但不能产生药害。

总之，优化施药，要坚持做到："防治对象要准确，施药时间要准确，农药品种和用药量要准确"。注意农药的合理轮换、混用及相应施药方法，达到高效、经济、安全的目的。

第五节　病虫害的综合防治技术

蔬菜病虫害防治，应在"预防为主，综合防治"的方针指导下，贯彻以栽培技术措施为基础，有机地运用物理、生物、化学等多种防治方法和手段，将病、虫、草等有害生物控制在经济允许水平以下，从而保证并提高设施蔬菜的产量和品质。蔬菜病虫害综合防治技术包括植物检疫法、物理机械防治法、栽培技术防治法、生物防治法、化学药剂防治法。

一、植物检疫法

(一) 植物检疫的概念

植物检疫又称法规防治，指一个国家或地区颁布法律或法规，设立专门机构，禁止某些危险性的病、虫、杂草人为的传入、传出，或对已发生及传入的危险性的病、虫、杂草，采取有效措施消灭或控制其进一步蔓延的一种措施，以保证这一地区植物的安全。

植物检疫充分体现了我国的植保方针“预防为主，综合防治”，是一种防止危险性病虫草等有害生物在国际间或国内地区人为传播、扩散、蔓延的有效措施。我国的植物检疫分为对内检疫和对外检疫：对外检疫是为了防止危险性病虫草传入我国或输出到国外；对内检疫是为了将局部地区发生的危险性病、虫、草封锁在发生区内，防止其传播和蔓延。国务院农业主管部门主管全国的植物检疫工作，各省、自治区、直辖市农业主管部门主管本地区的植物检疫工作。

（二）植物检疫对象及方法

植物检疫对象，即植物检疫性有害生物是指国家农、林业主管部门根据一定时期国际、国内病虫发生及为害情况和本国、本地区的实际需要，经一定程序制定、发布禁止传播的为害植物的病、虫和有害植物。

确定检疫对象的原则为：凡局部地区发生的危险性大、能随植物及其产品传播的病、虫、杂草，应定为植物检疫对象。检疫对象名单可在农业部公布的《中华人民共和国进境植物检疫性有害生物名录》及《全国植物检疫对象和应施检疫的植物、植物产品名单》中查询。检疫性病虫害、杂草的名单不是一成不变的，可根据实际情况的变化及时修订或补充，各省可根据本地区情况提出补充名单。

植物检疫按检验场所和方法可分为：入境口岸检验、原产地田间检验、入境后的隔离种植检验等。隔离种植检验，是在严格隔离控制的条件下，对从种子萌发到再生产种子的全过程进行观察，检验不易发现的病、虫、杂草，克服前两种方法的不足。通过检疫检验发现有害生物，可采取禁止入境、限制进口、进行消

毒除害处理、改变输入植物材料用途等方法处理。一旦危险性有害生物入侵，则应在未传播前及时铲除。

二、栽培技术防治

（一）保持田园清洁

应及时清除枯枝落叶、杂草和病残体，因为园田中的杂草、枯枝落叶、垃圾、堆积物等，往往是病菌、害虫的栖息地或越冬场所，及时清除可减少病害的浸染源和害虫的越冬基数，从而减轻或防止病虫害的发生。

（二）选用抗病抗虫品种

在自然界里，同一属内的植物，不同种之间，甚至同一种的不同小种、品系、个体之间，存在着抗逆性差异，抗性强的植株不易感染病虫害。调查本地区以往病虫害的发生情况，选用适宜的抗病抗虫品种，可有针对性的预防某些病虫害的发生，既经济有效，又能减少农药的使用量，从而减少对环境的污染和破坏。

（三）选用健康无病的繁殖材料

只有从健康的植株上采种，才能减轻或避免依靠种苗传播的病虫害的发生。选取土壤疏松、排水良好无病虫为害的场所育苗，培育无病虫的健壮种苗。

（四）加强田间管理

合理施肥浇水，能使植物健壮生长，从而增强植物抗病虫能力，反之则会降低植物的抗性。如果使用有机肥，必须将有机肥充分腐熟，因为未腐熟的有机肥中可能存在植物病原微生物和害虫的虫卵或幼虫。另外要注意调节保护地内的温度和湿度，使环境条件适宜作物的生长发育，而不利于病虫害的发生发展。如霜霉病、灰霉病、疫病等病害严重发生的条件是湿度过大，所以在保护地内严禁大水漫灌，避免湿度过大。应经常通风透气，降低湿度，种植密度也要适宜，以便通风透气。冬季温室温度要保持在合适温度，不宜忽冷忽热。

三、物理机械防治

物理机械防治是指利用人力或应用简单的工具及热、电、光、放射能等方法防治植物病虫害。此种方法见效快，不杀伤天敌，不污染环境，还可与其他防治方法灵活配合。

（一）颜色诱杀

利用昆虫对不同颜色的趋性，制成黏虫色板诱杀害虫。如在保护地设置黄色的黏虫板，可诱黏大量有翅蚜、白粉虱、斑潜蝇成虫。

（二）灯光诱杀

利用昆虫的趋光性，大部分昆虫的视觉神经对波长300～400nm的紫外线特别敏感，具有很强的趋性，人为地设置能辐射出330～400nm波长的灯，可诱杀害虫。目前生产上常用的是黑光灯，诱虫效果好，能消灭大量虫源，降低下一代的虫口密度。

（三）食物诱杀

利用昆虫的趋化性，在其喜食的食物中掺入适量的杀虫剂诱杀害虫。如用糖6份、酒1份、醋2～3份、水10份，适量杀虫剂，配成糖醋诱杀液，可诱杀地老虎、黏虫等。用炒熟的麦麸或谷糠与杀虫剂混在一起，可诱杀地老虎、蝼蛄等。

（四）温度处理

任何生物，包括植物病原微生物和害虫对温度都有一定的忍耐性，超过限度生物就会死亡。因此在植物病虫害防治中，常用提高温度的方法杀死病原菌和害虫。

1. 土壤热处理

温室土壤热处理：使用热蒸汽（90～100℃），处理30min。可大幅度降低枯萎病和地下害虫的发生程度。利用太阳能热处理土壤也是有效的措施：夏季温室或大棚无作物时，紧闭门窗，地

面覆膜，在土壤温度达到60～70℃，能杀死土壤中的大部分病原菌。高温闷棚或烤棚：有研究表明，温度达到28℃以上，对黑星病、黑斑病、霜霉病、灰霉病的病原菌的繁殖蔓延不利，温度继续升高可杀死一部分病原菌。

2. 种苗热处理

浸种催芽前或育苗播种前，可晒种2～3天。也可用55℃的温水浸种10～15min，均能起到消毒杀菌的作用。

四、生物防治

生物防治是利用有益生物及其产物控制有害生物种群数量的一种防治技术。此种防治方法安全，选择性强，不污染空气、水域和土壤，无残留；不会产生抗性，能长期控制有害生物。但作用效果缓慢，且在有害生物大发生后常无法控制。

（一）天敌的保护和利用

利用害虫的天敌控制害虫的种群数量。如利用丽蚜小蜂防治温室白粉虱，丽蚜小蜂属膜翅目蚜小蜂科，是温室白粉虱的专性寄生天敌昆虫。对人、畜和天敌无毒、无害，无残留，不污染环境。常见的剂型为蛹，使用方法是将商品蛹挂在植株的叶柄或架条上。在温室白粉虱发生初期，虫量较少时放蜂。利用中华草蛉防治蚜虫、粉虱、蚧螨等，中华草蛉是脉翅目草蛉科天敌昆虫。可捕食蚜虫、粉虱、蚧类、叶螨及多种鳞翅目害虫幼虫及卵。主要剂型为成虫、幼虫、卵箔。使用方法为在温室、大棚等保护地释放成虫。利用智利小绥螨防治叶螨，智利小绥螨是蛛形纲蜱螨目植绥螨科的捕食性天敌。防治保护地叶螨效果好。主要剂型为成虫。使用方法在害螨发生初期，按1：（10～20）释放成虫。

（二）微生物控虫

利用可使害虫致病的微生物控制害虫的种群数量。昆虫的致病微生物大部分对人畜安全，不污染环境。目前在生产上应用的主要有以下几种。

(1) 苏云金杆菌。是一种细菌杀虫剂，杀虫的有效成分是细菌及其产生的毒素。原药为黄褐色固体，为好气性蜡状芽孢杆菌群，在芽孢囊内产生晶体。属低毒杀虫剂。具胃毒作用。可用于防治直翅目、鞘翅目、双翅目、膜翅目，特别是鳞翅目多种害虫。

(2) 白僵菌。是一种真菌杀虫剂。可用于防治鳞翅目、同翅目、膜翅目、直翅目等害虫。常见剂型有粉剂（50 亿～70 亿活孢子/g），颗粒剂（50 亿活孢子/g）。

(3) 杀螟杆菌。是一种细菌杀虫剂。主要用于防治蔬菜、果树、茶叶等作物上的鳞翅目害虫。常见剂型有可湿性粉剂（100 亿活孢子/g）。一般使用浓度为菌粉稀释 300～1 000倍液，喷雾。

(4) 核型多角体病毒。是一种病毒杀虫剂，具有胃毒作用。不耐高湿，易被紫外线照射失活，作用较慢。适于防治鳞翅目害虫。常见剂型有粉剂、可湿性粉剂（10 亿个核型多角体病毒/g）。

(三) 昆虫激素的利用

昆虫激素分为内激素和外激素两种。昆虫内激素是分泌在昆虫体内的一种激素，用来调节昆虫的蜕皮和变态等生理过程。目前用于害虫防治的主要有保幼激素和蜕皮激素。应用蜕皮激素可使昆虫脱皮过度导致死亡。应用保幼激素可阻碍昆虫正常的变态或导致异常变态、打破滞育、导致成虫不孕或卵不能孵化。昆虫外激素又称信息素，是昆虫分泌到体外的一种挥发物质，有利于寻找异性和食物。可人为释放信息素进行害虫诱杀。

五、化学药剂防治

化学防治是指利用化学农药防治病、虫、草等有害生物的方

法。因其防治效果显著、使用方法简便，目前仍是设施蔬菜病虫害防治最常用的方法。但近些年，随着施用化学农药种种弊端的突显，特别是其污染环境，破坏生态平衡，危害人类健康等问题越发严重，国家开始规范农药的使用，尤其是在蔬菜上施用化学农药必须要科学合理。应认真贯彻“预防为主，综合防治”的植保方针，综合运用植物检疫、栽培技术防治、物理机械防治、生物防治等多种防治方法，不要过分依赖化学药剂防治。在上述方法不能满足植保要求或在病害流行、害虫大发生时，可选用适当的农药，但要尽量选用高效、低毒、低残留的药剂，且必须准确掌握用药量，用药次数，施药方法，少用喷粉法等风险性大的施药方法。

（一）农药的分类

1. 按农药的来源分类

（1）矿物源农药。用矿物原料加工制造出来，如铜制剂和硫制剂。

（2）生物源农药。

①植物源农药：用植物产品加工制成，有效成分为天然有机化合物，除虫菊、烟碱、鱼藤、苦参、楝素。

②微生物源农药：用微生物及代谢产品制造，有效物质为细菌、真菌、病毒或抗生素，如阿维菌素、双丙胺膦、Bt、鲁保1号、白僵菌。

③动物源农药：包括动物产生的毒素、昆虫产生的激素及动物活体。

（3）有机合成农药。用有机合成工艺生产的含结合碳元素的农药。溴氰菊酯类、有机磷酸酯类、氨基甲酸酯类、有机氮类。

2. 按农药的防治对象分类

分为杀虫剂、杀菌剂、杀螨剂、杀线虫剂、除草剂、杀鼠剂。

3. 按作用方式分类

（1）杀虫剂。

①胃毒剂。是将杀虫剂喷洒在农作物上，或拌在种子或饵料中，害虫取食时，杀虫剂和食物一起进入消化道，产生毒杀作用的杀虫剂。

②触杀剂。是将杀虫剂喷洒到植物表面、昆虫体上或栖息场所，害虫接触杀虫剂后，从体壁进入虫体，引起害虫中毒死亡的杀虫剂。

③内吸剂。是指能被植物吸收，从而杀死取食植物汁液的害虫的一些杀虫剂。

④熏蒸剂。是指一类在常温下容易挥发形成气体，通过昆虫气门进入体内，最后导致害虫中毒死亡的杀虫剂。

（2）杀菌剂。

①保护性杀菌剂：必须在病原物接触寄主或侵入寄主之前施用，因为这类药剂对病原物的杀灭和抑制作用仅局限于寄主体表，而对已侵入到寄主体内的病原物无效。

②内吸性杀菌剂：能够通过植物组织吸收并在体内输导，使整株植物带药而起杀菌作用。

③铲除性杀菌剂：这种药剂的内吸性差，不能在植物体内输导，但渗透性能好、杀菌作用强，可以将已侵入寄主不深的病原物或寄主表面的病原物杀死。

（二）农药的剂型

一般化学农药都必须加工成一定剂型才能投入使用。以便适于不同的防治方法、不同的防治对象。

（1）粉剂。药剂的有效成分被加工成粉末状。在喷粉中易漂移损失和污染环境，因而逐渐被淘汰。

（2）可湿性粉剂。农药原药加填充料和湿润剂，经过粉碎

加工制成的粉状制剂。主要供做喷雾用，也可供做灌根、泼浇使用，但不宜直接做喷粉用。

（3）乳油。由原药、溶剂和乳化剂相互溶解而成透明油状液体。主要供喷雾使用，也可用作拌种、泼浇等。

（4）颗粒剂。是用原药或制剂加载体等制成的颗粒状剂型。颗粒剂由于粒度大、施用时沉降性好，漂移性小，对环境污染小，对施药人员安全，对作物和害虫的天敌也安全，施用时功效高且方便。一些剧毒农药制成颗粒剂，可使它成为低毒化药剂，并可控制农药释放速度，延长残效期，减少用药量等优点。

（5）烟剂。将高温下易挥发的固体农药与助燃剂和燃料，按一定比例混合配成的粉状或片状制剂。在室内和温室中使用防治病虫害最经济有效，目前主要用于防治森林、粮食和室内害虫，在温室中防治蔬菜和花卉的病虫害。

（6）其他剂型。熏蒸剂、缓释剂、胶悬剂、毒笔、毒绳、胶囊剂、超低容量制剂、可溶性粉剂、片剂等。

（三）农药的施用方法

在防治植物病虫害时，农药的使用方法是多种多样的。选择最合适的施药方法，不仅可获得最佳的防治效果，而且还可保护天敌，减少污染，对人、畜、植物安全。下面着重介绍我国常用的施药方法。

1. 喷粉法

利用喷粉机具将粉剂喷洒在植物体上。优点是功效高，使用方便，不受水源的限制。缺点是用药量大，粉剂黏附性差，粉粒容易飘失，药效差，污染环境。喷粉时宜在早晚叶面有露水或雨后叶面潮湿且无风条件下进行。

2. 喷雾法

（1）常规喷雾法。喷出药液的雾滴 200μm 左右，一般作物每公顷用液量在 600L 以上。适宜作喷雾的剂型有可湿性粉剂、乳油、水剂、水溶剂、胶悬剂等。

(2) 低容量喷雾法。是通过器械的高速气流，将药液分散成 100 ~ 150μm 直径的液滴。用液量介于常规与超低容量喷雾法之间，每公顷 50 ~ 200L。其优点是喷洒速度快，省劳力，效果好。

(3) 超低容量喷雾法。省工、省药、喷雾速度快、劳动强度低。缺点是需要专用的施药器械，喷雾操作技术要求严格，施药效果受气流影响，不宜喷洒高毒农药。

3. 土壤处理

(1) 药土混合法。将农药与细土拌匀，撒于地面或与种子混播，或撒于播种沟内，用来防病、治虫、除草的方法。撒于地面的毒土要湿润，每公顷用量 300 ~ 450kg。

(2) 土壤消毒或土壤封闭法。将药剂撒于地面再翻入土壤耕层内或用土壤注射器将药液注入土中用来防治病、虫、杂草及线虫等叫土壤消毒。用除草剂喷洒地面防治杂草出土叫土壤封闭。

4. 种苗处理法

包括拌种、闷种、浸种和浸苗、种衣剂。

5. 熏蒸法

是利用药剂的挥发性，在密闭环境下药剂挥发产生有毒气体杀死病原微生物和害虫。

6. 毒谷、毒饵法

用饵料和有胃毒作用的药剂混合制成毒谷、毒饵，防治害虫。

参考文献

［1］ http：//www. aweb. com. cn 2013 年 04 月 27 日 09：40 农博网

［2］ http：//wenku. baidu. com/view/b929a0d328ea81c758f-578b6. html

［3］ 杨选国. 企业领导者用人艺术探讨［J］. 管理观察，2011.

［4］ 陈鸿雁. 管理心理学［M］. 北京：交通大学出版社，2008.

［5］ 韩世栋. 蔬菜生产技术［M］. 北京：中国农业出版社，2006.

［6］ 张彦萍. 设施园艺［M］. 北京：中国农业出版社，2009.

［7］ 黄宏英，程亚樵. 园艺植物保护概论［M］. 北京：中国农业出版社，2006.

［8］ 徐明慧. 园林植物病虫害防治［M］. 北京：中国林业出版社，1993.

［9］ 陈石榕. 无公害蔬菜的产地环境条件标准［J］. 福建质量信息，2001.

［10］ 张成义，孙丽芬，马建芳. 蔬菜安全生产的影响因素及对策［J］. 现代农业科技，2012.

［11］ 马爱国. 无公害农产品管理与技术［M］. 北京：中国农业出版社，2006.

[12] 吴为，张琰，胡捷. 南通市农业环境质量安全现状与防治对策 [J]. 环境整治，2009.

[13] 林宏程，李先维. 农业污染对我国农产品质量安全的影响及对策探讨 [J]. 产业观察，2009（9）.

[14] 宋健浩，王富华. 我国蔬菜质量安全问题与对策 [J]. 广东农业科学，2006（7）.

[15] 李岳云，吴滢滢，赵明. 入世5周年对我国农产品贸易的回顾及国际竞争力变化的研究 [J]. 国际贸易问题，2007.

[16] 周洁红. 生鲜蔬菜质量安全管理问题研究 [M]. 北京：中国农业出版社，2005.

[17] 孙爱芹. 河北省加强农药污染综合治理对策研究 [J]. 安徽农业科学，2013.